“十二五”国家重点图书
新能源与建筑一体化技术丛书
国家“十一五”科技支撑计划项目

村镇太阳能及住宅设备标准化设计技术

李安桂　李海明　赵志安 ○ 等著

中国建筑工业出版社

图书在版编目（CIP）数据

村镇太阳能及住宅设备标准化设计技术/李安桂，李海明，赵志安等著．—北京：中国建筑工业出版社，2012.5
“十二五”国家重点图书．新能源与建筑一体化技术丛书．国家“十一五”科技支撑计划项目
ISBN 978-7-112-14108-1

Ⅰ．①村…　Ⅱ．①李…②李…③赵…　Ⅲ．①农村住宅—住宅设备—建筑设计—标准化　Ⅳ．①TU241.4-65

中国版本图书馆CIP数据核字（2012）第039518号

本书关于村镇住宅的设备标准化设计内容主要包括三大部分：一是太阳能系统设计（主动式太阳能供热、采暖设计），二是给水排水设计，三是强电弱电相关的电气系统设计。本书中通过不同建筑气候区、不同地域的典型住宅工程案例对村镇住宅设备标准化设计技术包含太阳能供热、村镇住宅给水排水、强电弱电设计等多专业进行了标准化示范设计。

本书基于“十一五”国家科技支撑计划重大课题“村镇住宅设备标准化设计技术与软件开发”项目，研发了村镇住宅太阳能应用模块化设计技术软件、村镇住宅给水排水系统模块化设计技术软件、村镇住宅电气系统模块化设计技术软件、村镇住宅弱电系统模块化设计技术软件等一系列标准模块化设计软件。旨在通过研发农村村镇住宅设备标准化设计技术为重点的集成平台，为改善民居环境质量、农民生活质量提供支撑；提高城镇可持续发展能力，促进城乡协调发展，推动新农村建设事业的健康发展。

书中提出的相关设计技术简单明了、通俗易懂，可以被广大从事新农村建设的工程技术人员直接使用。另外，本书与《村镇典型住宅太阳能采暖、给水排水、电气设计图集》配套使用，效果更佳。

责任编辑：张文胜　姚荣华/责任设计：李志立/责任校对：姜小莲　赵　颖

“十二五”国家重点图书
新能源与建筑一体化技术丛书
国家“十一五”科技支撑计划项目
村镇太阳能及住宅设备标准化设计技术
李安桂　李海明　赵志安○等著
*
中国建筑工业出版社出版、发行（北京西郊百万庄）
各地新华书店、建筑书店经销
华鲁印联（北京）科贸有限公司制版
北京富生印刷厂印刷
*
开本：787×1092毫米　1/16　印张：16　字数：385千字
2012年6月第一版　2012年6月第一次印刷
定价：**49.00**元
ISBN 978-7-112-14108-1
(22169)

出版说明

能源是我国经济社会发展的基础。“十二五”期间我国经济结构战略性调整将迈出更大步伐，迈向更宽广的领域。作为重要基础的能源产业在其中无疑会扮演举足轻重的角色。而当前能源需求快速增长和节能减排指标的迅速提高不仅是经济社会发展的双重压力，更是新能源发展的巨大动力。建筑能源消耗在全社会能源消耗中占有很大比重，新能源与建筑的结合是建设领域实施节能减排战略的重要手段，是落实科学发展观的具体体现，也是实现建设领域可持续发展的必由之路。

“十二五”期间，国家将加大对新能源领域的支持力度。为贯彻落实国家“十二五”能源发展规划和“新兴能源产业发展规划”，实现建设领域“十二五”节能减排目标，并对今后的建设领域节能减排工作提供技术支持，特组织编写了“新能源与建筑一体化技术丛书”。本丛书由业内众多知名专家编写，内容既涵盖了低碳城市的区域建筑能源规划等宏观技术，又包括太阳能、风能、地热能、水能等新能源与建筑一体化的单项技术，体现了新能源与建筑一体化的最新研究成果和实践经验。

本套丛书注重理论与实践的结合，突出实用性，强调可读性。书中首先介绍新能源技术，以便读者更好地理解、掌握相关理论知识；然后详细论述新能源技术与建筑物的结合，并用典型的工程实例加以说明，以便读者借鉴相关工程经验，快速掌握新能源技术与建筑物相结合的实用技术。

本套丛书包括：《低碳城市的区域建筑能源规划》、《地表水源热泵理论及应用》、《光伏建筑一体化工程》、《风-光互补发电与建筑一体化技术》、《蓄冷技术与系统设计》、《太阳能空调工程设计与实践》、《太阳能热利用与建筑一体化》、《地源热泵与建筑一体化技术》以及《村镇太阳能及住宅设备标准化设计技术》等。

本套丛书可供能源领域、建筑领域的工程技术研究人员、设计工程师、施工技术人员等参考，也可作为高等学校能源专业、土木建筑专业的教材。

中国建筑工业出版社
2011年2月

前　言

村镇建筑与城市建筑相比，更多地体现了地域性、气候性、历史性及民族性特点，在中国建筑史上异常璀璨。建筑的主要目的是取得一种人为的、有遮掩的内部环境。从改善室内环境的角度而言，建筑本身就是一种“室内气候调节器”，但是这个“室内气候调节器”的作用往往有局限性。因此，为满足人体的健康、舒适性要求，对住宅进行增设“主动气候调节器”成为了一种必然选择。对住宅设备科学设计的目标就是基于不同气候区、不同建筑形式，因地、因时制宜，以较小能耗来改善村镇住宅室内热湿环境，提高人们的生活质量。针对我国农村住宅设备设计技术力量不足、生活环境相对较差等问题，如何正确、合理地设计村镇住宅设备关系到提高民居环境质量、人体健康，也关系到节约资源、保护环境、建设节约型社会和村镇可持续发展建设的重要问题。

西安建筑科技大学、泛华建设集团有限公司、中广国际建筑设计研究院、中国建筑科学研究院及安徽工业大学等单位合作承担了“十一五”国家科技支撑计划重大课题“村镇住宅设备标准化设计技术与软件开发”，对村镇住宅的室内环境涉及供热采暖技术、室内给水排水、电气设备等进行了4年的研究与设计实践。本书关于村镇住宅的设备标准化设计内容主要包括三大部分：一是太阳能系统设计（主动式太阳能供热、采暖设计）；二是给水排水设计；三是强电、弱电相关的电气系统设计。书中通过不同建筑气候区、不同地域的典型住宅工程案例对村镇住宅设备标准化设计技术包含太阳能供热设备标准化设计技术、村镇住宅给水排水、电气等多方面进行了示范设计。

课题组研发了村镇住宅太阳能应用模块化设计技术软件、村镇住宅给水排水系统模块化设计技术软件、村镇住宅电气系统模块化设计技术软件、村镇住宅弱电系统模块化设计技术软件等一系列标准模块化设计软件。旨在通过研发农村村镇住宅设备标准化设计技术为重点的集成平台，为改善民居环境质量、农民生活质量提供支撑；提高城镇可持续发展能力，促进城乡协调发展，推动新农村建设事业的健康发展。

本书由西安建筑科技大学李安桂主编，中广国际建筑设计研究院李海明、中国建筑科学研究院赵志安任副主编，主要参加编著工作的有：梁传宝、王静、赵英鹏、李明海、张新喜、张志平、黄伟、申健、邱勇云、张忱、王琳及研究生禹洋、黄鑫、刘亚珂、冯璐曼、罗娜、张威等。在本书编著过程中，参考了大量新近文献及相关设备制造厂家的技术资料，在此一并表示衷心的感谢。由于著者水平有限，有不妥和错误之处，诚恳地欢迎读者批评指正。

目 录

第1章　概论

中华民族传统文化中有“天人合一”、“物人同一”的整体宇宙观——我国传统文化中天然就包含着保持乡村生态循环、可持续发展的朴素思想。从建筑发展的历史来看，我国村镇住宅受地域性、气候性、历史性、民族性，及经济、社会、技术、文化习俗等因素的影响，村镇住宅形式、种类多样。从改善室内热、湿环境的角度而言，建筑本身就是一种“室内气候调节器”。尽可能利用建筑本身“室内气候调节器”特点，改善村镇住宅室内热湿环境，提高民居环境质量、人体健康，对于节约资源、保护环境和村镇可持续发展建设有着重要的意义。

1.1　我国村镇住宅的主要形式

人的一生至少有1/3以上的时间是在家中度过的，人与住宅之间有着极其密切的关系。孟子云：“居可移气，养可移体，大哉居室。”意思是说：摄取有营养的食物，可使一个人身体健康；而居所却足以改变一个人的气质。《黄帝内经》指出：“凡人所居，无不在宅。”“故宅者，人之本。人以宅为家，居若安，即家代昌吉。”《子夏》云：“人因宅而立，宅因人得存，人宅相扶，威通天地。”衣食住行为人生四大要素，安居乐业则体现了一个人的事业和住所的联系。可以说，住宅是人类赖以生存的基本条件之一，对住宅的建设及其内在设施、环境质量的追求就必然成为一个人类关心的永恒话题[1]。

纵观人类文明的发展，人类的发展史在某种意义上也是建筑发展的历史。人类的一切建筑活动都是为了满足生产和生活的需要，人类最早的居住方式是树居和岩洞居。

原始起源时期，在气候湿热多雨和山林高密、水域众多的南方地区，为了避免地面潮湿、瘴气的侵害，先民主要栖息在树上，这是人类祖先南方古猿生活方式的延续。随着人类向温带迁徙，人类住所过渡到冬暖夏凉的天然岩洞。随着历史的发展，树居和岩洞居发展为巢居和穴居，成为人类建筑的雏形。如图1-1所示，巢居增加了“构木为巢”的人类创造过程，反映了人类改造自然的努力。穴居方式（见图1-2），可获得较稳定的室内热环境，顶部的天窗既可以采光又可以排烟，适应气候的能力更强。

到了新石器时期，原始文明的星火遍布中华大地。巢居和穴居在漫长的历史过程中逐渐发展，演变为不同的住宅类型。仰韶、龙山、河姆渡等文化创造的木骨泥墙、木结构榫卯、地面式建筑、干阑式建筑等建筑技术和样式（见图1-3），为一个伟大的建筑体系播下了种子。其中，“木骨泥墙”的出现具有很重要的作用，它是建筑由地下到地上的关键。直立的墙体，倾斜的屋盖，奠定了后世建筑的基本形象。

图 1-1　云南巢居

（图片来源：《中国民居与传统文化》）

图 1-2　父系社会时期的半地下住宅

（图片来源：《民居建筑》）

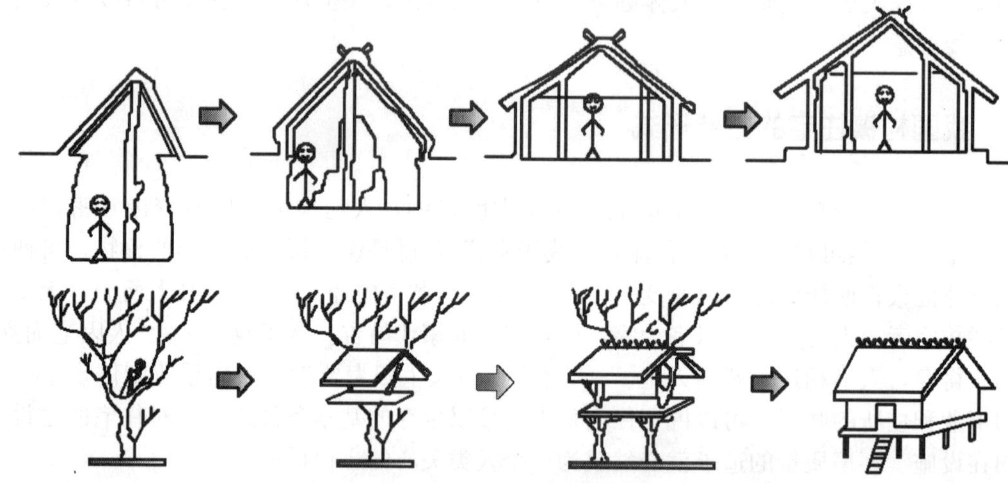

图 1-3　从穴居、巢居发展到真正意义上的建筑

从初始仅为了躲避自然环境对人身的侵害开始，随着人类的进步，人类对住宅建筑的要求不断提高。而在我国黄河流域一处典型的新石器时代仰韶文化母系氏族——半坡遗址，人们居住环境得到进一步的发展。半坡博物馆中有展示当时 6000 年前人民智慧的结晶——火炕取暖，如图 1-4～图 1-6 所示。

图 1-4　位于陕西省西安市的半坡博物馆

图 1-5　半坡博物馆居住遗址内景

夏、商、周时期，民居继续延续村落聚居的基本形式。集中居住的地方水和树木比较多，有和谐的生态环境。从遗址地基来看，民居讲究房屋朝向，且土质干燥、清凉。许多民居是半穴式，这样墙面较稳固，冬暖夏凉。四合院式的居住方式，是中国自古以来的传统，在我国北方寒冷的华北地区，有着冬季干冷、夏季湿热的气候特点，所以为了冬季防寒保暖，夏季遮阳防热、防雨以及春季防风沙，就出现了大屋顶的“四合院”式住宅。西周时期，陕西岐山凤雏村遗址（见图1－7），是发现的最早的“四合院”住宅[1]。

图1－6　半坡时期的火炕遗址

随着奴隶制向封建制的发展，秦汉唐宋1400多年间成为古民居营造的初始、发展、巩固和成熟期。

秦汉时期，人类在建造和选择房屋时非常讲究住宅的风水，要求好的地理位置和舒适的环境。汉代最常见的是“一堂二室”、中有庭院的方形住宅，这也是一般贫民的最常居住形式。那时候，楼居的风气很盛行，从出土砖石、建筑明器上可以看出大量当时的样式（见图1－8）。

魏晋、唐宋、明清建筑艺术基本保持和延续着相当一致的美学风格。到隋唐五代，民居建筑的发展逐渐成熟，各民族民居的体系基本成熟。这时的民居住宅增加了厅堂和庭院回廊。盛唐时期，名人文士纷纷建造庄园、庭院和山宅、别墅，形成一股宅第与林木山水相互渗透的热潮，即使小型庭院，也常常凿池堆山、莳花种竹，构成别具园林气息的宅第庭院。清新活泼、富丽气派的住宅形式，使民间住宅达到全面繁荣的时期。白居易诗曰“不斗门馆华，不斗园林大”，园不在其大，贵在自足适意，以有限的山水花木营造出一种心静恬适氛围。

宋代继续延承这种趋势，在宅院各庭院细致精巧的风格更加走向成熟。宋代将居住地与商业区融合，住宅沿街布置，北宋大画家张择端的《清明上河图》描绘了宋汴京城内外的真实情景。城中住宅多为四合院式，结构细密，屋檐起挑竹篷，显得空灵飞动，院内栽花植树，一派悠然、闲适的气氛。城外农宅较简陋，组以草、瓦盖顶的房屋（见图1－9和图1－10）。

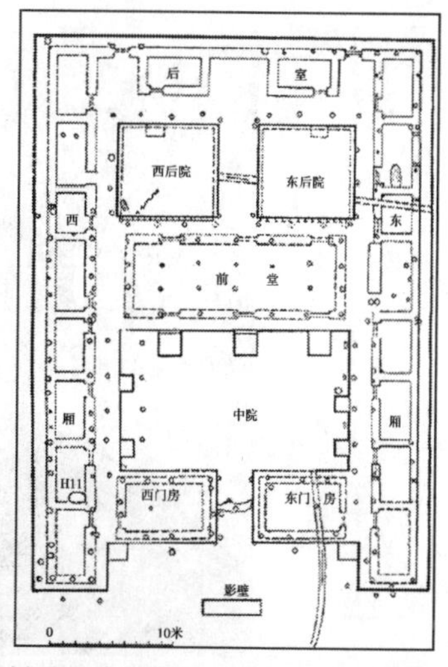

图1－7　陕西岐山凤雏村遗址复原图

图 1-8　汉代民居陶俑

（图片来源：宋文编著.《中国传统建筑图鉴》. 东方出版社）

图 1-9　清明上河图（城中住宅）

图 1-10　清明上河图（城外住宅）

明清民居较前代更显拘束、稳重、严谨，但对居室装饰非常重视，艺术特色多姿多彩，技巧纤巧精湛（见图 1－11）。南方民宅在封火山墙上别出心裁，使建筑产生瑰丽荣华的感觉。北方四合院的垂花门为浓墨重彩的图画，别有韵味。明清建筑恢弘清丽，较前代远为进步，各地民建住宅的基本形式也已经定局。

图 1－11　明清民居

（图片来源：汝信主编．《中国建筑》．高等教育出版社）

人们在长期的居住活动中，结合各自生活所在地的资源、自然地理和气候条件，就地取材、因地制宜，积累了很多设计经验。而在我国西北黄土高原地区，由于土质坚实、干燥、地下水位较低等特殊的地理条件，人们造出了“窑洞”来适应当地冬季寒冷干燥、夏季暴雨、春季多风沙、年气温差较大的特点（见图 1－12）。生活在西双版纳的傣族人，为了防雨、防湿和防热以取得较为干爽阴凉的居住条件，创造出了颇具特色的家住木楼“干阑”建筑（见图 1－13）。

图 1－12　西北窑洞式民居

图 1－13　云南干阑式民居

（图片来源：汝信主编．《中国建筑》．高等教育出版社）

发扬不同地方的民居特色，注重传统民居的节能特性，考虑农民收入的差别化，借鉴国外城乡发展的经验和教训，建立中国城乡协调发展、符合国情的城镇化发展模式。新农村住宅除了具有居住功能以外，还兼有一定的生产功能，它需要在住宅空间以外保留一部分生产空间，这也是农村住宅与城市住宅的最大区别。对于新农村住宅的设计，我们认为不能照搬城市的别墅和多层住宅，而是应从农民的实际需要出发，体现当地村民的生活习惯，反映农民家庭生产的需求，考虑农民对新农村住宅的购买能力和使用时所能承受的生活支出水平等。农宅不同于城市住宅的典型特点：

（1）院子：院子是农村住宅的典型空间，可以说是农民生活和生产活动的核心场所。其功能包括家庭种植、手工生产、农机具存放、邻里交往等。同时，院子还通常担当着联系各房间的交通功能。

（2）生产用房：多数农户家中会有可独立对外的生产用房，用于家庭生产，或农具存放，或粮食存放等，是家庭生产的主要组成部分。

（3）低建筑面积、高使用面积：农宅建筑面积一般不大，但有效使用面积往往远大于城市同等建筑面积的住宅。农宅一般厕所独立设于院中，其他房间均对堂屋开门，或直接经过院子进入，基本没有内部的交通面积，大大降低了建房的经济投资。

国家“十一五”建设以来，随着社会主义新农村建设，村镇人居环境与村庄规划功能与内涵得到了提升，农民住宅不仅外观美观大方，适合当地气候特点，功能上更是凸显农民的一些使用习惯，体现了新农村住宅的适居性、舒适性和安全性的特点。新农村建设中更加重视能源的节约、太阳能、清洁能源技术的利用和住宅室内环境与设备功能的提升。下面列举一些全国不同地域、不同文化环境的新农村住宅设计案例，如图1-14～图1-18所示。

图1-14　北京市怀柔区挂甲峪村

（图片来源：《北京新农村》）

图1-15　浙江省湖州市杨家埠镇赵湾村

（图片来源：《新农村住宅图集精选》）

图 1-16　山东省农宅

（图片来源：《新农村住宅图集精选》）

图 1-17　湖北武汉市黄陂区武湖中心村农宅

（图片来源：《新农村住宅图集精选》）

图 1-18　西藏朗县卓村下乡

（图片来源：中国西藏信息中心）

1.2　不同气候区的划分及对应村镇住宅特点

民用住宅建筑的规划、设计应与各地的气候条件相适应。根据各地温湿度、降水量等气候参数的不同，将全国划分为不同建筑气候区。《民用建筑热工设计规范》和《建筑气候区划标准》是暖通空调设计、建筑功能设计所参考的基础性规范。与《民用建筑热工设计规范》相比，《建筑气候区划标准》中建筑气候区的划分适用于一般的民用住宅建筑的规划、设计与施工，适用范围更加广，涉及的气候参数也更多。同时，由于建筑热工设计分区与建筑气候区域的划分主要指标一致，所以，两者的区域划分是可以相互兼容的，也是基本一致的，可参考表 1－1。

各地民用建筑热工设计应与当地气候条件相适应，在保证建筑室内环境的同时应尽量节约能源，《民用建筑热工设计规范》GB 50176－1993 将我国分为 5 个地区，如图 1－19 所示。

我国建筑热工设计分区[2]　　表 1－1

分区名称	分区指标		热工设计要求
	主要指标	辅助指标	
严寒地区	最冷月平均温度≤－10℃	日平均温度≤5℃的天数≥145d	必须充分满足冬季保温要求，一般可不考虑夏季防热
寒冷地区	最冷月平均温度 0～－10℃	日平均温度≤5℃的天数 90d～145d	应满足冬季保温要求，部分地区兼顾夏季防热
夏热冬冷地区	最冷月平均温度 0～－10℃； 最热月平均温度 25～30℃	日平均温度≤5℃的天数 0～90d，日平均温度≥25℃的天数 40～110d	必须满足夏季防热要求，兼顾冬季保温
夏热冬暖地区	最冷月平均温度>10℃； 最热月平均温度 25～29℃	日平均温度≥25℃的天数 100～200d	必须满足夏季防热要求，一般可不考虑冬季保温
温和地区	最冷月平均温度 0～－13℃，最热月平均温度 18～25℃	日平均温度≤5℃的天数 0～90d	部分地区应考虑冬季保温，一般可不考虑夏季防热

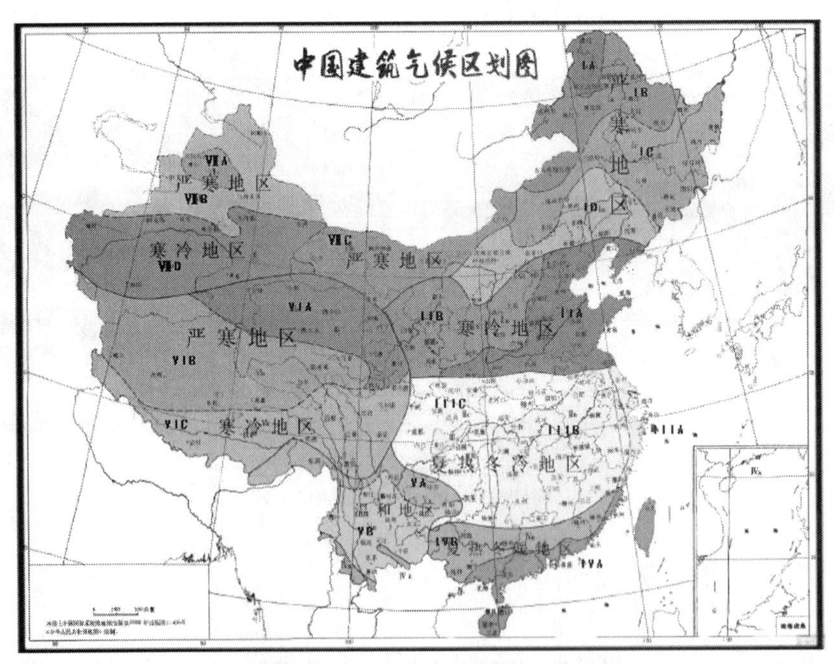

图 1－19　我国气候与热工分区

（图片来源：《建筑气候区划标准》GB 50178－93）

不同地区气候条件对建筑形式、功能、环境质量条件、调节过程的影响存在较大的差异性，为了区分各地不同气候条件对建筑的影响，采用主导因素与综合分析相结合的原则《建筑气候区划标准》GB 50178－93 将我国划分为 7 个一级区与 22 个二级区。

按照《民用建筑设计通则》的规定，我国各气候区域内建筑需满足表 1－2 的要求。

各气候区对建筑的要求[2] **表 1－2**

分区名称		热工分区名称	主要指标	建筑基本要求
Ⅰ	ⅠA ⅠB ⅠC ⅠD	严寒地区	1 月平均气温≤－10℃ 7 月平均气温≤25℃ 7 月平均相对湿度≥50％	1. 建筑物必须充分满足冬季防寒、保温、防冻等要求； 2. A 区和 B 区要防止积雪冻土对建筑的危害； 3. B、C 和 D 区的西部，建筑应注意放冰雹和防风沙
Ⅱ	ⅡA ⅡB	寒冷地区	1 月平均气温－10～0℃ 7 月平均气温 18～28℃	1. 建筑物应满足冬季防寒、保温、防冻等要求，夏季部分地区应兼顾防热； 2. A 区建筑尚应考虑防热防潮防暴雨，沿海地带尚应注意防盐侵蚀
Ⅲ	ⅢA ⅢB ⅢC	夏热冬冷地区	1 月平均气温 0～10℃ 7 月平均气温 25～30℃	1. 建筑物必须满足夏季防热通风降温要求冬季应适当兼顾防寒； 2. 建筑应有良好的自然通风，应避西晒并满足防雨、防潮、防洪、防雷击的要求； 3. A 区应防热带风暴和台风暴雨袭击以及盐雾侵蚀； 4. B 区北部建筑尚应防冬季积雪的危害
Ⅳ	ⅣA ⅣB	夏热冬暖地区	1 月平均气温＞10℃ 7 月平均气温 25～29℃	1. 该区建筑物必须充分满足夏季防热通风防雨要求冬季可不考虑防寒、保温； 2. 建筑应有良好的自然通风，应避西晒并满足防雨、防潮、防洪、防雷击的要求； 3. A 区尚应防热带风暴和台风暴雨袭击以及盐雾侵蚀； 4. B 区内云南的河谷地区的屋面和墙身需能抗裂
Ⅴ	ⅤA ⅤB	温和地区	1 月平均气温 0～13℃ 7 月平均气温 18～25℃	1. 单体建筑满足湿季防雨和通风，可不防热； 2. A 区需防寒 B 区需防雷
Ⅵ	ⅥA ⅥB	严寒地区	1 月平均气温 0～－22℃	1. 建筑应充分满足防寒保温防冻要求夏天不需考虑防热； 2. 建筑应注意防寒与风沙，减少外露面积加强密闭性； 3. A 区和 B 区尚应防冻土和风沙； 4. C 区东部建筑物尚应注意防雷击
	ⅥC	寒冷地区	7 月平均气温＜18℃	
Ⅶ	ⅦA ⅦB	严寒地区	1 月平均气温－5～－20℃ 7 月平均气温≥18℃	1. 建筑物必须充分满足防寒、保温、防冻要求，夏季部分地区应兼顾防热； 2. 建筑应注意防寒与风沙，减少外露面积加强密闭性； 3. A、B、C 三区需注意防冻土堆建筑的危害； 4. B 区需特变注意防积雪危害； 5. C 区需防风沙和防过热； 6. D 区需注意防过热，吐鲁番盆地还需注意隔热降温
	ⅦC ⅦD	寒冷地区	7 月平均相对湿度＜50％	

（资料来源：民用建筑设计通则 GB 50352－2005. 中国建筑工业出版社）

1.3 村镇住宅给水排水特点

水是生命之源，是人类生存与发展不可或缺的必需品。水资源的合理利用是农村、农业基础设施建设的重要组成部分，是建设一个经济繁荣、生态良好、环境优美、文明和谐社会的要求，也是落实统筹城乡发展、统筹区域发展、统筹社会经济发展的具体体现，直接影响到建设社会主义新农村的大局。

农村供水系指向广大乡镇和村庄供水，以满足居民和企事业单位的用水需求。2004年，水利部和卫生部发布的《农村饮用水安全卫生评价指标体系》，对农村居民供水的水量、水质、方便程度和保证率指标做了具体规定。农村排水包括农村生活排水和雨水排放，与农村居住环境状况及安全密切相关。随着农村供水发展和生活水平的提高，农村生活排水问题日益突出，如不进行妥善处理，将直接污染农村内部及周边水环境，危害居民身心健康。村庄内的雨水排除不畅，会影响居民出行；洪水排放不及时，将直接威胁居民生产生活设施及生命安全，引发疾病等。水源保护包括水源保护和水体保存两方面，是改善农村人居水环境的基本要求。由于全国水污染呈恶化趋势，水源保护日显重要和紧迫。若水体缩减、水源污染，良好的水环境也就无从谈起。

与城市相比，我国农村人居水环境状况普遍较差，主要表现在：农村供水设施薄弱，北方地区不少村庄严重缺水，东部和南部部分农村出现水质缺乏，全国农村饮水安全问题十分突出；绝大多数农村缺少生活排水处理设施，自我污染问题严重；农村周边的河流、池塘淤积和污染问题十分突出，恶化了农村水环境。2006～2007年期间，曾对江苏、四川、山东、北京、河南及黑龙江六省（市）进行现场调研，实地调查了35个村庄[3]。结果显示，有51%的村庄实现了城乡一体化供水和规模集中供水；有26%的村庄初步建成了村庄排水系统，11%的村庄建有生活排水处理设施；有43%的村庄开展了水源保护；25%的村庄初步开展了周边水环境整治及亲水环境建设。2009年暑期，安徽工业大学黄伟等人对安徽省博望镇三杨村进行调研，该村经济水平相对目前农村水平较高，分新、老村建设，新、老村按照各自的发展模式建立相应的给水排水系统，但是调查结果仅能反映相对发达地区农村的水平，同样可以看出，即使在这样的地区，情况也并不乐观。

1.4 村镇住宅电气特点

住宅电气设计必须执行国家的方针政策和法规，遵守安全卫生、环境保护、节约能源、节约用材等有关规定，做到安全、适用、经济、节能且符合当地规划要求、与周围环境协调、考虑进行改造、发展的可能性。

自1890年（清光绪十六年）中国人在北京西苑宫廷最早亮起了电灯，到今天迅猛发展的电气事业共经历了120多年，正在为实现全国农村及村镇电气化加倍努力。我国农村小康住宅电气化近十年来有了很大进展，村镇小康住宅中的电气工程虽然比不上世界上最大的教堂——美国华盛顿大教堂、澳大利亚悉尼歌剧院、中国的亚运村、国际奥林匹克体育中心等建筑电气工程那么复杂，但毕竟是一个涉及中国十多亿农民生活中不可缺少的物质。大量的家用电器成了小康家庭财富中的支柱财产之一，人们的用电需求也提高了。因为小康住宅电气工程中有强电，还有弱电。如电灯、电热、空调、共用电视系统、闭路电视、有线电视、广播、电话、音响系统、传呼系统及防盗报警系统等。而当今迅猛发展的建筑业对小康住宅的电气设计与施工也带来了巨大的推动作用。

人们对电光源方面的选择，从以前的白炽灯到发光柔和的日光灯、节省电能的节能灯、高效光源灯。白炽灯将在村镇小康住宅中逐步减少，它虽有造价低廉、安装方便等优点，但在同样的功率下，发光率低，色度差。日光灯还是目前使用较多的产品之一。高效节能灯虽然造价高了一些，但其具有美观、光源色度好、省电、体积小、安装方便等优点，最终将代替白炽灯和日光灯。

灯具外观造型变化很快，人们对灯具的外观要求也高了，村镇小康住宅灯具外观选择一般力求大方、明快、光源适当，与室内外环境相配套。因为灯具的选择与室内的装饰档次高低是有一定联系的。在当今发展的村镇小康住宅建筑中，有些是别墅式、西式、独立庭院式的，这还要考虑到室外周围环境相匹配。如室外选用园林柱子灯加以修饰与整体吻合，装饰豪华的需配一些豪华灯具。所以说，农村小康住宅电气设计应与整个建筑与环境相配套。

在我国农村大地上，近几年新建了许许多多小康型住宅，在一定程度上改变了人们的居住条件。小康住宅南北风格、造型差异较大，选用的建筑材料也有差别。农村村镇小康住宅基本上可分为三种类型：一是村镇居民小康住宅小区；第二是非居民小康住宅小区；第三是村镇居民和非居民综合的小康住宅小区。建筑结构形式方面有：木结构、砖木结构、砖混结构、框架结构等。层高有一层、二层、三层及多层或高层。另外，农村小康住宅在形式上很多，大体分为：单元式、单体式、公寓式、组合式、庭院式、别墅式、西式等。

对于以上各种形式的农村小康住宅，建筑电气的设计与施工应因地制宜、取长补短，根据具体条件和资金来确定具体设计方案。我国地大物博，地理环境复杂，气候东、南、西、北差异明显，经济发展也不平衡。另一方面，村镇的小康住宅的格调也有差异。村镇电气化的逐步实现，家用电器日益增多，大功率、豪华型的家电进入农家，以前每家农户的电度表是选用1A、2（4）A、3（6）A为多，而现在许多用户连5（10）A电表都不能满足需求。家用电气化从以前的白炽灯、半导体收音机、交流电子管收音机到现在的大型电视机、家庭影院、录相机、电饭锅、电炒锅、电热器、排烟机、空调机、浴霸等。由于这些大容量家电剧增，用电负荷也相应增加，在20世纪50年代到20世纪70年代末设计安装的住宅小区的建筑电气工程已经不适应当今的电器时代，大多电气线路已承受不了强大的电流通过，在大多数的村镇建筑中，以前在电气施工方面用瓷夹板、木槽板、塑料护套线，到现在用的塑料硬、半硬管，铁电线管及智能化配线。敷设方法也从以前的明敷设发展到现在的暗敷设施工。

村镇住宅以前一般不设防雷保护，也不设人身与设备安全的保护设施，在村镇建筑的施工中将大量的塑料护套线直接埋入墙内，给用电带来不安全因素，在施工中存在着没有进行电气工程设计，没有请具有安装资格的电工进行安装，选材用料不严格等缺陷，所以对于村镇小康住宅的电气化工程必须十分重视，需要我们进一步去规范、实施。

1.5 太阳能应用状况

1.5.1 太阳能应用历史

伴随人类5500年文明史，从古埃及文明到现代文明的今天，人类住宅建筑也是发展了五千多年，其中，有史料记载的，人类利用太阳能就有3000多年的历史。

中国古代太阳能利用的历史远不及四大发明那样为世人所知，但实际上，中国却是世界上利用太阳能最早的国家之一。根据古籍记载，早在公元前11世纪（西周时代），我们的祖先就已经发明利用铜质凹面镜汇聚点燃艾绒取火，古书上称之为“阳燧取火”。这是一种利用凹面镜聚焦原理制作的原始的太阳能聚光器（见图1－20和图1－21），在世界科学发明史上占有重要的地位。

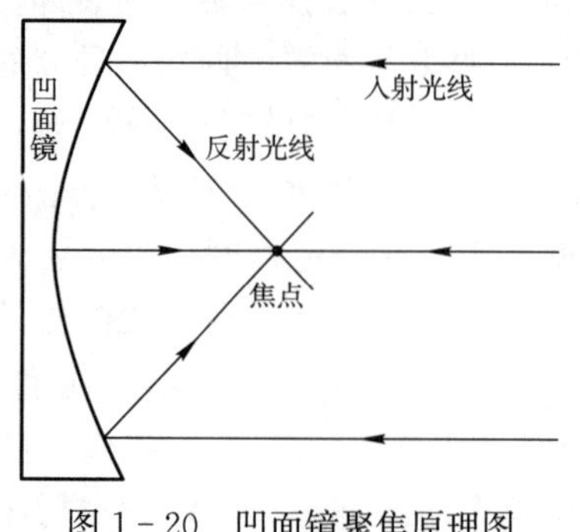

图1－20　凹面镜聚焦原理图

图1－21　“阳燧取火”
（来源：《太阳能》1980年01期）

古人很早就知道利用阳光为住宅采暖，但效果却有限，因为大量的热又从窗户中散失了。公元50年，罗马人开始在窗户上安装玻璃，通过我们今天所谓的温室效应把热能更多、更长久地留在室内。

但是，由于生产力和科学技术发展水平的制约，人类社会相当长的一个历史时期内，太阳能除用来取火外，始终处于自然利用的初级阶段，主要用于晾晒谷物、果蔬、鱼肉、衣被、皮革等。直到1615年法国工程师所罗门·德·考克斯在世界上发明第一台太阳能驱动的发动机，才将太阳能作为一种能源和动力加以利用。但是，真正将太阳能作为“近期急需的补充能源”、“未来能源结构的基础”，则是近来的事。伴随科学技术和现代工业生产的迅猛发展，在化石能源有限性和大量燃用化石燃料对生态环境破坏性日益显现和加剧的背景下，才促使人们对于太阳能利用的重视。才使得20世纪70年代以来，太阳能科技突飞猛进，太阳能利用日新月异，同时进入了应用现代科学技术利用太阳能的阶段。

另外，国外比较有代表性的发明研究，在太阳能光热利用历史上具有重大意义，推动着太阳能的发展历程（见图1－22）：

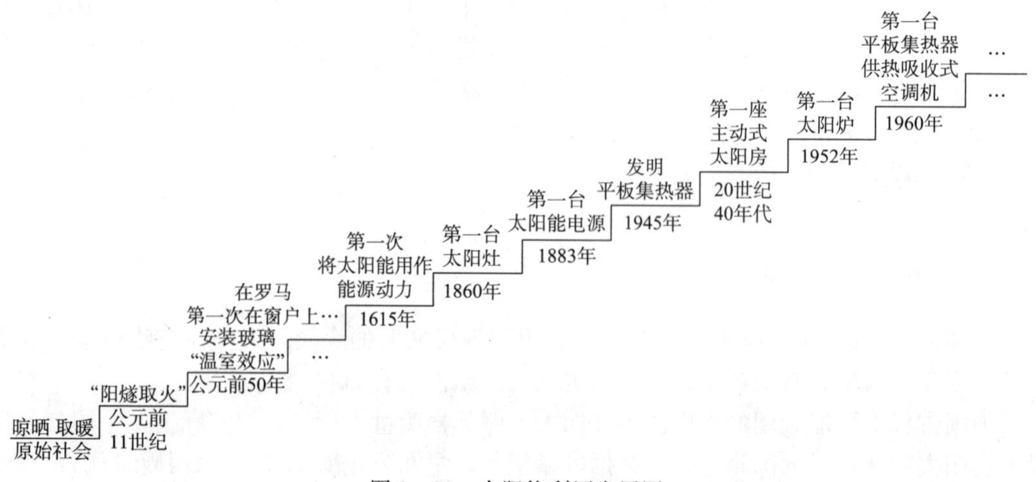

图1－22　太阳能利用发展图

（1）1615 年，法国工程师所罗门·德·考克斯在世界上发明第一台太阳能驱动的抽水泵发动机，第一次将太阳能作为一种能源和动力加以利用。

（2）1860 年，法国科学家穆肖奉拿破仑三世之命，研究出了世界上第一个太阳灶，使用抛物面镜反射太阳能集中到悬挂的锅上，供驻在非洲的法军使用。1878 年，阿塔姆斯又做了许多研究和改进，之后，太阳能灶在世界上广为使用。

（3）1883 年，美国科学家 Charles Fritts 制造出来第一个硒制太阳电池。而现代化的硅制太阳电池则直到 1946 年由一个半导体研究学者 Russell Ohl 开发出来[4]。

（4）1945 年，平板式集热器和 1975 年全玻真空管集热器的发明成功，在一定程度上推进了太阳能采暖系统由试验阶段走上应用阶段。

（5）早在 20 世纪 40 年代，美国麻省理工学院就开始利用太阳能集热器作为热源的采暖、空调系统研究，先后建成了 W 号实验太阳房。这些实验太阳房，即是最早的主动式太阳房[7]。

（6）1952 年，法国国家研究中心在比利牛斯山东部建成一座功率为 50kW 的太阳炉。

（7）1955 年，以色列的 Tbaor 提出选择性吸收表面的概念和理论，并研制成功了选择性太阳吸收涂层。

（8）1960 年，在美国佛罗里达建成世界上第一套用平板集热器供热的氨——水吸收式空调系统，制冷能力为 5 冷吨[6]。

（9）1961 年，一台带有石英窗的斯特林发动机问世。

（10）20 世纪 80 年代中期，法国科学家就着手研究太阳能供热组合系统，并推出一种称为“直接太阳能地板”的系统。进入 20 世纪 90 年代，奥地利、丹麦、芬兰、德国、瑞士、瑞典、荷兰等国相继设计出各种形式的太阳能组合系统。

（11）20 世纪末，由于开发出更加高效的太阳集热器和吸收式制冷机、热泵机组，太阳能供热、空调系统应用范围才得以扩大。

1.5.2 国外发展状况

国外对太阳能供热系统的研究较早，特别是到 20 世纪 70 年代能源危机爆发，以及《京都议定书》的签订，人们开始意识到常规能源的有限性，开始寻找一种新的能源来缓解“能源危机”与“环境污染”的双重压力，世界各国也都制定了相关鼓励政策。在随后的一段时间里，太阳能的应用研究在各国迅速发展。

（1）美国早在 1950 年就举行了太阳能采暖学术讨论会，并发表了许多关于太阳能供热采暖的论文，这次大会的召开在一定程度上推进了太阳能供热系统的研究[12]。

（2）1973 年，美国制定了政府级阳光发电计划，太阳能研究经费大幅度增长，并且成立太阳能开发银行，促进太阳能产品的商业化。

（3）美国先后通过了《太阳能采暖降温房屋的建筑条例》和《节约能源房屋建筑法规》等鼓励新能源利用的法律文件。在经济上也采取有效措施。其太阳能建筑的发展极为迅速，无论是对太阳能建筑的研究、设计优化，还是材料、房屋部件结构的产品开发、应用，以及真正形成商业运作的房地产开发，都在其国内形成了完整的太阳能建筑产业化体系[10]。

（4）日本在 1974 年提出了以太阳能、地热能、煤炭液化、煤气化、氢能的制造运输贮藏利用新技术为重点的“阳光计划”，以实现能源长期稳定安全供应为目标的寻求替代石油产品的能源技术；1978 年又提出了以开发省能技术，提高能源的利用率，回收可利用能源为重点的“月光计划”；1994 年又出台的“阳光计划”、“月光计划”及环境技术研究为一体的“新阳光计划”[9,13]。

(5) 欧洲 1989 年成立了国际能源机构 EIA，在其下设了太阳能采暖/制冷组织 SHC 并将其列为一个专题：Task26：Solar combisystem，旨在研究组合系统的调查和推广、系统及部件性能测试方法和数值模拟方法的开发、系统的最优化三个方面的问题[8]。

(6) 1996 年，联合国在津巴布韦召开“世界太阳能高峰会议”，会后发表了《哈拉雷太阳能与持续发展宣言》，会上讨论了《世界太阳能 10 年行动计划》（1996～2005 年）、《国际太阳能公约》、《世界太阳能战略规划》等重要文件。

(7) 1998 年，德国政府提出用 6 年时间投资 9 亿马克，启动《10 万太阳能屋顶计划》，在一些住宅区安装 10 万套光电设备，总容量达 30 万 kW，可为居民提供足够的电量；利用低温太阳能光热转换技术，可以把太阳辐射转为热能，以满足日常生活对热水的需求，并给房屋供热。

(8) 德国从 2000 年开始，由联邦教育科技部和联邦经济技术部共同实施了“太阳能区域供热”（Solarthermine - 2000 - Part3：Solar assisted district heating）政府项目。截至 2003 年已建成 12 个太阳能区域供热示范工程，其中包括 8 座季节蓄热小区热力站和 4 座短期蓄热小区热力站[11]。

1.5.3 国内发展状况

根据 2010 年 IEA 国际能源署发布的 Solar Heat Worldwide—Markets and Contribution to the Energy Supply 2008。到 2008 年年底，全国在用太阳能热水器的总集热面积为 80 亿 m^2，装机容量达 87.5MWth。总体来看，我国太阳能热水器应用技术与发达国家还有差距。目前，发达国家的太阳能热水器已实现与建筑的较好结合，向太阳能建筑一体化方向发展，而我国在这方面才开始起步。

在世界范围内，自 20 世纪 90 年代初，太阳能热利用市场经历了一个有利的发展，到 2008 年年底，总集热面积有 217.0 万 m^2，相应的装机容量达到 151.9 GWth，以上仅是对全球 53 个国家做的调研，但是占全世界人口 61%的 53 个国家，其太阳能集热器的使用却是占了全球的 85%～90%。其中，中国在世界太阳能集热器的市场上占有 57.6%的份额。

我国太阳能供热系统始于 20 世纪 70 年代末。从 1977 年甘肃省明勤县第一栋主、被动式太阳能房建立后[14]，经过“六五”、“七五”、“八五”的科技攻关，被动式采暖技术得到长足发展，其示范工程几乎覆盖了各种建筑形式及近整个北方采暖地区近 100 万 m^2 的被动式采暖太阳房，而主动式采暖发展缓慢，尚处于起步发展阶段（见图 1 - 23）[15,20]。

目前我国已建的主动式太阳能供热试点工程多为单体建筑，如北京清华阳光能源开发系统中室内的办公楼采暖工程、拉萨火车站与拉萨科技厅、北京平谷新村的将军关及玻璃台村等太阳能供暖示范工程等[18,19]。但对于太阳能区域供热工程除了正在建的中国建筑科学研究科技园的太阳能季节蓄热＋地源热泵供暖试点工程外，尚未其他应用。

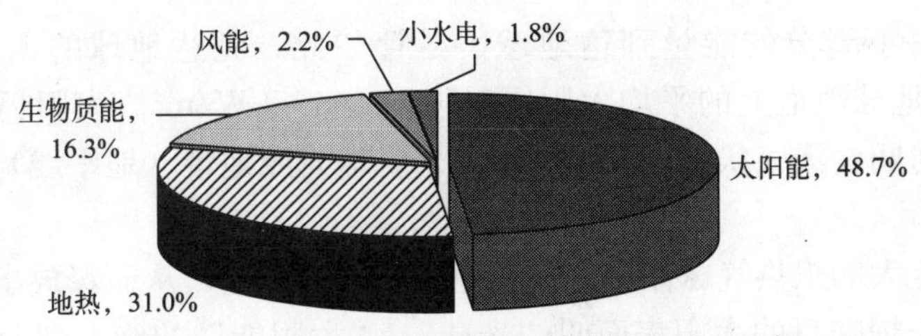

图 1-23　我国太阳能利用在新能源中所占比例

1995 年，国家计委、国家科委和国家经贸委制定了《新能源和可再生能源发展纲要》(1996～2010 年)，明确提出我国在 1996～2010 年新能源和可再生能源的发展目标、任务以及相应的对策和措施。这些文件的制定和实施，对进一步推动我国太阳能事业发挥了重要作用。

2005 年 12 月，中央发布“一号文件”——《中共中央、国务院关于推进社会主义新农村建设的若干意见》，确立了社会主义新农村建设的指导原则和发展目标。认为“十一五”时期是社会主义新农村建设打下坚实基础的关键时期，是现代农业建设迈出重大步伐的关键时期，也是农村全面建设小康社会的关键时期；要大力开发节约能源、资源和保护环境的农业技术，重点推广可再生能源开发利用技术；加快农村能源建设步伐，在适宜地区积极推广太阳能等清洁能源技术[3]。

我国在《国家中长期科学和技术发展规划纲要（2006～2020 年）》、《国家国民经济和社会发展第十一个五年规划纲要》提出要提升住宅的功能与质量，节约有限的资源，改善农村的生态环境，引导农村城镇化健康发展[16,17]。《中华人民共和国可再生能源法》第十七条中也明确规定：“国家鼓励单位和个人安装和使用太阳能热水系统、太阳能供热采暖系统和制冷系统、太阳能光伏发电系统等太阳能利用系统”[21]。

为了提高村镇住宅设备设计水平，国家“十一五”科技支撑计划重大课题“村镇住宅设备标准化技术研究与软件开发”（2008BAJ08B07）把“村镇住宅太阳能应用技术研究与示范工程建设”作为课题研究解决的主要内容之一。基于国内外的若干成功应用太阳能为低层住宅供热的范例，结合我国村镇住宅建筑形式、气候特点及经济状况，以各气候区代表地区的典型住宅为设计案例，探讨适合我国广大农村地区的太阳能供热采暖系统设计。为提高农村地区住宅设备设计水平提供理论依据与技术支撑。提高太阳能的利用率和普及率，降低煤炭、石油等常规能源使用量，减少温室效应和环境污染的危害，改善村镇住宅及住区生态环境，并进一步提高农村人居的舒适性和健康水平具有重要的经济与社会意义。

1.6　世界及中国的太阳能资源状况

1.6.1　世界太阳能资源

太阳能是太阳内部或者表面的黑子连续不断的核聚变反应过程产生的能量。太阳辐射驱动了整个自然界的循环，例如风、雨、光合作用、洋流和其他许多对生命重要的进程。太阳能只有一小部分的能量到达地球，尽管如此，到达地球的太阳辐射能也到达 1.5×10^{18}kWh。地球轨道上的平均太阳辐射强度为 1369W/m^2。太阳辐射和日照的持续性取决于年日照时间、天气状况以及地理位置。全球光照地带（地平线）每年的辐射量超过 2200kWh/m^2。

太阳是一个巨大的炽热气球体，并不断地进行热核反应，从而释放出巨大的能量。人们肉眼所见到的光耀夺目的太阳表面叫“光球”，“太阳能”的绝大部分是由此发射出来的。光球以电磁波的形式向宇宙空间辐射能量，总称为太阳辐射。太阳辐射的总功率为 3.86×10^{26}W，而到达地球表面的太阳能辐射总功率为 1.7×10^{17}W，仅占太阳总能量的二十亿分之一。

1.6.2 我国的太阳能资源

在我国，西藏西部太阳能资源最丰富，全国有 2/3 以上的地区的年太阳辐照量超过 5000MJ/m^2，年日照小时数在 2200h 以上，最高达 2333kWh/m^2（日辐射量 6.4kWh/m^2），居世界第二位，仅次于撒哈拉大沙漠。

根据各地接受太阳总辐射量的多少，可将全国划分为五类地区。我国不同太阳能资源等级的水平面上年太阳辐照量、年日照小时数以及主要的代表地区，如表 1-3 所示。

我国太阳能资源区划分[22] **表 1-3**

资源等级	太阳能条件	年日照时数（h）	水平面辐照量 [MJ/(m^2·a)]	分布地区
Ⅰ	资源丰富区	3200～3300	>6700	宁夏北、甘肃西、新疆东南、青海西、西藏西
Ⅱ	资源较丰富区	3000～3200	5400～6700	冀西北、京、津、晋北、内蒙古及宁夏南、甘肃中东、青海东、西藏南、新疆南
Ⅲ	资源一般区	2200～3000	5000～5400	鲁、豫、冀东南、晋南、新疆北、吉林、辽宁、云南、陕北、甘肃东南、粤南
		1400～2200	4200～5000	湘、桂、赣、江、浙、沪、皖、鄂、闽北、粤北、陕南、黑龙江
Ⅳ	资源贫乏区	1000～1400	<4200	川、黔、渝

图 1-24 表示的是我国太阳能资源分布图，可以直观地了解我国太阳能资源的划分情况。由图可见，我国太阳能资源的丰富区、较丰富区的总和占国土面积的一半以上。尤其是采暖地区大部分处于资源丰富区，且大部分的采暖地区太阳能日照主峰值的出现月与采暖期同现，因此我国拥有优越的利用太阳能采暖的自然条件[23]。

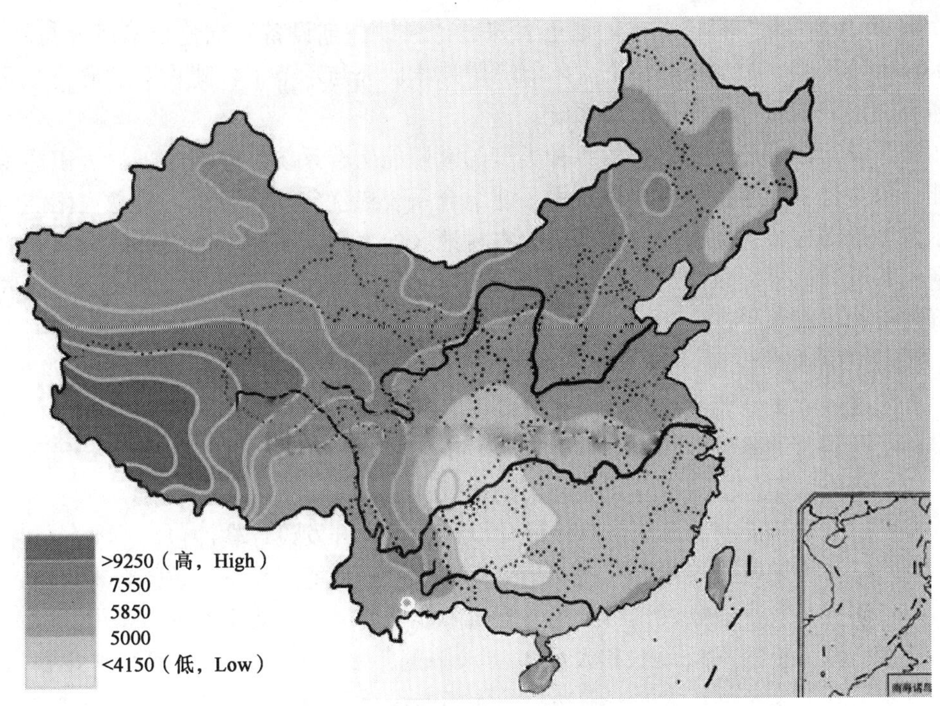

图 1－24　中国太阳能辐射量分布图［MJ/(m²·a)］

（图片来源：中国气象局风能太阳能资源评估中心）

1.7　我国太阳能热利用潜力及前景

1.7.1　我国太阳能利用前景

根据 2007 年前出台的《可再生能源中长期发展规划》，2010 年，我国可再生能源消费量要达到能源消费总量的 10%左右，2020 年这一比例将达到 15%。

第一阶段：太阳能与建筑一体化的问题。

太阳集热器与建筑一体化是我国太阳集热器行业发展的必然趋势。就目前形势来看，太阳能在我国有着广泛市场，但相关研究还有欠缺。比如，太阳能一体化，即太阳能装置与建筑物达到有机的结合，一直是我国太阳能应用领域有待解决的问题，太阳能集热器体积较大并且在屋顶安装无序，严重影响了建筑物的屋顶保温、隔热、防水和建筑物的景观效果。

第二阶段：太阳能空调、采暖技术的研发。

在确保太阳能集热器与建筑结合产业化的基础上，还要根据我国的特点，逐步研究开发太阳能采暖、户式制冷空调等各项技术，为太阳能热利用产业的持续发展提供技术基础。

1. 太阳能采暖

具有太阳能热水和太阳能采暖双重功能的太阳能组合系统正日益受到国外太阳能界的重视。多年来，国外已设计和安装了多种类型的太阳能组合系统，其中大都已推广应用。但在我国，太阳能采暖系统尚处于研究试运行阶段。

国家“十一五”科技支撑计划重大课题“村镇住宅设备标准化技术研究与软件开发”（2008BAJ08B07）中“村镇住宅太阳能应用技术研究与示范工程建设”的研究项目，致力于研究适用我国村镇太阳能采暖系统。

通过学习国外已成功运行的各种类型的太阳能组合系统，掌握先进的太阳能组合系统性能试验方法、数值模拟方法以及太阳能组合系统最优化设计方法，建立太阳能组合系统的示范工程等方式。探讨适合我国广大农村地区的太阳能采暖系统设计，为提高农村地区住宅设备设计水平提供理论依据，提高太阳能的利用率和普及率，并进一步提高农村人居的舒适性和健康水平。

2. 太阳能制冷空调

太阳能吸收式空调系统具有夏季制冷、冬季采暖、全年热水的综合功能。在现有太阳能空调示范项目的基础上，应着重进行以下工作：

（1）研究太阳能空调示范系统的长期运行性能；

（2）研究太阳能空调系统的总体优化设计，研究开发设计软件包；

（3）研究太阳能集热器与吸收式制冷机参数、辅助能源设备参数的合理匹配；

（4）研究开发小型吸收式制冷机，为太阳能空调尽早步入家庭创造条件。

随着能源需求的不断增加和人民生活水平的不断提高，应力争尽早推出具有夏季制冷、冬季采暖、全年供热水的三项功能的太阳能综合利用系统，使太阳能光热应用向中高温方向发展。

1.7.2 我国太阳能应用技术及相关标准、规范

太阳能应用技术规范对于科学设计、施工、验收，做到安全适用、经济合理、技术先进、保证工程质量有重要的意义。表 1 - 4 列出了我国主要的太阳能应用技术及相关标准、规范。

我国主要的太阳能应用技术及相关标准、规范 表 1 - 4

序号	标准	适用范围	不适用范围
1	《民用建筑节能设计标准》JGJ 26 - 95	适用于严寒和寒冷地区设置集中采暖的新建和扩建居住建筑建筑热工与采暖节能设计。暂无条件设置集中采暖的居住建筑，其围护结构宜按该标准执行	
2	《采暖通风与空气调节设计规范》GB 50019 - 2003	适用于新建、扩建和改建的民用和工业建筑的采暖、通风与空气调节设计	不适用于有特殊用途、特殊净化与防护要求的建筑物、洁净厂房以及临时性建筑物的设计
3	《民用建筑太阳能热水系统应用技术规范》GB 50364	适用于城镇中使用太阳能热水系统的新建、扩建和改建的民用建筑，以及改造既有建筑上已安装的太阳能热水系统和在既有建筑上增设太阳能热水系统	
4	《建筑给水排水设计规范》GB 50015	适用于居住小区民用建筑给水排水设计亦适用于工业建筑生活给水排水和厂房屋面雨水排水设计	
5	《民用建筑热工设计规范》GB 50176	适用于新建、扩建和改建的民用建筑热工设计	不适用于地下建筑、室内温湿度有特殊要求和特殊用途的建筑，以及简易的临时性建筑

续表

序号	标准	适用范围	不适用范围
6	《建筑气候区划标准》GB 50178	适用于一般工业与民用建筑的规划、设计与施工	
7	《建筑节能工程施工质量验收规范》GB 50411	适用于新建、改建和扩建的民用建筑工程中墙体、幕墙、门窗、屋面、地面、采暖、通风与空调、空调与采暖系统的冷热源及管网、配电与照明、监测与控制等建筑节能工程施工质量的验收	
8	《民用建筑太阳能热书系统应用技术规范》GB 50364	适用于城镇中使用太阳能热水系统的新建、扩建和改建的民用建筑，以及改造既有建筑上已安装的太阳能热水系统和在既有建筑上增设太阳能热水系统	
9	《太阳能供热采暖工程技术规范》GB 50495	适用于在新建、扩建和改建民用建筑中使用太阳能供热采暖系统的工程，以及在既有建筑上改造或增设太阳能供热采暖系统的工程	
10	《太阳能供热采暖工程技术规范》GB 50495	适用于在新建、扩建和改建民用建筑中使用太阳能供热采暖系统的工程，以及在既有建筑上改造或增设太阳能供热采暖系统的工程	
11	《建筑给水排水及采暖工程施工质量验收统一标准》GB 50242	适用于建筑给水排水及采暖工程施工质量的验收	
12	《建筑工程施工质量验收规范》GB 50300	适用于建筑工程施工质量的验收，并作为建筑工程各专业工程施工质量验收规范的统一准则	
13	《住宅设计规范》GB 50096	适用于全国城市新建、扩建的住宅设计	
14	《建筑物防雷设计规范》GB 50057	适用于新建建筑物的防雷设计	不适用于天线塔、共用天线电视接收系统、油罐、化工户外装置的防雷设计
15	《屋面工程质量验收规范》GB 50207	适用于建筑屋面工程质量的验收	
16	《压缩机、风机、泵安装工程施工及验收规范》GB 50275	适用于压缩机、风机和泵的安装及验收	
17	《工业设备及管道绝热工程质量验收评定标准》GB 50185	适用于工业设备及管道内介质温度大于或等于－196℃、小于或等于＋850℃的外部绝热工程质量的检验和评定	
18	《建筑电气工程施工质量验收规范》GB 50303	适用于满足建筑物预期使用功能要求的电气安装工程施工质量验收，适用电压等级为10kV及以下	
19	《电气装置安装工程接地装置施工及验收规范》GB 50169	适用于电气装置的接地装置安装工程的施工及验收	
20	《电气装置安装工程低压电器施工及验收规范》GB 50254	适用于交流50Hz额定电压1200V及以下、直流额定电压为1500V及以下且在正常条件下安装和调整试验的通用低压电器	不适用于无需固定安装的家用电器、电力系统保护电器、电工仪器仪表、变送器、电子计算机系统及成套盘、柜、箱上电器的安装和验收
21	《智能建筑工程施工质量验收规范》GB 50307	适用于智能办公楼、综合楼、住宅（小区）中的智能建筑工程质量验收，其他工程项目可参照使用	
22	《钢结构工程施工质量验收规范》GB 50205	适用于建筑工程的单层、多层、高层以及网架、压型金属板等钢结构工程施工质量的验收	

续表

序号	标准	适用范围	不适用范围
23	《电气装置安装工程盘、柜及二次回路接线施工及验收规范》GB 50171	适用于各类配电盘、保护盘、控制盘、屏、台、箱和成套柜等及其二次回路结线安装工程的施工及验收	
24	《电气装置安装工程 1kV 及以上下配线工程施工及验收规范》GB 50258	适用于建筑物、构筑物中 1KV 及以下配线工程的施工及验收	
25	《给水排水管道工程施工及验收规范》GB 50268	适用于城镇和工业区的室外给水排水管道工程的施工及验收	
26	《建筑设计防火规范》GB 50016	适用于下列新建、扩建和改建的建筑： 1. 9 层及 9 层以下的居住建筑（包括设置商业服务网点的居住建筑）； 2. 建筑高度小于或等于 24.0m 的公共建筑； 3. 建筑高度大于 24.0m 的单层公共建筑； 4. 地下、半地下建筑（包括建筑附属的地下室、半地下室）； 5. 厂房； 6. 仓库； 7. 甲、乙、丙类液体储罐（区）； 8. 可燃、助燃气体储罐（区）； 9. 可燃材料堆场； 10. 城市交通隧道	不适用于炸药厂房（仓库）、花炮厂房（仓库）的建筑防火设计； 人民防空工程、石油和天然气工程、石油化工企业、火力发电厂与变电站等的建筑防火设计，当有专门的国家现行标准时，宜从其规定
27	《通风与空调工程施工质量验收规范》GB 50243 - 2002	适用于建筑工程通风与空调工程施工质量的验收	
28	《城市热力网设计规范》CJJ 34 - 2002	适用于以热电厂或区域锅炉房为热源热泵新建或改建的城市热力网管道、中断泵站和用户热力站等工艺系统设计。其他形式热源的城市热力网设计可参考本规范。供热介质设计参数适用范围： 1. 热水热力网压力小于或等于 2.5MPa，温度小于或等于 200℃； 2. 蒸汽热力网压力小于或等于 1.6MPa，温度小于或等于 350℃	
29	《家用电器的安装、使用、检修安全要求》GB/T 8877	适用于家庭中使用的家用电气和家用电子器具	本标准不适用于车库等特殊场所及露天或半露天场所中使用的器具。对浴室中使用的家用电器需另作规定
30	《太阳能热利用术语》GB/T 12936	第一部分应用于适用于太阳能热利用中对太阳辐射的研究与测量； 第二部分适用于太阳热水或太阳能空气的部件与系统	
31	《平板太阳能集热器》GB/T 6424	适用于利用太阳辐射加热，传热工质为液体的平板型太阳能集热器	不适用于真空管型太阳能集热器和闷晒式热水器
32	《全玻璃真空太阳集热管》GB/T 17049	适用于接收太阳辐射并转换成热能的全玻璃真空管太阳集热管	
33	《真空管型太阳能集热器》GB/T 17581	适用于利用太阳能辐射加热，传热工质为液体的非聚光型全玻璃真空管型太阳能集热器、玻璃-金属结构真空管型太阳能集热器和热管式真空管型太阳能集热器	

续表

序号	标准	适用范围	不适用范围
34	《平板型太阳集热器热性能试验方法》GB/T 4271		
35	《家用太阳热水系统热性能试验方法》GB/T 18708	适用于贮热水箱容积在 0.6m³ 以下，仅用太阳能的家用热水系统	不适用于同时进行辅助加热的太阳热水系统的试验
36	《太阳能热水系统设计、安装及工程验收技术规范》GB/T18713	适用于提供生活用及类似用途热水的贮水箱容积大于 0.6m³ 的具有液体传热工质的自然循环、直流式和强迫循环太阳热水系统（包括带辅助能源的太阳热水系统）。这些系统是根据当地条件单独设计和安装的	
37	《家用太阳热水系统技术条件》GB/T 19141	适用于贮热水箱容积在 0.6m³ 以下的家用太阳热水系统	
38	《家用太阳能热水系统控制器》GB/T 23888	适用于家用太阳能热水系统的控制器	
39	《被动式太阳房技术条件和热性能测试方法》GB/T 15405	适用于农村和城镇地区的被动式太阳房	
40	《建筑玻璃可见光透射比、太阳光直接透射比、太阳能总透射比、紫外线透射比及有关窗玻璃参数的测定》GB/T 2680	适用于建筑玻璃以及它们的单层、多层窗玻璃构件光学性能的测定	
41	《太阳能　在地面不同接受条件下的太阳光谱辐照度标准第一部分：大气质量 1.5 的法向直射日射辐照度和半球向日射辐照度》GB/T 17683.1	适用于需要标准光谱辐照度的所有太阳能利用领域，适合于反照率为 0.2 时的法向直射辐照（视场角为 5.8°）和面向赤道并与水平面倾斜 37°平面上的半球向辐射情况下应用	
42	《被动式太阳房热工技术条件和测试方法》GB/T 15405	适用于农村和城镇地区被动式太阳房	
43	《太阳热水系统性能评定规范》GB/T 20095	适用于单个贮水箱有效容积大于或等于 0.6m³ 的太阳热水系统	不适用于由多台家用太阳热水器组成的太阳热水系统
44	《建筑物围护结构传热系数及采暖供热量检测方法》GB/T 23483	适用于建筑物围护结构主体部分传热系数及采暖供热量的检测	
45	《太阳能集热器热性能实验方法》GB/T 4271	适用于利用太阳能辐射加热、有透明盖板、传热工质为液体的平板型太阳能集热器，以及传热工质为液体的非聚光型全玻璃真空管型太阳能集热器、玻璃-金属结构真空管型太阳能集热器和热管式真空管型太阳能集热器	不适用于储热器与集热器为一体的储热式太阳能集热器，也不适用于无透明盖板的和跟踪聚焦的太阳能集热器
46	《太阳热水器吸热体、连接管及其配件所用弹性材料的评价方法》GB/T15513	适用于太阳热水器吸热体、连接管及其配件生产制造中所用弹性材料的评定	
47	西安市地方标准《西安市居住建筑节能设计标准》DB J61	适用于新建、改建和扩建住宅建筑的节能设计	
48	北京市地方标准《太阳能热水系统施工技术规程》DB 11/T461	适用于北京地区民用建筑中应用的太阳能热水系统和家用太阳能热水器。北京地区太阳能热水地板辐射供暖系统可参照本标准	

续表

序号	标准	适用范围	不适用范围
49	《村镇住宅太阳能采暖应用技术规程》DB 11/635	适用于新建或改建的村镇住宅，建筑形式为一层或二层的独立式或联排式建筑，采暖形式为太阳能热水主动式采暖方式	
50	《承压式家用太阳热水器技术条件》NY/T 759	适用于强迫循环式、自然循环式、闷晒式承压家用太阳热水器，亦适用于带有电辅助加热器的各类承压式太阳热水器	
51	《家用太阳能热水系统》HJ/T 363	适用于贮热水箱容积在 $0.6m^3$ 以下的家用太阳能热水系统，不包括闷晒式家用太阳能热水系统	
52	《太阳能集热器》HJ/T 362	适用于利用太阳能辐射加热、传热工质为液体的集热器	
53	《全玻璃真空太阳集热管用玻璃管》QB/T 2436	适用于制造全玻璃太阳真空集热管用的玻璃管	
54	《家用太阳热水器贮水箱》NY/T 514	适用于储水容积不大于 $0.6m^3$ 的，为家庭用户加热水的单一的太阳热水系统的贮水箱。贮水箱中的储热工质是以显热形式储存热能的液体	
55	《家用太阳热水器电辅助热源》NY/T513	适用于额定电压为 220V，单管额定功率不超过 3000W，额定压力不超过 1MPa，用于贮水箱容量不大于 $0.6m^3$ 的家用太阳热水器，将水加热至沸点以下的辅助电加热器	
56	《民用建筑外保温系统及外墙装饰防火暂行规定》	适用于民用建筑外保温系统及外墙装饰的防火设计、施工及使用	
57	《太阳能热水系统选用与安装》陕 2009TS001	适用于太阳能热水系统的新建、扩建的民用与工业建筑	

第 2 章　太阳能集热器及设备换热计算

从改善室内环境的角度而言，建筑本身就是一种“室内气候调节器”，但是这个“室内气候调节器”的作用往往有局限性。因此，为满足人体的健康、舒适性要求，因地因时制宜地以“主动气候调节器”的较小能耗来改善村镇住宅室内热湿环境成为了一种必然选择。进行村镇住宅热、湿环境标准化设计中，宜坚持推广适用技术、乡村生态循环链的保护。在农村，应尽可能地应用与原有生态循环链相符合的“适用性”能源，如太阳能或其他可再生能源供应方式。在村镇住宅设备标准化设计中，凸显了太阳能这一使用清洁能源的新型节能系统，优先利用太阳能来改善室内热、湿环境等。本章根据工程应用分析的需要，重点分析了太阳能集热器及设备换热计算的原理，为太阳能供热系统设备标准化设计奠定理论基础。

2.1　集热器表面的总辐射、散射辐射、直接辐射、反射辐射测量

2.1.1　太阳辐射强度测试原理

太阳辐射包括总辐射、散射辐射、直接辐射、反射辐射、净全辐射等，是进行太阳能设计的重要技术参数。太阳能辐射测量仪器，即测量总太阳辐射强度的仪表称为总日射表。这里给出西安建筑科技大学实验室的一套太阳辐射监测系统，如图 2-1 所示。

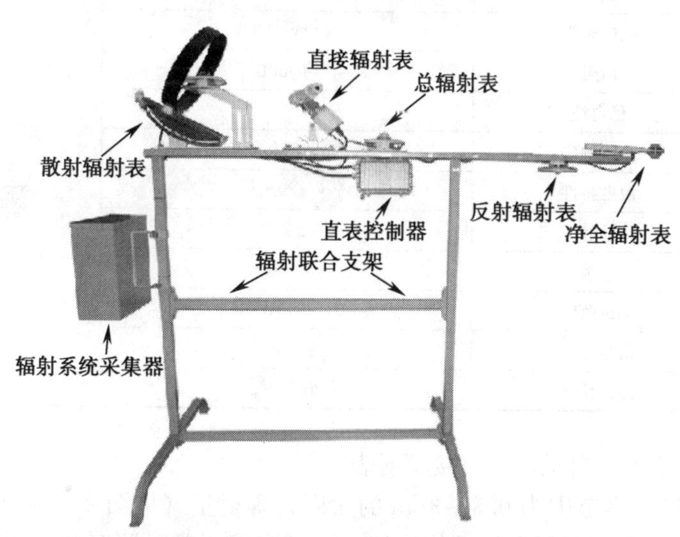

图 2-1　PC-2-T 太阳辐射监测系统

该仪器太阳辐射标准观测分别为：总辐射、散射辐射、直接辐射、反射辐射、净全辐射，每种辐射的监测指标如表 2-1 所示。

太阳辐射监测系统技术指标 表 2-1

	光谱范围（nm）	测试范围（W/m²）	精度	显示分辨率（W）
总辐射	280～3000	0～4000	小于 2%	1
净全辐射	280～50000	0～4000	小于 5%	1
直射辐射	280～3000	0～4000	小于 2%	1
反射辐射	280～3000	0～4000	小于 5%	1
散射辐射	280～3000	0～4000	小于 5%	1

1. TBQ-2-B 标准总辐射表

该表用来测量光谱范围为 0.3～3μm 太阳总辐射，也可用来测量入射到斜面上的太阳辐射，如感应面向下可测量反射辐射，如加遮光环可测量散射辐射（见图 2-2）。因此，它可广泛应用于太阳能利用、气象、农业、建筑材料老化及大气污染等部门做太阳辐射能量的测量。

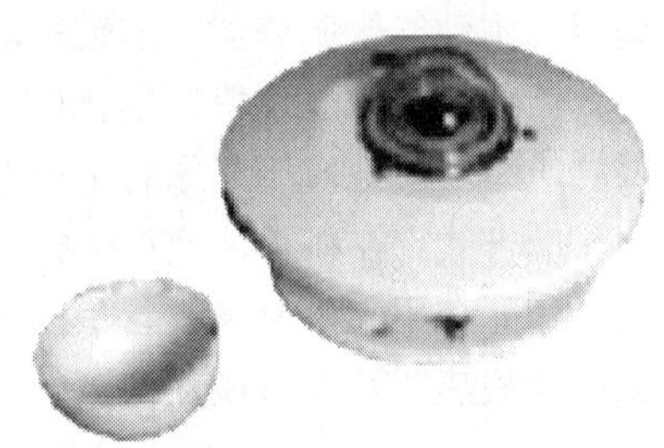

图 2-2 TBQ-2-B 标准总辐射表

该表为热电效应原理，感应元件采用绕线电镀式多接点热电堆，其表面涂有高吸收率的黑色涂层。热接点在感应面上，而冷结点则位于机体内，冷热接点产生温差电势。在线性范围内，输出信号与太阳辐照度成正比。为减小温度的影响，则配有温度补偿线路；为了防止环境对其性能的影响，则用两层石英玻璃罩，罩是经过精密的光学冷加工磨制而成的。TBQ-2-B 标准总辐射表技术参数如表 2-2 所示。

TBQ-2-B 标准总辐射表技术参数 表 2-2

编号	指标	详情	备注
1	灵敏度	7～14μV/(W·m²)	0.3μm 3.0μm
2	响应时间	≤30 秒（99%）	
3	内阻	约 350Ω	
4	稳定性	±2%	
5	余弦响应	≤±5%（太阳高度角 10°时）	
6	温度特性	±2%（−20～+40℃）	
7	非线性	±2%	
8	重量	2.5kg	
9	测试范围	0～2000W/m²	
10	信号输出	0～20mV	
11	测试精度	小于 2%	

2. TBS-2-2 太阳自动跟踪直接辐射表

该表用于测量光谱范围为 0.3～3μm 的太阳直辐射量（见图 2-3）。当太阳直辐射量超过 120W/m² 时，和日照时数记录仪连接，也可直接测量日照时数。所以该仪表可广泛应用于太阳能利用、气象、农业、建筑材料及生态考察部门。

日照时数的定义：太阳直接辐照度达到或超过 120W/m² 时间段的总和，以小时为单位，取一位小数。日照时数也称实照时数。

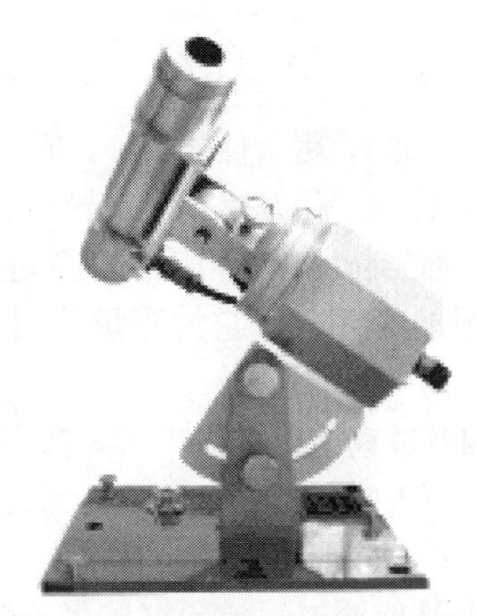

图 2-3 TBS-2-2 太阳自动跟踪直接辐射表（日照计）

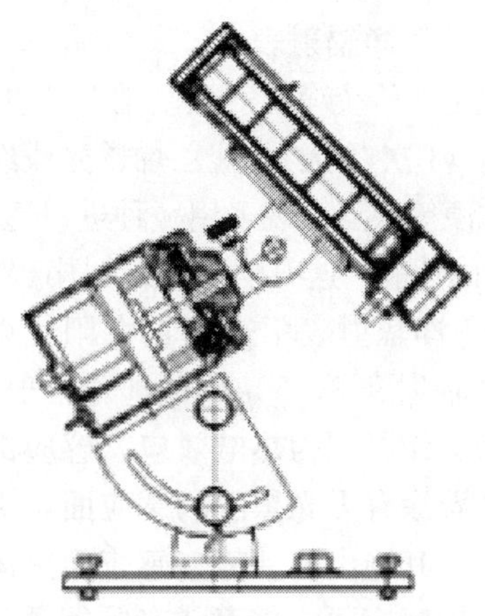

图 2-4 直接辐射传感器结构图

日照传感器主要有：直接辐射表、双金属片日照传感器与旋转式日照传感器三种。

该表构造如图 2-3 和图 2-4 所示，主要由光筒和自动跟踪装置组成。光筒内部由光栏、内筒、热电堆（感应面）、干燥剂筒等组成。感应部件是采用绕线电镀式多接点热电堆，其表面涂有高吸收率的黑色涂层。热接点在感应面上，冷结点在机体内，在线性范围内产生的温差电势与太阳直接辐照度成正比。自动跟踪装置由底板、纬度架、电机等组成。电机是动力源，用户可根据要求选择直流电机或交流电机作为动力源。该表的跟踪精度与操作人员细心的安装和调试有密切关系，有关详细说明如表 2-3 和表 2-4 所示。

日照计技术参数 **表 2-3**

编号	指标	技术参数
1	测量范围	0～24h
2	分辨率	0.1h
3	测试精度	小于±0.1h

TBS-2-2 直接辐射表技术参数 **表 2-4**

编号	指标	技术参数	备注
1	灵敏度	7～14μV/(W·m²)	
2	响应时间	≤30s（99%）	
3	内阻	约 100Ω	
4	跟踪精度	24h 小于±1°	
5	稳定性	±1%	0.3μm 3.0μm
6	温度特性	±1%（-20～+40℃）	
7	电源电压	DC 12V±15% AC 220V±10%	
8	重量	5kg	
9	信号输出	0～20mV	
10	测试精度	±2%	

3．TBB－1净辐射表

这是在生产传统净辐射表基础上开发的一款新型净表。它解决了传统净表需要经常用气球对其充气（1次/3天），聚乙烯透光膜经常更换（1次/月），密封性能不好，容易进水，人工维护不方便等缺点。现采用一种进口透光材料作为滤光罩，使其达到全密封、不充气、免维护等方面的性能。这项技术现成为国产净辐射表的一项新突破，达到国外同类先进产品水平。

TBB－1净辐射表用来测量太阳辐射及地面辐射的净差值。它的测量范围为0.27～3μm的短波辐射和3～50μm的地球辐射。

该表的工作原理为热电效应，感应部分是由康铜及镀铜组成的热电堆，热电堆的上下两个面紧贴着涂有无光黑漆的感应面，由于上下感应面吸收的辐照度不同，因此热电堆两端产生温差，其输出电动势与感应面黑体所接收的辐照度差值成正比。为了防止恶劣环境的影响及保护感应面，该表装有既能透过长波辐射、又能透过短波辐射的聚乙烯薄膜罩。TBB－1净辐射表技术参数如表2－5所示。

TBB－1净辐射表技术参数 表2－5

编号	指标	技术参数	备注
1	灵敏度	7～14μV/(W·m²)	
2	响应时间	不大于1min（99%）	
3	内阻	约350Ω	
4	感应面一致性	±15%	0.27μm 50μm
5	使用环境温度	－50～＋50℃	
6	精度	±5%	
7	重量	0.5kg	
8	信号输出	0～20mV	

4．TBD－1散射辐射表

总辐射中把来自太阳直射部分遮蔽后测得的值为散射辐射。散射辐射是短波辐射，需用总辐射表配上有关部件加以测量。TBD－1型遮光环带与TBQ－2型总辐射表配套，可用于气象台站、科研部门连续测定天空的散射辐射强度。

该表为热电效应原理，感应元件采用绕线电镀式多接点热电堆，其表面涂有高吸收率的黑色涂层（见图2－5）。热接点在感应面上，而冷结点则位于机体内，冷热接点产生温

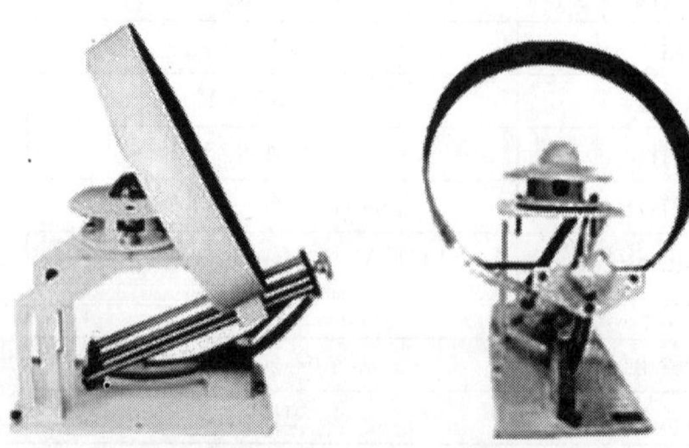

图2－5 散射辐射表

差电势。在线性范围内，输出信号与太阳辐照度成正比。为减小温度的影响，则配有温度补偿线路；为了防止环境对其性能的影响，则用两层石英玻璃罩，罩是经过精密的光学冷加工磨制而成的。TBD－1 散射辐射表技术参数如表 2－6 所示。

TBD－1 散射辐射表技术参数　　表 2－6

编号	指标	技术参数	备注
1	灵敏度	7～14μV/(W·m²)	
2	响应时间	≤30s（99%）	
3	内阻	约 350Ω	
4	稳定性	±2%	
5	余弦响应	≤±5%（太阳高度角 10°时）	0.3μm　3.0μm
6	温度特性	±2%（－20～＋40℃）	
7	非线性	±2%	
8	重量	2.5kg	
9	测试范围	0～2000W/m²	
10	信号输出	0～20mV	

2.1.2　太阳辐射强度等气象参数测试结果

2011 年 4 月，在西安建筑建筑科技大学环境与市政工程学院办公大楼楼顶（七层露台），利用这套太阳辐射监测系统进行了数据记录，数据经过处理后如图 2－6～图 2－8 所示。

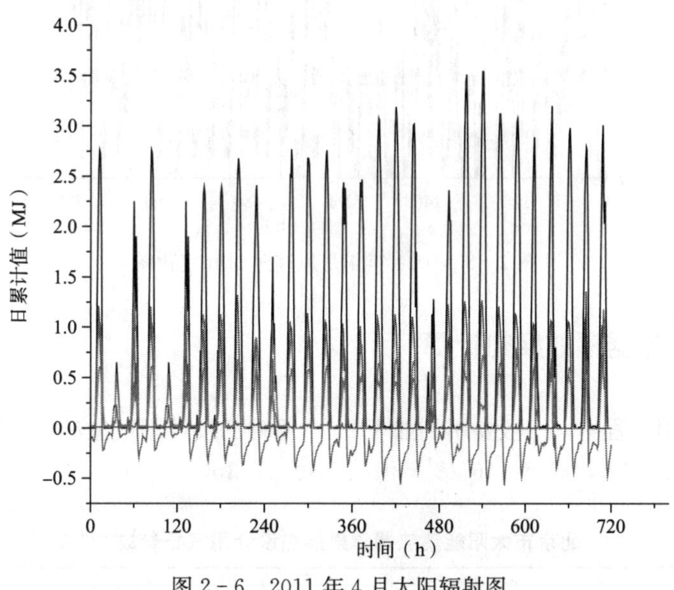

图 2－6　2011 年 4 月太阳辐射图

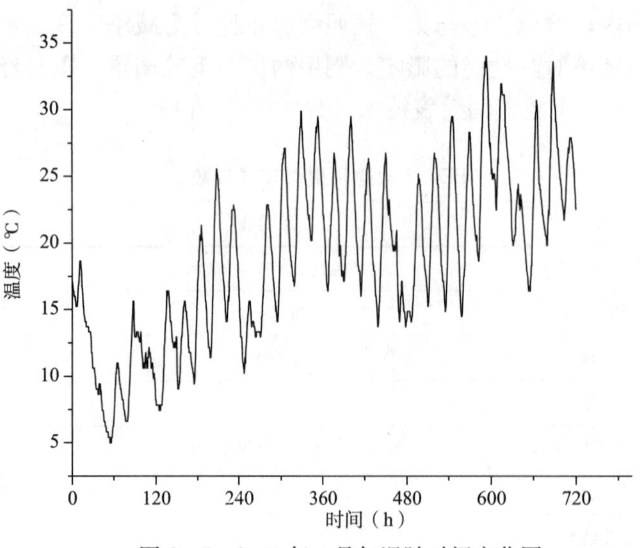

图 2-7　2011 年 4 月气温随时间变化图

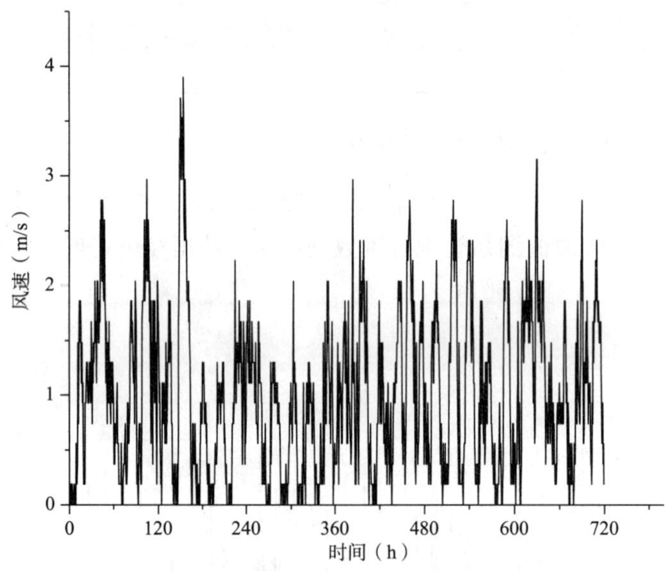

图 2-8　2011 年 4 月风速随时间变化图

2.2　太阳能集热器辐射换热计算

在太阳能应用工程中，一般要用到如表 2-7 所列的设计用气象参数（以北京市为例）。北京：纬度 39°48′，经度 116°28′，海拔高度 31.3m。

北京市太阳能集热器辐射换热设计用气象参数[40]　　　　表 2-7

月份	1	2	3	4	5	6	7	8	9	10	11	12
T_a	−4.6	−2.2	4.5	13.1	19.8	24.0	25.8	24.4	19.4	12.4	4.1	−2.1
H_t	9.143	12.185	16.126	18.787	22.297	22.049	18.701	17.365	16.542	12.730	9.206	7.889

续表

月份	1	2	3	4	5	6	7	8	9	10	11	12
H_d	3.936	5.253	7.125	9.114	9.952	9.192	9.364	8.086	6.362	4.926	4.004	3.515
H_b	5.208	6.931	8.974	9.673	12.345	12.856	9.336	9.297	10.180	7.805	5.201	4.374
H	15.081	17.141	19.155	18.714	20.175	18.672	16.215	16.430	18.686	17.510	15.112	13.709
H_0	15.442	20.464	27.604	34.740	39.725	41.742	40.596	36.420	29.881	22.478	16.508	13.857
S_m	200.8	201.5	239.7	259.9	291.8	268.8	217.9	227.8	239.9	229.5	191.2	186.7
K_t	0.593	0.595	0.584	0.541	0.561	0.528	0.461	0.477	0.554	0.566	0.558	0.569

注：T_a——月平均室外气温，℃；
H_t——水平面太阳总辐射月平均日辐照量，MJ/(m^2·d)；
H_d——水平面太阳散射辐射月平均日辐照量，MJ/(m^2·d)；
H_b——水平面太阳直射辐射月平均日辐照量，MJ/(m^2·d)；
H——倾斜角等于当地纬度倾斜表面上的太阳总辐射月平均日辐照量，MJ/(m^2·d)；
H_0——大气层上界面上太阳总辐射月平均日辐照量，MJ/(m^2·d)；
S_m——月日照小时数，h；
K_t——大气晴朗指数。

在设计与应用太阳能热水工程中，掌握关于太阳辐射方面的知识是设计计算、针对性改进、优化太阳能供热系统运行性能的基础，下面简要介绍关于太阳辐射方面的基本知识。

太阳能是一个主要由氢和氦组成的炽热的气态球，它的热量主要来源于氢聚变成氦的聚合反应。每秒有 657×109kg 的氢聚合生成 653×109kg 氦，连续产生 390×1021kW 的能量。这些能量以电磁波的形式向空间辐射，其中有二十亿分之一到达地球表面，约 173×1012kW，这是一个巨大的能源。

在太阳能应用工程中，首先应当了解太阳辐射的特点，从而可以利用的到达地球表面的太阳能辐射受到多个因素的影响，包括：

（1）天文因素：包括日地距离、太阳能赤纬、时角等；

（2）地理因素：当地的经度、纬度、海拔高度等；

（3）几何因素：太阳辐射接受表面的方位角及倾角；

（4）物理因素：太阳能辐射进入大气的衰减情况、辐射接受表面的物理特性。

2.2.1 天球坐标

在计算太阳辐射中，离不开有关天球坐标系的知识。所谓天球，就是人们站在地球表面上仰望天空，在平视四周时看到的这个假象球面。根据相对运动原理，太阳好像在这个球面上周而复始地运动一样。若要确定太阳在天球上的位置，最方便的方法是采用天球坐标系。常用的天球坐标系是赤道坐标系和水平坐标系。

1. 赤道坐标系

这是以天赤道 QQ' 为基本圈、以天赤道和天子午圈的焦点 Q 为原点的天球坐标系。图 2－9 中，P、P' 分别为北天极和南天极。通过 PP' 的大圆都垂直于天赤道。显然，通过 P 和球面上的太阳（S_θ 点）的半圆也垂直于天赤道，两者交于 B 点。

在赤道坐标系中，太阳 S_θ 的位置由下列两个坐标决定：

第一个坐标是圆弧 QB，通常称为时角，用 ω 表示。时角从天子午圈上的 Q 点起算，即从太阳时的正午起算，顺时针方向为正，逆时针方向为负，即上午为负，下午为正。他的数值等于离正午的时间（小时）乘以 15°。

第二个坐标是圆弧 BS_θ，叫做赤纬，用 δ 表示。赤纬从天赤道起算。对于太阳来说，向北天极有春分、秋分日的 0°变化到夏至的＋23°27′；向南天极由春分、秋分日的 0°变化到冬至日的－23°27′。

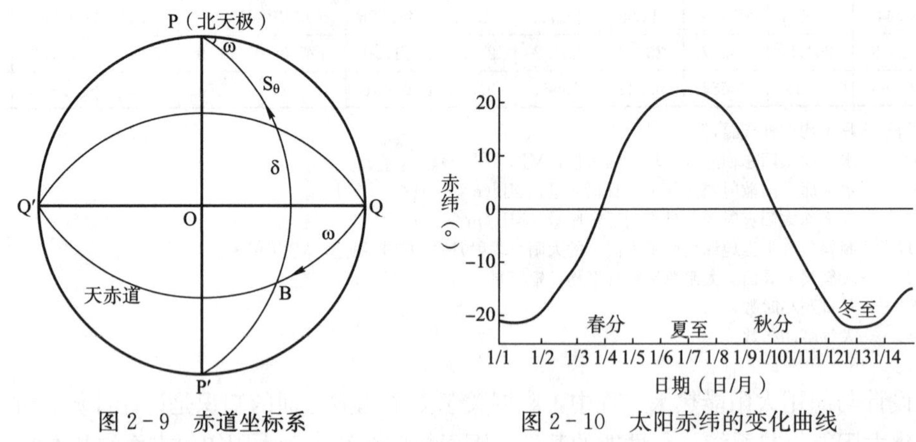

图 2－9　赤道坐标系　　图 2－10　太阳赤纬的变化曲线

太阳赤纬全年变化曲线如图 2－10 所示，δ 可由 Cooper 方程近似的计算：

$$\delta=23.45\sin\left(360\times\frac{284+n}{365}\right) \tag{2-1}$$

式中　n——一年中的日期序号。

如春分 $n=81$，算得 $\delta=0$。由春分起算的第 d 天的太阳能赤纬，则为：

$$\delta=23.45\sin\left(\frac{2\pi d}{365}\right) \tag{2-2}$$

2. 地平坐标系

通过天球球心 O 作一直线和观测点铅垂线平行，并与天球相交与 Z 和 Z'。Z 点叫做天顶点，Z' 点叫做天底。通过球心 O 与 ZZ' 相垂直的平面在天球上所截出的大圆，叫做真地平。地平坐标系就是以真地平为基本圆，以南点 S 为原点天球坐标系，如图 2－11 所示。

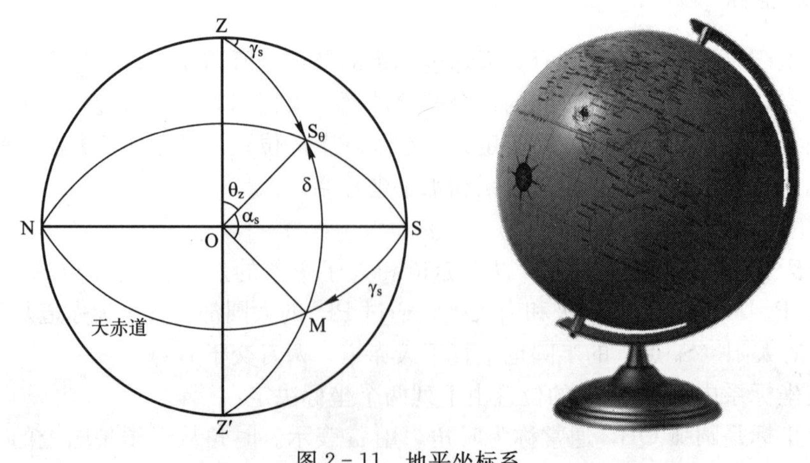

图 2－11　地平坐标系

天顶是基本的极，所有经过天顶的大圆都垂直于真地平。因此，通过天顶 Z 和太阳 S_θ 的大圆也垂直于地平面，两者相交与 M 点。在地平坐标系中，太阳 S_θ 的位置由下面两个坐标确定：

第一个坐标是天顶距离，即圆弧 ZS_θ，或天顶角$\angle ZOS_\theta$，用 θ_Z 表示，也可用太阳的地平高度（简称“太阳高度”）表示，即圆弧 $S_\theta M$ 或中心角$\angle S_\theta OM$，记作 α_S。天顶角和太阳高度角有下列关系：

$$\theta_Z+\alpha_S=90° \tag{2-3}$$

第二个坐标是方位角，及圆弧 SM，用 γ_S 表示。取南点 S 点为起点，向西（顺时针）方向为正，向东为负。

2.2.2 太阳角的计算

太阳能集热器的设计计算都要涉及太阳高度角、方位角以及日照时间等问题。下面介绍太阳高度角 α_S、太阳方位角 γ_S、日照时间 N 等问题的计算。

1. 太阳高度角 α_S 的计算

太阳高度角由下式确定：

$$\sin\alpha_S=\sin\varphi\ \sin\delta+\cos\varphi\ \cos\delta\ \cos\omega \tag{2-4}$$

式中 φ——当地纬度；

δ——太阳赤纬；

ω——时角。

太阳正午时，$\omega=0$，可将式（2-4）简化为：

$$\sin\alpha_S=\sin\varphi\ \sin\delta+\cos\varphi\cos\delta=\cos(\varphi-\delta) \tag{2-5}$$

因为
$$\cos(\varphi-\delta)=\sin[90°\pm(\varphi-\delta)] \tag{2-6}$$

所以
$$\sin\alpha_S=\sin[90°\pm(\varphi-\delta)] \tag{2-7}$$

当正午太阳在天顶以南，即 $\varphi>\delta$ 时，取

$$\sin\alpha_S=\sin[90°-(\varphi-\delta)]$$

得
$$\alpha_S=90°-\varphi+\delta$$

当正午太阳在天顶以北，即 $\varphi<\delta$，取

$$\sin\alpha_S=\sin[90°+(\varphi-\delta)]$$

得
$$\alpha_S=90°+\varphi-\delta$$

当 $\varphi=\delta$ 时，即正午太阳正对天顶，则 $\alpha_S=90°$ （2-8）

2. 太阳方位角 γ_S 的计算

ZM 在地平面上的投影线与南北方向线之间的夹角 γ_S 就是太阳方位角。γ_S 可由下列两式中任意一个来确定：

$$\sin\gamma_S=\frac{\cos\delta\ \sin\omega}{\cos\alpha_S} \tag{2-9}$$

$$\cos\gamma_S=\frac{\sin\alpha_S\ \sin\varphi-\sin\delta}{\cos\alpha_S\ \cos\varphi} \tag{2-10}$$

3. 日出日没时角 ω_θ 及日照时间 N 的计算

太阳视圆面中心在出没地平线的瞬间，太阳高度角 $\alpha_S=0$。如果不考虑地表曲线及大

气折射的影响，由式（2-4）即可得出日出日没时角 ω_θ 的表达式：

$$\cos\omega_\theta = -\tan\varphi\ \tan\delta \qquad (2-11)$$

由于 $\cos\omega_\theta = \cos(-\omega_\theta)$，这两个解是：

$$\omega_{\theta日出} = -\omega_\theta,\quad \omega_{\theta日没} = \omega_\theta$$

ω_θ 以度表示，负值表示日出时角 $\omega_{\theta日出}$，正值表示日没时角 $\omega_{\theta日没}$。

由于地球每小时自转 15°，所以日照时间 N 可以用日出日没时角的绝对值之和除以 15°/h 得到：

$$N = \frac{\omega_{\theta日没} + |\omega_{\theta日出}|}{15°/\text{h}} = \frac{2}{15}\text{arc}\cos(-\tan\varphi\ \tan\delta) \qquad (2-12)$$

2.2.3 集热器倾斜面上的太阳光线入射角

在实际集热器设计中，往往需要计算倾角为 S 的斜面的太阳辐射。为此，这里增加一个表示太阳在空间方位的角度，即由太阳射线（观测点 O 与太阳的连线）和斜面的法线 n 之间的夹角 θ_T（称为入射角）（见图 2-12）。集热器倾斜面上太阳光线的入射角 θ_T 可由式（2-13）确定：

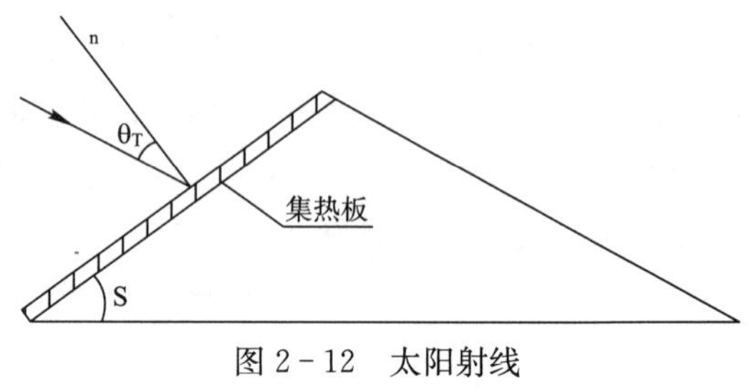

图 2-12 太阳射线

$$\cos\theta_T = \cos S\ \sin\alpha_S + \sin S\ \cos\alpha_S\ \cos(\gamma_S - \gamma_n) \qquad (2-13)$$

式中 S——集热器倾斜面与水平面的夹角；

α_S——太阳高度角；

γ_S——太阳方位角；

γ_n——集热器斜面方位角。

将式（2-4）、(2-9) 代入式（2-13）得：

$$\cos\theta_T = \cos S\ \sin\varphi\ \sin\delta + \cos S\ \cos\varphi\ \cos\delta\ \cos\omega + \sin S\ \sin\gamma_n\ \cos\delta\ \sin\omega + \sin S\ \sin\varphi\ \cos\delta\ \cos\omega\ \cos\gamma_n - \sin S\ \cos\gamma_n\ \sin\delta\ \cos\delta \qquad (2-14)$$

式（2-14）是确定任意方位、任意倾斜面上某日某时阳光入射角的通用公式。

2.2.4 集热器倾斜面上的太阳总辐射照度

确定投射在某太阳能集热器采光面上的太阳辐照度的量值是设计太阳能系统需要首先解决的一个基本问题。为获取更多的太阳能，集热器的安装都有一个倾角，由于一般气象资料给出的都是水平面上的太阳辐照量，在设计时必须把水平面上的太阳辐照量转换成等于集热器安装倾角的倾斜面上的太阳辐照量。

在进行转换时，直射辐射和散射辐射的计算方法和公式是不同的。倾斜表面上的太阳总辐照度 I_θ 由三部分组成：直射辐射辐照度 $I_{D\cdot\theta}$、散射辐射辐照度 $I_{d\cdot\theta}$和地面反射辐射照度 $I_{R\cdot\theta}$，即：

$$I_\theta = I_{D\cdot\theta} + I_{d\cdot\theta} + I_{R\cdot\theta} \quad (\text{W/m}^2) \qquad (2-15)$$

1. 集热器斜面上的直射辐射辐照度 $I_{D\cdot\theta}$

斜面上的直射辐射照度可通过逐时计算准确实现从水平面到倾斜面的转换。水平面上的直射辐射辐照度按下式计算：

$$I_{DH}=I_n \sin\alpha_S \tag{2-16}$$

斜面上的直射辐射辐照度按下式计算：

$$I_{D\cdot\theta}=I_n \cos\theta_T \tag{2-17}$$

式中　I_n——垂直于太阳光线表面上的太阳直射辐射辐照度（见图 2-13）。

则
$$R_b=\frac{I_{D\cdot\theta}}{I_{DH}}=\frac{\cos\theta_T}{\sin\alpha_S} \tag{2-18}$$

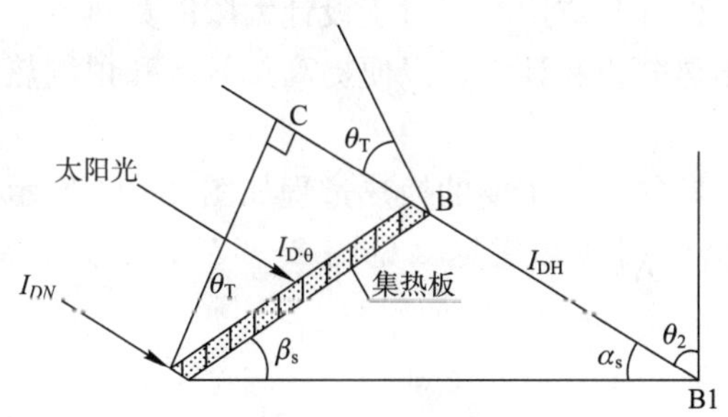

图 2-13　集热器倾斜面与水平面上直射辐射关系图

2. 集热器斜面上的散射辐射辐照度 $I_{d\cdot\theta}$

认为散射辐射是各向同性的，即太阳散射辐射均匀分布在半球天空，则斜面上的散射辐照度 $I_{d\cdot\theta}$可用下式计算：

$$I_{d\cdot\theta}=I_{dH}(1+\cos S)/2 \quad (W/m^2) \tag{2-19}$$

式中　$I_{d\cdot\theta}$——倾斜面上的散射辐射辐照度；

I_{dH}——水平面上的散射辐射辐照度。

3. 地面上的反射辐射辐照度 $I_{R\cdot\theta}$

工程中认为地面上的反射辐射是各向同性的，则地面上的反射辐射辐照度 $I_{R\cdot\theta}$可用下式计算：

$$I_{R\cdot\theta}=\rho_G(I_{DH}+I_{dH})(1-\cos S)/2 \quad (W/m^2) \tag{2-20}$$

式中　ρ_G——地面反射率，工程计算中，取平均值 0.2，有雪覆盖的地面取 0.7。

太阳辐射资料通常是由气象台提供的，但是部分气象台仅检测太阳总辐射，即水平面上的直射辐射和散射辐射的总和。在使用这些台站的数据时，就需要先把总辐射分离成为直射和散射辐射两部分，然后按前面介绍的方法，分别将水平面上的两部分太阳辐射转化成斜面上的太阳辐射。

据太阳辐射观测的分析，发现水平面上散射日总量月平均值与太阳总辐射日总量月平均值之比和地平面上的总辐射日总量月平均值与大气上界太阳辐射日总量月平均值的比具有很好的相关性，并广泛采用如下的散射辐射回归方程：

$$K_d=I_{dH}/I_H=1.390-4.027K_T+5.531K_T^{-2}-3.108K_T^{-3} \tag{2-21}$$

式中　K_d——水平面上散射与总辐射的日总量月平均值之比；

K_T——水平面上总辐射与在大气上界总辐射的日总量月平均值之比；

$K_T=I_H/I_0$；

I_{dH}——水平面上散射的日总量月平均值；

I_H——水平面上总辐射的日总量月平均值；

I_0——大气上界水平面上总辐射的日总量月平均值。

由 I_H 和 I_0 得到 K_T 并带入上式中得到 K_d，

则 $$I_{dH}=K_d I_H，I_{DH}=I_H-I_{dH}$$

2.3 太阳能热水系统工程中的换热及平衡原理

从事太阳能的研究、设计与应用时，对于设计太阳能集热器、换热器、热负载以及整个热系统，都需要继续传热分析和计算，以便提高热效率和预测热性能，这就要求熟悉并掌握传热学的基本知识。

集热器的换热过程比较复杂，主要的换热过程如图 2－14 所示。要了解集热器的热平衡问题，需要知道集热器的得热和散热（见图 2－15），下面分别介绍集热器的得热和散热。

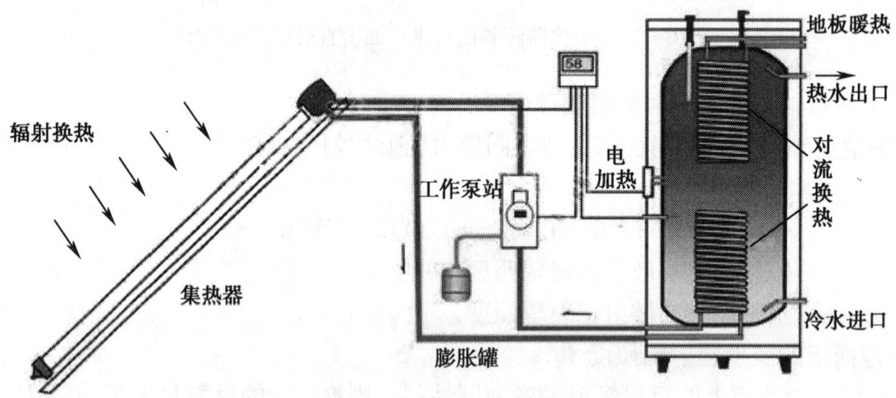

图 2－14　太阳能热水系统的换热示意图

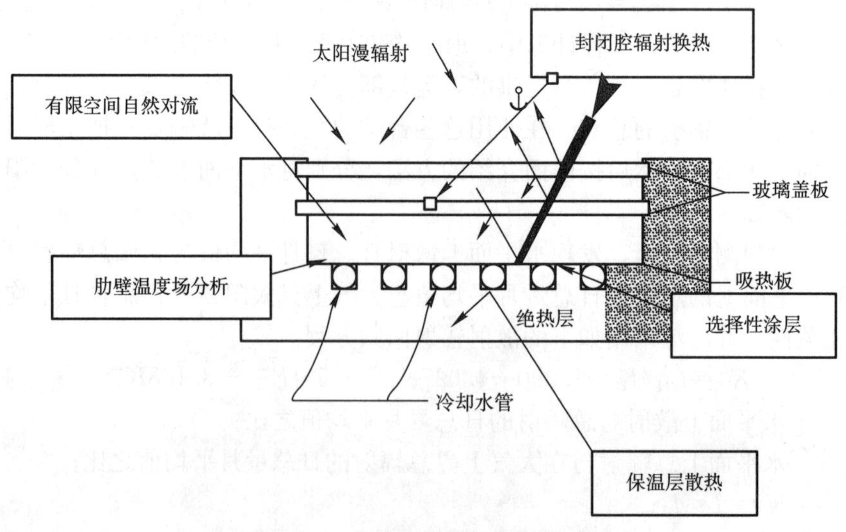

图 2－15　集热器内部主要换热过程

1. 吸热板吸收的太阳能

太阳能集热器收集到太阳辐射可以分为两部分：一部分是直射辐射 H_b，一部分是漫射辐射 H_d。当太阳光线照射到集热器表面上时，一部分能量透过了最上部的盖板，一部分能量被透明盖板反射到周围环境当中去，还有部分入射到集热器内部的吸热板表面。在集热板表面能量也会分为这三个部分，根据能量守恒定律，有：

$$\alpha+\rho+\tau=1 \tag{2-22}$$

式中 α——某个表面的太阳辐射的吸收率；

ρ——某个表面的太阳辐射的反射率；

τ——某个表面的太阳辐射的透射率。

由式（2-22）可知，太阳能集热器吸热板吸收的热量等于照射到集热器表面的总的太阳辐射量乘以透明盖板的透射率与吸热板吸收率。透射率与吸收率分别与集热器上部的透明盖板与下部的吸热板材料的性能有关，同时还与太阳光线在集热器表面的入射角有关。单位面积太阳能集热器吸收的太阳辐射 H_G 可用下式表示：

$$H_G=[HR(\tau\alpha)]_b+[HR(\tau\alpha)]_d \tag{2-23}$$

式中 H——投射在任何方位的单位水平表面上的直射或漫射辐射；

R——直射或漫射辐射转换到集热器平面上的转换因子；

$(\tau\alpha)$——透明盖板—吸热板系统中透明盖板的有效投射率与吸热板对太阳辐射的吸收率的乘积。

式（2-23）中右边第一项表示直接辐射被吸收表面吸收的部分，第二项表示漫射辐射被吸收表面吸收的部分。

通常作为一种近似，式中的（$\tau\alpha$）就以透明盖板的透射率与吸热盖板的吸收率的乘积来代替。显然，这种近似是忽略透明盖板及吸热板的反射辐射的影响。对于透明盖板的透射率和吸热盖板的吸收率较高的透明盖板—吸热板系统，近似计算的误差很小。

2. 集热器的热损失

集热器在吸收太阳辐射的能量的同时，也向周围的环境当中散失着能量。这主要是因为集热器吸收太阳辐射后，管路内的流动工质被加热。根据热力学第二定律，温度高的物体向温度低的物体传递热量。因此，集热器收集到的一部分能量通过集热器的表面又散失到了周围的环境当中去。集热器的热损失如图 2-16 所示。

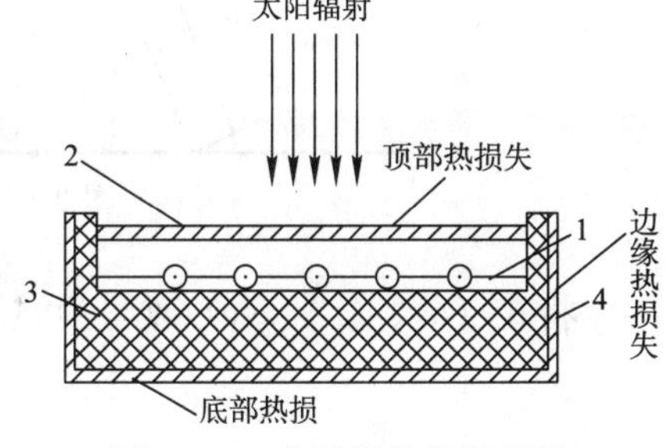

图 2-16 集热器散热原理图

1—吸热体表面；2—透明盖板；3—保温材料；4—外壳

集热器的热损失 Q_L 可以认为由顶部散热 Q_T，底部散热 Q_B 和周边散热 Q_E 组成，即

$$Q_L=Q_T+Q_B+Q_E \tag{2-24}$$

2.4 太阳能集热器传热过程分析和传热系数计算

在太阳能供热系统中，主要应用了传热学基本原理中的导热、对流换热和辐射换热。当室内外温度不同时，室内外空气通过墙壁进行热量交换。在许多工业换热设备中，进行

热量交换的冷、热流体也常分别处于固体壁面的两侧。这种热量由壁面一侧的流体通过壁面传到另一侧流体中去的过程称为传热过程。

2.4.1 传热方程式

下面来考察冷、热流体通过集热器交换热量的传热过程（见图 2-17），导出传热过程的计算公式并加以讨论。我们的分析将限于稳态的传热过程。一般来说，传热过程包括串联着的三个环节：

（1）从热流体到壁面高温侧的热量传递；

（2）从壁面高温侧到壁面低温侧的热量传递，即穿过固体壁的导热；

（3）从壁面低温侧到冷流体的热量传递。

由于是稳态过程，通过串联着的每个环节的热流量 Φ 应该是相同的。设平壁表面积为 A，可以分别写出上述三个环节的热流量表达式为

$$\Phi = Ah_1(t_{f1} - t_{w1}) \tag{a}$$

$$\Phi = \frac{A\lambda}{\delta}(t_{w1} - t_{w2}) \tag{b}$$

$$\Phi = Ah_2(t_{w2} - t_{f2}) \tag{c}$$

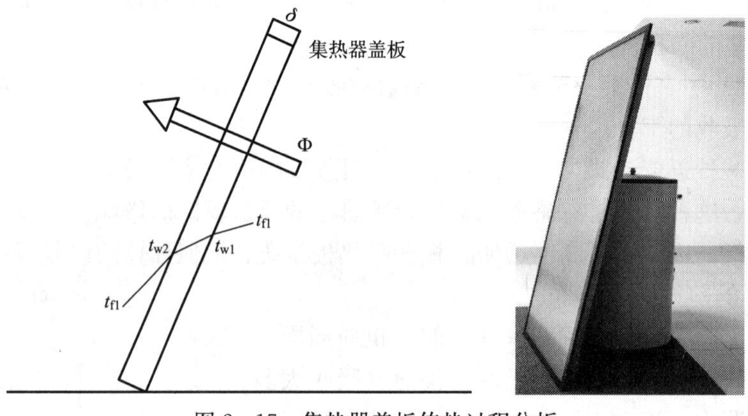

图 2-17 集热器盖板传热过程分析

将式（a）、（b）、（c）改写为温压的形式：

$$t_{f1} - t_{w1} = \frac{\Phi}{Ah_1} \tag{d}$$

$$t_{w1} - t_{w2} = \frac{\Phi}{A\lambda/\delta} \tag{e}$$

$$t_{w2} - t_{f2} = \frac{\Phi}{Ah_2} \tag{f}$$

三式相加，消去温度 t_{w1}，t_{w2}，整理后得：

$$\Phi = \frac{A(t_{f1} - t_{f2})}{\dfrac{1}{h_1} + \dfrac{\delta}{\lambda} + \dfrac{1}{h_2}} \tag{2-25}$$

也可以表示成

$$\Phi = Ak(t_{f1} - t_{f2}) = Ak\Delta t \tag{2-26}$$

式中 k——传热系数，W/(m^2·K)，单位中的“K”可以用“℃”代替。

数值上，传热系数等于冷、热流体温压 $\Delta t=1$℃，传热面积 $A=1\text{m}^2$ 时的热流量的值，是表征传热过程强烈程度的标尺。传热过程越强，传热系数越大，反之则越弱。传热系数的大小不仅取决于参与传热过程的两种流体的种类，还与过程本身有关（如流速的大小、有无相变等）。值得指出的是，如果需要计及流体与壁面间的辐射换热，则式（2－25）中的表面传热系数或可取为复合换热表面传热系数，它包括由辐射换热这算出来的表面传热系数在内。表 2－8 列出了通常情况下传热系数的概略值。

传热系数的大致数值范围[24] **表 2－8**

过程	W/(m·K)
从气体到气体（常压）	10～30
从气体到高压水蒸气或水	10～100
从油到水	100～600
从凝结有机物蒸气到水	500～1000
从水到水	1000～2500
从凝结水蒸气到水	2000～6000

2.4.2 传热热阻

由式（2－25）和式（2－26）可得到传热系数的表达式，即：

$$k=\frac{1}{\dfrac{1}{h_1}+\dfrac{\delta}{\lambda}+\dfrac{1}{h_2}} \tag{2-27}$$

这个式子揭示了传热系数的构成，即它等于组成传热过程诸环节的$\frac{1}{h_1}$，$\frac{\delta}{\lambda}$和$\frac{1}{h_2}$之和的倒数。如果对式（2－27）取倒数，还可理解得更深刻些，此时有：

$$\frac{1}{k}=\frac{1}{h_1}+\frac{\delta}{\lambda}+\frac{1}{h_2} \tag{2-28}$$

或

$$\frac{1}{Ak}=\frac{1}{Ah_1}+\frac{\delta}{A\lambda}+\frac{1}{Ah_2} \tag{2-29}$$

将式（2－26）写成 $\Phi=\frac{\Delta t}{1/(Ak)}$ 的形式并与电学中的欧姆定律 $I=U/R$ 相对比，不难看出$\frac{1}{Ak}$具有类似于电阻的作用。把$\frac{1}{Ak}$称为传热过程热阻。由类似的方法可知，总传热过程热阻的组成$\frac{1}{Ah_1}$，$\frac{\delta}{A\lambda}$及$\frac{1}{Ah_2}$分别是各构成环节的热阻。

图 2－18 是传热过程的分析图。串联热阻叠加原则与电学中串联电阻叠加原则相对应，即在一个串联的热量传递过程中，如果通过各个环节的热流量都相同，则各串联环节的总热阻等于各串联环节热阻的和。应用热阻的概念，在确认构成传热过程的各个环节后，可以立即写出式（2－28）和（2－29），而不必作前面的推导。还应指出，式（2－29）虽然是对通过平壁的传热过程导出的（其特点是各个环节的热量传递面积相等），对于各环节的热量传递面积不相等的情形，如通过圆筒壁的传热过程，式（2－29）的形

式也成立，而只要把各环节的热量传递面积带入相应的项中即可。式（2－28）仅适用于通过平壁的传热过程，可以看成是单位面积热阻的关系式。把$\frac{\delta}{\lambda}$，$\frac{1}{h}$称为面积热阻，其单位为 $m^2 \cdot K/W$。

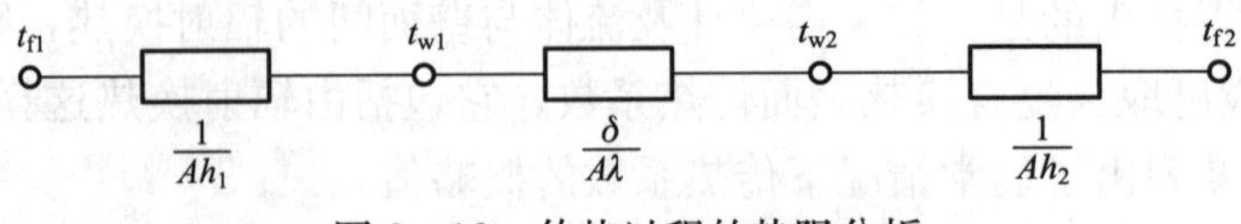

图 2－18　传热过程的热阻分析

第 3 章　村镇给水排水特点及其设计

水是生命之源，是人类生存与发展不可或缺的必需品。水资源的合理利用是农村、农业基础设施建设的重要组成部分，是建设一个经济繁荣、生态良好、环境优美、社会文明和谐的要求，也是落实统筹城乡发展、统筹区域发展、统筹社会经济发展的具体体现，直接影响到建设社会主义新农村的大局。

农村供水系指向广大乡镇和村庄供水，以满足居民和企事业单位的用水需求。水利部和卫生部发布的《农村饮用水安全卫生评价指标体系》，对农村居民供水的水量、水质、方便程度和保证率指标做了具体规定。农村排水包括农村生活排水和雨水排放，与农村居住环境状况及安全密切相关。随着农村供水发展和生活水平的提高，农村生活排水问题日益突出，如不进行妥善处理，将直接污染农村内部及周边水环境，危害居民身心健康。村庄内的雨水排除不畅，会影响村民出行，甚至威胁生产生活设施及生命安全，引发疾病等。水源保护包括水源保护和水体保存两方面，是改善农村人居水环境的基本要求。

3.1　村镇给水排水总体现况

与城市相比，我国农村人居水环境状况普遍较差，主要表现在农村供水设施薄弱，北方地区不少村庄严重缺水，东部和南部部分农村出现水源性短缺的现象，全国农村饮水安全问题十分突出；绝大多数农村缺少生活排水处理设施，自我污染问题严重；农村周边的河流、池塘淤积和污染问题十分突出，恶化了农村水环境。

3.1.1　供水现状

我国现有 4.5 万个乡镇，大多数乡镇是当地的政治、经济和文化中心，是小城镇建设的重点。改革开放以来，我国乡镇企业一直以较快的速度增长，对 GDP 的贡献率越来越大，但目前约有一半的乡镇供水不足，影响了当地经济和社会发展及小城镇建设的进程。目前，农村的吃、住、电力、交通普遍得到改善而且在进一步改善，而与农民生活质量密切相关的家庭生活用水发展和改善速度较慢、相对滞后。近几年来，各地通过新农村建设、中心村建设、千村示范、万村整治工程等方法，大力开展农村供水工程建设，但由于受资金、地理环境、人口分布等客观条件的制约，这项工作离群众的要求还有一定的差距，农村饮用水建设还面临诸多问题[25]。

1. 供水水源

在地域分布上，东南沿海是我国经济最发达的地区，农村水利基础条件较好，自来水普及率达到了 53%，农村的饮水基本得到了保障。但在中西部地区尤其是西部的“老、少、边、穷”地区仍存在着比较严重的饮水困难问题。一部分山区、半山区，其交通不便，文化经济比较落后，村落分散，相对高差较大，村居住的地理位置高，在村附近找不到理想的可饮用水源，人畜饮水多采用地面水和地下水及降水。

地面水多采用江、河水及水库水。江河水流速及流量受季节和降水量影响较大，其浑浊度和细菌含量较高，水质有明显的季节变化，暴雨时泥沙含量剧增。细菌含量亦急骤增高。山区涧沟水，流速较快，流量一般不大，水质较好。而水库蓄水量受气候条件及农业用水影响较大，一年之中水位变幅大，水质一般较好，浑浊度较高。

采用地下水时，水源与水位及地形、地质情况有关。地下水分浅层地下水、深层地下水和泉水。浅层地下水补给水源较近，短时间内大量取水时，水位急剧下降，限制供水量；水质易受地面污染物污染，与周围环境有密切关系；浑浊度较低，一般无色，硬度偏高；部分地区铁、锰含量超标。深层地下水补给水源较远，水量充沛且较稳定，水质大多无色透明，细菌含量通常符合卫生标准。泉水水量因地形、地质情况差异很大，水质较好，常含有与地层有关的某些化学元素。

因不同地区降水量各异，水质好坏与当地大气污染程度及收集方法有关，为缺水地区的唯一水源。很多地方基本上就是雨季采用水池、水窖等蓄集降水，以供饮水之用[26]。

2. 供水水质、水量

目前大部分农村生活用水基本上没有采用净水措施就直接使用，据不完全统计[27]，我国农村约有 3.2 亿人饮水不安全，其中 1.9 亿人的饮用水中有害物质含量超标，如高氟、高砷、苦咸等。一些地区至今仍沿用传统的井水进行取水，由于水井没有调节水量作用，加上遇上干旱时节，水源经常枯竭，致使水量不足。部分村虽然安装了简易的自来水或集中供水点，但由于当时限于资金的不足，没有按照供水工程设计标准进行设计，工程设施简陋，供水能力差，加之管理不善，蓄水池渗漏严重，用水量严重不足。

2005 年，水利部、国家发改委和卫生部联合组织的全国农村饮水安全现状调查评估结果显示，到 2004 年底，全国农村饮水不安全人口为 3.23 亿人，占农村总人口的 34％，其中饮水水质不安全人口为 2.27 亿人，占饮水不安全人口的 70％；水量不足、保证率低和取水不便的人口为 9558 万人，占饮水不安全人口的 30％。

3. 供水工程模式

目前，我国农村供水所采用的工程模式主要有；村镇集中供水模式；城乡一体化供水模式；家庭分散供水模式；企业集团投资供水模式；雨水集蓄、水窖供水模式。

2005 年，水利部、国家发改委和卫生部联合组织的全国农村饮水安全现状调查评估结果显示，到 2004 年底全国农村实行集中供水的人口仅占农村总人口的 38％，其中绝大多数为规模较小的单村供水工程，普遍缺少水质净化处理措施。另有 62％的农村人口仍然沿用传统的分散取水方式，其中采用手压井等方式提取浅层地下水的占 67％，从河、溪、坑塘、山泉等直接取水的占 30％，多数为农户自建、自管、自用，普遍缺少水质检验措施。

农村采用的分散取水设施大多为水井、水窖、水池等，不少农村居民直接从水库及坑塘中取水饮用，这些水相当一部分水源水质不符合国家生活饮用水卫生标准，遇到连续干旱就会出现饮水困难。

尽管一些地区已经实行集中供水，但是已有的农村集中供水模式还存在着诸多问题，如：源水未经处理，水质不稳定，有些水厂有池没有净水设备，是村级自来水的普遍现象。由于受村经济的限制，无法负担水处理的高昂费用，只能直接使用源水，这样的水中细菌及大肠杆菌的含量往往大量超标，对人们的身体健康非常不利。运行管理落后，一些村的现状自来水为重力供水形式。各用户自来水进户前基本上没有计量水表，村里无专门的管网维修和保养人员，管网建设无统一规划，管网控制阀设置不合理，干管新开口多，管径分配不合理，由于管理落后和水量的不稳定性，自来水的正常供应经常得不到保证。同时，因用户不按用水量缴纳水费，水资源浪费现象严重，自来水经营无法按市场规律运作形成良性循环，制约了社会经济的发展等。

4. 自来水厂建设

据统计，目前农村自来水普及率虽然已达到75%左右，自来水的普及对于改善农村卫生条件、提高生活质量起到极大作用。但是其中问题不少，甚至还存在普及率下降的隐患：

一是自来水卫生状况堪忧。水源来源多样，有长江水、湖泊水、水库水、池塘水、河沟水、地下水等，许多水厂的水源由于受到工业生产、农药化肥、生活垃圾的污染，水源中的重金属物质，有机化学物质，有害微生物严重超标，对人体的健康影响极大。

二是水费高，农村自来水费远远高于城市（通常超出20%以上）。水厂规模小，尤其是村级水厂，小作坊形式，用户少、成本高；管线长，管道质量差，年久失修，投入不足，跑冒滴漏严重；严重的还有一些特权单位、特殊人物无偿用水，加重了农民的负担。

三是部分丘陵地区，江湖滩地，这些地区经济相对薄弱，由于地形复杂，地广人稀，水源稀缺或水源虽“充裕”，却存在水荒、水患现象，用不上自来水，吃用依然是井水或地表水。即使是用上自来水的地方，由于管道损坏严重，缺钱更新，仍然存在断水的危机。

5. 供水管网

一些以水库为水源的水厂，水库源水通过明装混凝土管道输送到清水池，混凝土输水管经过几十年的使用已经被严重腐蚀，管壁明显变薄，管道接口处产生明显的渗水现象。管道老化导致渗水，不仅浪费水资源，更可能因雨水通过管道裂缝渗入管道导致管网内水质恶化，引发供水事故。

原先的自来水管道基本上是PVC管及镀锌管，管网经过长时间的使用，又缺乏有效、合理的维护，管网已经严重老化。PVC管过度老化变硬、变脆，接口渗漏现象严重，爆管事故增多，且氯乙烯单体也会析出污染物；镀锌管则因氧化和原电池作用严重腐蚀，管壁变薄甚至穿孔，渗漏严重。经过多年的应用实践，PVC管及镀锌管因为自身无法克服的缺陷，均已被国家禁止使用于新建的给水工程，取而代之以钢塑复合管、PPR管、PE管等多种新型环保管材。

现在的自来水管道管径普遍偏小，主管道管径基本上在$DN100$以下，有的甚至在$DN80$以下，配水管管径则更是小而长。镀锌管还会因管内锈蚀使过水断面大幅度缩小，在相当程度上降低了管道过水能力。小口径的管道过长也会使管道内的水头损失增大而影响过水能力，同时为了节约运行费用，清水池的高程也不高，能提供的水压就低，当发生火灾时，消火栓常因无法提供足够的水压而成为摆设[28]。

6. 供水工程建设与管理

农村饮水安全工程建设是饮水安全工作的阶段性目标，而保障工程长久正常运行并发挥效益则是一项长期而艰巨的任务。随着大量农村饮水安全工程的建成并投入使用，运行管理成为广大人民群众饮水是否安全的关键所在。应加强建后管理，建立长效运行管理机制。

许多已建成的农村供水工程缺乏良性经营运行机制，责任管理主体缺位，一方面是集体大包大揽，管理不细，另一方面是简单的甩手承包，工程产权不清，市场运行责任不明，资产监管失控，加上规章制度不健全，承包人管理水平低下、管理混乱，直接影响工程的正常营运和效益的发挥。

3.1.2 排水现状

国家统计局调查数据表明，我国农村每年产生生活污水约80多亿吨，生活垃圾约1.2亿吨，几乎全部露天堆放或直排，不仅使农村环境日益恶化，而且对农民身体健康造成的威胁也在与日俱增。农村排水设施普遍缺乏，排水管线覆盖率低。只有部分镇区铺设污水管道，多采用雨污合流的排水体制。并且忽视污染治理问题，造成水体污染严重。大部分村庄均采用明渠，少量采用明沟盖板形式，污水任意排放，而且沟渠的排水断面普遍偏小，常被垃圾堵塞，致使污水漫流，严重影响环境。有些边远和落后的农村地区甚至根本没有排水设施的建设。

同时，与城市相比，农村的主要特征是人口密度低、建筑容积率低，离农田近。将现有的城市排水方式照搬给农村，存在很多不合理性。

1. 排水形式

据2005年建设部对全国部分村庄的调查显示：96%的农村未设排水沟渠和污水处理系统。这是由于农村地区的居民居住分散，对生活污水进行统一处理有较大的难度，从而导致农村地区生活污水对水源的污染呈上升的趋势，不同程度地污染了农村环境，影响了农民的身体健康。此外，加之近些年来经济活动的多样性，乡镇企业集约化养殖场的污（废）水也直接排入周边的水体，造成河流、水塘等水环境污染，成为农村重大的环境隐患。

2. 排水水质、水量

农村生活污水主要是洗涤、淋浴和部分卫生洁具排水，水量因地区经济程度的差异而不同。农村生活污水一般水量少，COD、BOD普遍高于城镇生活污水、日变化系数大（一般为3.0～5.0）、水量比较集中。另外，农村的旱厕比较多，因其集中收集、无水排出，故粪便定期用作农肥，尿液则蒸发或渗入地下，而部分农村使用的水冲厕所也因收集管道不完善，未进行任何处理就排放，部分形成污水坑，部分渗入地下或蒸发[27]。

3. 技术类型和建设、运营、管理模式

农村污水处理因其所处的自然地理环境条件各不相同，会对设施建设提出特殊的约束条件。因为当地经济结构、产业结构不同，导致污水水质千差万别。水资源开发利用情况不同，对污水处理与再生利用实行的政策也不一样。经济、社会、科技发展水平不同，也会有不同的要求。因此，农村水污染防治体系与污水处理厂建设、农村水污染控制与污水处理模式、农村污水处理厂建设与运营管理模式、农村污水处理工艺选择、农村水资源管理与污水再生利用等一系列问题使得农村污水处理的技术类型和建设、运营、管理模式更趋多样化。

3.2 村镇给水排水规划建议

3.2.1 供水

农村饮水工程标准随着社会经济的不断发展而逐步完善提高，为适应供水工程的发展具有阶段性、渐进性的特点，研究提出对应不同社会发展阶段的农村饮水工程标准是非常必要的。表3-1从供水系统、供水水源、供水水质、供水水压、供水水量、用水方便程度、污水排放与处理等7个方面提出了农村饮水工程的初级标准、基本标准和提高标准[29]。

农村饮水工程的初级标准、基本标准和提高标准　　表3-1

项目	农村饮水工程初级标准	农村饮水工程基本标准	农村饮水工程提高标准	备注
供水系统	标准自来水普及率达到80%	标准自来水普及率达到95%	标准自来水普及率达到98%	管理系统均应达到具有先进的管理体制、完善的管理组织、高素质的管理人员、可操作的规章制度、较高的工作效率
供水水源	地下水应符合国家饮用水卫生标准，地表水应达到国家地表水环境质量Ⅲ类以上标准供水水源的保证率，地表水应达90.0%，地下水达95.0%	地下水应符合国家饮用水卫生标准，地表水应达到国家地表水环境质量Ⅲ类以上标准供水水源的保证率，地表水应达95.0%，地下水达97.0%	地下水应符合国家饮用水卫生标准，地表水应达到国家地表水环境质量Ⅲ类以上标准供水水源的保证率，地表水应达97.0%，地下水达97.0%	
供水水质	达到或超过生活饮用水二级水质要求	达到国家生活饮用水水质要求	达到国家生活饮用水水质要求	
供水水压	末端用水户的最低压力为6.0m（H_2O柱）	末端用水户的最低压力为12.0m（H_2O柱）	达到城市化标准	
供水水量	满足生活用水最高日生活用水60L/(d·人)、大牲畜50L/(d·头)、小牲畜20L/(d·头)的标准，工业用水和公共建筑用水等基本满足需要	满足生活用水最高日生活用水100L/(d·人)、大牲畜50L/(d·头)、小牲畜20L/(d·头)的标准，工业用水和公共建筑用水等满足需要	满足生活用水最高日生活用水120L/(d·人)、大牲畜50L/(d·头)、小牲畜20L/(d·头)的标准，工业用水和公共建筑用水等满足需要	
用水方便程度	自来水入户率应达到80%以上，户均至少1个水龙头，但水龙头不必一定进入厨房	自来水入户率应达到90%，户均水龙头达到1.5个以上。水龙头进入厨房比率达到50%	自来水入户率应达到95%户均水龙头达到2个以上，水龙头进入厨房、卫生间比率达到80%以上	
生活污水排放与处理	可不考虑生活污水集中排放和处理	生活污水集中排放和处理率达到30%	生活污水集中排放和处理率达到50%	

国家应从提高自来水普及率和用水保证率、增加用水量、改善水质和探索新型农村安全饮水工程建管机制以及污水排放与处理等方面全面发展农村供水事业，分地区、分阶段从工程初级标准逐步提高到基本标准、提高标准。

1. 水源选择

农村没有城市土地紧缺的问题，水源相对比较广，拥有地下水、水库、池塘、沟渠等多种水源。供水水源应水质良好、便于卫生防护，地下水源水质符合《地下水质量标准》GB/T 14848的要求，地表水源水质符合《地表水环境质量标准》GB 3838的要求，或符合《生活饮用水水源水质标准》CJ 3020的要求。当水源水质不符合上述要求时，不宜作为生活饮用水水源。若限于条件需加以利用时，应采用相应的净化工艺进行处理，处理后的水质应符合规范要求。

消防给水。根据《村镇建筑设计防火规范》，有条件的村镇应在建设农村给水管网的同时，建设公共消火栓，并满足消防用水的需要。村镇消防用水能利用水井、池塘、河流等天然水源或设消防水池，消防水池可以与生活用水的水池合建。为保证消防用水的需要，应修建通向水源的车道和取水设施。天然水源缺乏的村庄和集镇，可以结合农村节水灌溉和人畜饮水工程统一规划，因地制宜设置消防替代水源。

2. 供水水质

(1) 水质标准

水质安全是最重要也最容易被农民忽视的问题，自来水虽然使用方便，但是花费大，农民往往选择水质相对差的自然水作为水源。农民在水质健康上的认识不足，通常把浑浊度作为水质好坏的标志，采用自然沉降或加明矾等措施来净水。农村应该普及自来水，农民的观念需转变，水质安全宣传工作不容怠慢。

根据《村镇供水工程技术规范》SL 310－2004，Ⅰ～Ⅲ型供水工程以及有条件的Ⅳ型、Ⅴ型供水工程，供水水质应符合《生活饮用水卫生标准》GB 5749 的要求。在水源、技术和管理等条件受限制的地区，对于Ⅳ型、Ⅴ型供水工程，其水质要求可以适当放宽，但仍应符合《农村实施〈生活饮用水卫生标准〉准则》的要求。

(2) 水质检测

按照《水法》、《水污染防治法》和《饮用水水源保护区污染防治管理规定》等相关法规的要求，在取水口划定供水水源保护区和供水工程管护范围，制定保护办法，加强对水源地周边设置排污口的管理。水利、卫生、环保等有关部门密切配合，在现有设施的基础上，建立和完善水质监测中心，以规模较大的集中供水站为依托，分区域设立监测点，落实农村饮水安全监测[30]。

3. 供水水压标准

在进行室内外给水系统设计时，往往需要初步估算建筑物所需最小服务水头。所谓建筑物最小服务水头是指配水管网在用户接管处应维持的最小水头从地面算起。最小服务水头由三部分构成：最不利点与引入管起点处地面的高差、最不利管路水头损失、最不利点卫生洁具最低工作压力。

影响最小服务水头的因素一般有三方面：建筑类型；建筑层高；卫生器具。建筑类型对最小服务水头的影响，主要是因给水设计流量计算方法不同而导致建筑物设计流量大小不同。建筑层高的变化将直接影响到最不利点与引入管起点地面的高差值，此值在最小服务水头中所占的比例最大，所以层高的变化对最小服务水头的影响也是最大的。卫生洁具最低工作压力小的，最小服务水头也小；卫生洁具最低工作压力大的，最小服务水头也大。设计时应尽量避免在最不利处布置最低工作压力较大的卫生洁具，当最不利处的卫生洁具最低工作压力超过时，应该对按照规范计算得出的值进行修正，使其与实际情况相符。

综合各种因素及相关研究说明，层高不超过 3.5m 时，民用建筑按照《室外给水设计规范》提供的方法计算建筑物的最小服务水头是合适的[30]。《室外给水设计规范》GB 50013－2006 第 3.0.9 条规定："当按直接供水的建筑层数确定给水管网水压时，其用户接管处的最小服务水头，一层为 10m，二层为 12m，二层以上每增加一层增加 4m"。同时，入户管还需考虑 2m 富余水头，若住户安装太阳能，应在总的最小服务水头上再加上 2m 水头。

城市配水管网中消火栓设置处最小服务水头不应低于 10m，而现有农村一般未设置消火栓，但是建设新型农村必然设置消火栓，所以这里可参考城市消火栓设置。用户水龙头的最大静水头不宜超过 40m，超过时应采用减压措施[31]。

4. 供水水量标准

城市用水量的预测方法有多种，应用较多的主要有以下几种：(1) 供水年增长率方法；(2) 综合生活用水定额法；(3) 城市单位人口综合用水指标预测法。但用水量所采用的预测方法，要根据城镇规划和实际情况，具体分析，合理选用。对于历年用水量资料比较缺乏的地区，不宜采用供水年增长率方法；对于人口资料比较详实的地区，一般采用综合性生活用水定额和城市单位人口综合用水量指标预测法。因此，用水量标准的选定在用水量的预测中占有重要作用。

用水量标准是以当地的国民经济和社会发展规划、产业结构、居民生活条件、当地气象条件以及水源的允许开采量程度等方面有关，其选定应在现状用水量标准的基础上，结合给水发展条件综合分析。由于农村给水工程建设缺乏，用水人口少，公共建筑设施比较简陋，居民住房条件、给水排水卫生配套程度、生活水平相应比大中城市低，所以，用水量标准也相对较低，但降低到多少合适，目前还没有统一标准，但从中国发展的政策看，农村的用水标准会逐步提高，因此，农村用水量指标的确定，除了不能直接抄用城市用水量指标之外，还得在结合现状用水标准的基础上，以发展的眼光确定。

5. 供水工程模式

农村安全饮水供水模式主要有城乡一体化供水、农村连片集中供水、农户分散供水三大类型。城乡一体化供水主要指城乡联网供水和城镇管网延伸供水；农村连片集中供水模式主要有泵站扬水、自流引水两种形式。农户分散供水模式主要有三种类型：一是打井微泵供水，二是引泉自流供水，三是集雨水窖供水。西南地区水资源丰富，水源有保障，供水工程应以集中供水为主；西北地区历来干旱缺水，尤其是黄土高原，水资源极度匮乏，雨水集蓄利用是当地的优先选择；沿海地区由于大规模超采地下水已引起海水入侵、水质咸化，也应积极开展雨水集蓄利用；东部和华北地农村经济发达，供水设施建设走在全国前列，应当充分利用当地自然经济条件将供水区域由城区向乡镇、村屯拓展和延伸，实现城乡“联网、联供、联营、联管”，形成城乡一体化供水。

现针对我国各地水源、人口分布以及经济社会发展情况，提出各区域适宜发展的主要供水技术模式。

(1) 平原区

1) 城镇周边农村采取城乡联网供水或城镇管网延伸供水模式；

2) 经济比较发达、居住比较集中的地区实行泵站扬水供水模式；

3) 居住分散的边远地区，采取打井微泵供水模式。

(2) 丘陵区

1) 城镇周边农村以城镇管网延伸供水模式为主；

2) 水源充足、居住集中的集镇和村庄实行泵站扬水供水模式或自流引水集中供水模式；

3) 居住分散的地区，采用引泉自流供水模式或打井微泵供水模式。

(3) 周围山区

1) 人口集中、水源位置较低的地区采取泵站扬水集中供水模式；

2）人口集中、水源位置较高的地区采用自流引水集中供水模式；

3）城镇水厂水量充足的周边农村以城镇管网延伸供水模式为主；

4）人口居住分散的中低山区，采取打井微泵供水或自流引水供水模式；

5）喀斯特地貌和高山区主要采取集雨水窖供水模式。

（4）西部高山高原区

1）集镇和人口居住集中的村庄以自流引水集中供水模式为主；

2）分散农户以引泉自流供水模式为主；

3）攀西干热河谷地区分散居住农户以集雨水窖供水模式为主。当无法接入城镇给水管网的常见给水系统如图 3－1 所示。

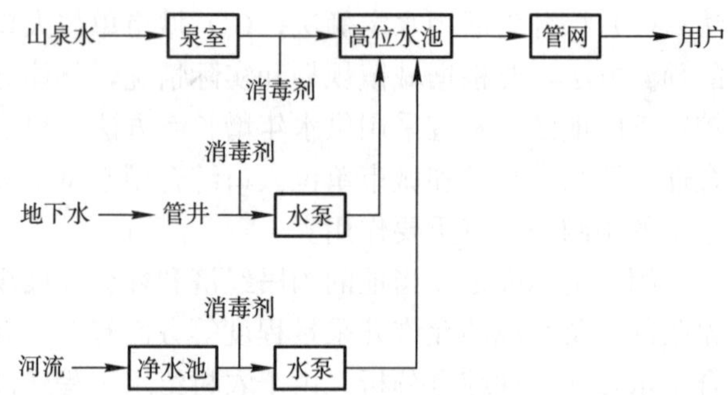

图 3－1　无法接入城镇给水管网常见给水系统示意图

6. 供水管网

（1）管网勘测

农村供水管网的勘测是管网设计的基础，勘测的管网线路应使整个供水系统布局合理；尽量缩短线路长度，少拆迁、少占农田；尽量满足管道地埋要求，避免急转弯较大的起伏、穿越不良地质地段，减少穿越铁路、公路、河流等障碍物；充分利用地形条件，优先采用重力流输水；施工运行和维护方便；考虑近远期结合和分步实施的可能。

节点位置、管线长度等是构成管网的基础，可用人工勘测或用 GPS 卫星定位勘测的方法。人工勘测一般采用测绳测量线路长度，逐一记录，此方法较准确但效率低，另外，采用此方法绘出的图难以准确反映各管段、节点的方位。采用 GPS 卫星定位测量，测量精度一般 1km 误差能控制在 15m 以内，能满足要求，且效率高，该方式测出来的管网图能准确反映各管段、节点、分支点的分布方位，便于与实际地形比较。一般使用普通手持式 GPS 定位仪即可。

进行管网勘测前应先绘制项目区草图，草图可联系项目区各村或乡镇熟悉情况的人员绘制，应将各居民点、分支点和关键点位置标出来，然后按草图逐点、逐线勘测，绘出初步管网图。项目区居民点人数和企业用水量可根据乡镇年报和实地调查确定。节点高程可根据万分之一地图查得，或用高度仪测得初步管网图需要进行复核，最好能与万分之一地图进行核对，以求数据准确、线路布置合理。对于线路关键点如穿路涵洞、过沟渠桥梁等应详细记录。复核好后便得到确定的管网图基础数据。对于采用 GPS 卫星定位测量的数据可用 GPS 配套软件将测量数据导入电脑，再导出成 CAD 数据，经过加工后便得到 CAD 版管网图基础数据[5]。

（2）管网布置

农村给水管网是由大大小小的给水管道组成的，根据给水管网在整个给水系统中的作用，可将它分为输水管和配水管网两部分。

1）输水管：从水源到水厂或从水厂到配水管网的管线，因沿线一般不接用户管，主要起转输水量的作用，所以叫做输水管。有时，从配水管网接到个别大用水户去的管线，因沿线一般也不接用水管，所以，此管线也叫做输水管。

对输水管线选择与布置的要求如下：

①应能保证供水不间断，尽量做到线路最短，土石方工程量最小，工程造价低，施工维护方便，少占或不占农田；

②管线走向，有条件时最好沿现有道路或规划道路敷设；

③输水管应尽量避免穿越河谷、重要铁路、沼泽、工程地质不良的地段，以及洪水淹没地区；

④选择线路时，应充分利用地形，优先考虑重力流输水或部分重力流输水；

⑤输水管线的条数（即单线或双线），应根据给水系统的重要性、输水量大小、分期建设的安排等因素，全面考虑确定；当允许间断供水或水源不止一个时，一般可以设一条输水管线；当不允许间断供水时，一般应设两条，或者设一条输水管，同时修建有相当容量的安全贮水池，以备输水管线发生故障时供水；

⑥当采用两条输水管线时，为避免输水管线因某段损坏而使输水量减少过多，要求在管线之间设连通管相互联系。连通管直径可以与输水管相同或比输水管小20%～30%，以保证在任何一段输水管发生事故时，仍能通过70%的设计流量；连通管的间距可按表3-2采用；在输水管和连通管上装设必要的闸门，以缩小发生事故时的断水范围；当供水可靠性要求较低时，闸门数可以适当减少，闸门应安放在闸门井内；

⑦在输水管线的最高点上，一般应安装排气阀（管内无水时，能自动打开；管内有水时能自动关闭），以便及时排除管内空气，或在输水管放空时引入空气；在输水管线的低洼处，应设置泄水阀及泄水管，泄水管接至河道或地势低洼处。

连通管间距 **表3-2**

输水管长度（km）	<3	3～10	10～20
间距（km）	1.0～1.5	2.0～2.5	3.0～4.0

2）配水管网：将输水管线送来的水，配给农村用户的管道系统。在配水管网中，各管线所起的作用不相同，因而其管径也就各异，由此可将管线分为干管、分配管（或称配水管）、接户管（或称进户管）三类。

干管的主要作用是输水至各用水地区，同时也为沿线用户供水，其管径均在100mm以上。为简化起见，配水管网的布置和计算，通常只限于干管。

分配管的主要作用是把干管输送来的水，配给接户管和消火栓。此类管线均敷设在每一条街道或工厂车间的前后道路下面，其管径均由消防流量来确定，一般不予计算。为了满足安装消火栓所要求的管径，以免在消防时管线水压下降过多，通常规定分配管的最小管径，分为三档：最小采用75～100mm；中等采用100～150mm；最高采用150～200mm。

接户管就是从分配管接到用户去的管线，其管径视用户用水的多少而定。但当较大的工厂有内部给水管网时，此接户管称为接户总管，其管径应根据该厂的用水量来定。一般的民用建筑均用一条接户管；对于供水可靠性要求较高的建筑物，则可采用两条，而且最好由不同的配水管接入，以增加供水的安全可靠性。

配水管网的布置形式，根据规划、用户分布以及用户对用水的安全可靠性的要求程度等，分成为树状网和环状网两种形式[32]。

①树状网。管网布置呈树状向供水区延伸，管径随所供给用水户的减少而逐渐变小。

这种管网管线的总长度较短、构造简单、投资较省。但是，当管线某处发生漏水事故需停水检修时，其后续各管线均要断水，所以供水的安全可靠性差。又因树状网的末端管线，由于用水量的减少，管内水流减缓，用户不用水时，甚至停流，致使水质容易变坏。树状网一般适用于用水安全可靠性要求不高的供水用户，或者规划建设初期先用树状网，这样做可以减少一次投资费用，使工程投产快，有利于逐步发展。

另外，对于街坊内的管网，一般亦多布置成树状，即从邻近的街道下的干管或分配管接入。

②环状网。管网布置成两个封闭环状。当任意一段管线损坏时，可用闸门将它与其余管线隔开进行检修，而不影响其余管线的供水，因而断水的地区便大为缩小。另外，环状网还可大大减轻因水锤现象所产生的危害，而在树状管网中则往往因此而使管线受到严重损害。但环状网由于管线总长度大大增加，故造价明显地比树状网为高。

给水管网的布置既要求安全供水，又要贯彻节约的原则。安全供水和节约投资之间难免会产生矛盾，要安全供水必须采用环状网，而要节约投资最好采用树状网。只有既考虑供水的安全，又尽量以最短的线路敷设管道，方能使矛盾得到统一。所以，在布置管网时，应考虑分期建设的可能，即先按近期规划采用树状网，然后随着用水量的增长，再逐步增设管线构成环状网。实际上，现有城镇的配水管网多数是环状网和树状网相结合，即在城镇中心地区布置成环状网，而在市郊或农村，则以树状网的形式向四周延伸。干管的布置（定线）通常应遵循下列原则：

(a) 干管布置的主要方向应按供水主要流向延伸，而供水的流向则取决于最大用水户或水塔等调节构筑物的位置。

(b) 通常为了保证供水可靠，按照主要流向布置几条平行的干管，其间并用连通管连接，这些管线以最短的距离到达用水量大的主要用户。干管间距视供水区的大小，供水情况而不同，一般为500～800m。

(c) 干管一般按规划道路布置，尽量避免在高级路面或重要道路下敷设。管线在道路下的平面位置和高程应符合农村地下管线综合设计的要求。

(d) 干管应尽可能布置在高地，这样可以保证用户附近配水管中有足够的压力和减低干管内压力，以增加管道的安全。

(e) 干管的布置应考虑发展和分期建设的要求，并留有余地。

(f) 考虑以上原则，干管通常由一系列邻接的环组成，并且较均匀地分布在农村整个供水区域。

(3) 管型选择

选择何种管型要根据各种管型的特点以及安全可靠性、投资、施工方便等方面综合考虑。

1) 安全可靠。给水管是有压管，一旦漏水爆裂将会给供水厂和用水居民造成损失。管材应能经受得起振动冲击、水锤和热胀冷缩等，并经受时间考验；不会漏水、不爆裂。这就需要管型要有良好的各项性能，对于同种管型也要对比不同厂家，选择质量合格的产品。

2) 经济性。在满足使用安全可靠的前提下，管材价格就成为一个重要因素。如果工程投资较宽松，就可以选择稳定性高的管型，同类管型也可以选择更高压力等级的，以提高可靠性。如果工程投资较紧张，则可以选择价格相对便宜的管型，以求达到较高的性价比。

3) 便于施工。供水管道施工也是选择管型时必须参考的一个因素，它在某种程度上也影响了工程造价，需要根据供水管网施工现场地形、地貌等因素综合考虑。地形特别复杂地段可以采用柔韧性能好的 PE 管，小管径 PE 管甚至有盘管（300m/盘）等。

（4）管网水力计算方法

农村给水规模一般较小，与城市住宅小区的给水工程规模相当，从供水规模及以生活用水为主两方面讲，农村给水工程设计计算方法在某些方面应类同城市住宅小区。但鉴于农村的具体情况，供水特点与城市居住小区有明显的不同，如：农村对不间断供水的安全要求程度低；对农村来讲，一般有了给水设施后，逐步供水到户，各住户用水器具安装情况不尽相同，不宜采用以室内卫生器具当量为基础的室内设计流量计算方法计算管网设计流量；因为农村给水以生活用水为主，人们集居在一起，从事基本同一性质的工作，其生活和生产活动规律较为一致，用水时间也相应集中，而且各个季节用水也较有规律。

3.2.2 排水

农村排水问题的重点首先是解决农村卫生问题，其次是与城乡发展相关的环境问题，这两个问题需要协同来考虑。有关机构曾经对全国农村的污染负荷进行了调查，结果显示：农村的污染负荷占全国的 20%～60%，平均为 40.9%左右。从关系农村卫生的生活污水这一环节来看，如果卫生系统采用旱厕，污染负荷不会超过 2%～3%，但是从目前卫生厕所普及率和发展速度来看，在相关配套设施没有完善的情况下，单纯地改善农村的卫生系统后增加的污染也将是不容忽视的。规划要具有大局观，应有可持续性和流域综合治理的观念。要结合农村排水系统具体情况，利用已掌握的知识，提出解决问题的办法。

1. 技术原则

在距离城市很近的村落，可以考虑城乡统筹，即由城市管网辐射向农村供水；并且将污水收集，并入城市管网。

在城市供水水源保护区，污水的控制可以采用集中处理的方式，实施严格的污水处理排放标准。

对于分散的农村，污水处理需要区分对待，采取以下原则[32]：

（1）尽可能地源头分离、循环利用、全过程控制；

（2）集中与分散处理相结合，以分散处理为主导。尽量采用可持续、生态型的处理系统；

（3）综合考虑面源污染控制，并与农业生产紧密结合；

（4）雨水采用分散源头削减和净化，雨、污水处理要与小城镇水生态建设相结合。

2. 排水布置

排水系统的平面布置根据地形、周围水体情况、污水种类、污染情况等来确定，主要分为以下三种布置形式[33]：

（1）直排式布置。直排式布置多用于雨水排放系统，在地势向水体适当倾斜的地区，各排水流域的干管以最短距离排入水体。

（2）分散式布置。分散式布置多用于场地起伏不平或需要按用地功能进行不同的排水处理的情况。通常将排水系统划分为若干个片区，各排水片区内具有独立的排水系统，这种布置具有干管长度短管径小、管道埋深浅等优点，但污水处理厂的数量将增多。

（3）集中式布置。集中式布置多适用于布局紧凑的情况，农村建设成连续性带状或环状布置时，通常将污水集中处理，这种布置便于发挥规模效益，占地少，节省基建投资和运行管理费用。

3. 排水体制的选择

(1) 选择原则

排水体制的选择应结合农村的特点和各排水体制的特征，因地制宜。村镇排水体制的选择应依据但不依赖总体规划，结合当地的地形地质、水文条件、水体状况、气候特征、居民生活习惯、原有排水设施、污水处理和利用、社会经济条件等，以有利于污水和雨水的资源利用、保护水环境为原则，充分利用原有排水设施，慎重对待新老村镇管网改造，提高可操作性。

(2) 排水体制

排水体制分为分流制和合流制。根据对雨污水处理程度的不同，又分为以下几种体制[34]：

1) 雨污分流制。生活污水、产业废水、雨水分别采用污水管网和雨水管网收集，其中，生活污水、产业废水经污水管网收集输送至污水处理厂处理后排放至水体中；雨水经雨水管渠收集后，直接或者通过雨水泵站提升排入水体中。

优点：旱季、雨季进入污水处理厂的都是纯污水，污水处理厂运行稳定、高效。缺点：在已建成区改建分流制污水管网建设难度大；对管理的要求高；雨季时，无法收集面源污染带来的初期雨水；相对合流制，一般投资较高。

2) 雨污合流制。生活污水、产业废水、雨水采用同一排水管网收集，旱季时输送至污水处理厂处理后排放至水体中，雨季时超过管道输送和污水处理厂处理能力的部分合流污水直接排入水体中。

没有条件的村庄可采用雨污合流制，利用道路排水边沟收集雨污水，如图 3-2 所示。

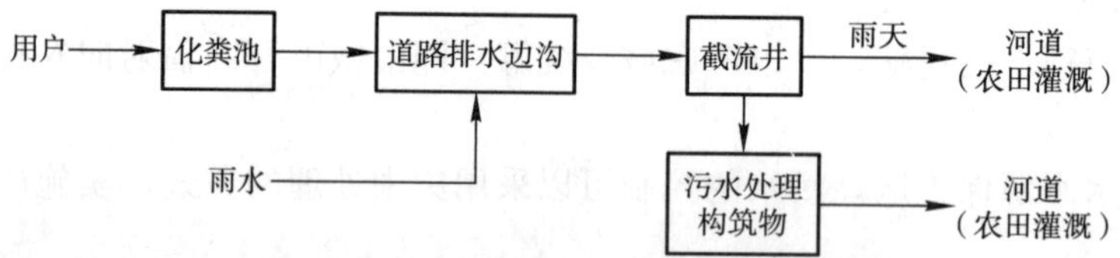

图 3-2 “雨污合流”的排水体制示意图

优点：旱季时。排往被保护水体的所有污水可以充分收集，对城市管理水平的改善要求不高；雨季时，雨水冲刷地面带来的面源污染及雨水与污水的合流水，在一定流量范围内可全部收集，超过输送能力部分雨污水溢流进入水体。缺点：雨季降雨强度大或历时过长时，部分雨污水混合后直接排入水体，造成水体的污染。

3) 主体雨污分流、庭院雨污合流制。也称混合制，这是一种不完全分流制。在农村的集镇，居民很多都是独门独院，考虑到工程量、工期、施工难度等因素，集镇居民户内部不进行雨污分流的排水改造，其内部排水由出户管负责转输进入管网，出户管的建设以实地条件、工程实施可行、就近接入和庭院雨水混入量最小化为原则选择管道或暗沟等形式。但较大单位内部和主体街道排水系统改造为雨污分流制。

优点：工程量相对雨污分流制小，工程实施难度较小，与居民协调工作量小，生活污水可以充分收集，对农村集镇具有较强的可操作性。缺点：雨季污水处理厂水量水质变化较大，污水运行不稳定；雨季时无法收集面源污染带来的初期雨水；相对雨污合流制管网工程量大。

4. 污水处理方式

距离市政污水管网较近（一般 5km 以内）的村庄，可采用接入市政管网统一处理模式，即村庄内所有农户污水经污水管道集中收集后，统一接入邻近市政污水管网，利用城镇污水处理厂统一处理村庄污水。

如果村庄布局相对密集、规模较大、经济条件好、村镇企业或旅游业发达、处于水源保护区内的单村或联村污水处理，可采用集中处理模式，即所有农户产生的生活污水、商业污水排放到自建化粪池中，经过物理过滤，排入污水管，通过污水干管统一收集，排至污水处理设施中，经生化处理，达到排放水质标准后，排入村庄低处，用作农田灌溉。如编制的三坪村规划，该村旅游业发达，经济条件较好，在污水管网末端规划了一个污水处理构筑物，然后排入河流中。

有条件的村庄还可以建污水再利用工程，污水处理后再利用，主要用于农业灌溉、补充地下水、市政及生活杂用水、工业冷却水及环境用水等。

水资源的严重短缺在我国广大农村地区都存在，因此在新农村建设中应尽可能考虑将一切可以利用的水资源合理利用起来，在有条件的地区可以考虑修建塘坝、水库等，对雨水进行调蓄和综合利用；对于农村生活污水也应该考虑处理回用，故在规划时要设计预留污水回用管道。

新农村建设中给水排水规划是一个新的领域，随着农民生活水平的提高，对农村规划的要求会越来越高，为了推动新农村建设的步伐，加快农村基础设施的建设，给水排水规划的作用不可估量。

3.3 典型村镇住宅给水排水系统示范案例

3.3.1 典型住宅给水排水设计

1. 冷水系统

（1）水源：本楼给水水源接自外部给水干管；供水压力 $P \geqslant 0.20$MPa，各户给水引入管 $DN25$。

（2）给水方式：生活用水经小区给水管网直接供水。

（3）室外进水管可根据现场具体情况进行变化。

2. 热水系统

（1）水源：本楼卫生间热水供应来自屋顶太阳能热水器的热水管；具体热水系统设备、系统附件、屋顶管网等可根据现场具体情况进行变化，厨房热水供应来自太阳能热水箱，热水箱设在设备房间。

（2）给水方式：生活热水经屋顶热水管网直接重力供水。

3. 室内消防系统

（1）该工程为二层普通住宅，故不设室内消火栓系统。

（2）本楼室外消防用水由外部给水管网供给。

4. 排水系统

（1）排水立管转弯及排水立管与排出管连接管应采用 2 个 45°弯头或采用斜三通连接。排水三通应采用顺水三通或斜三通配件。

（2）生活污水管道的坡度未注明时为 $i \geqslant 0.026$。

（3）排水地漏的顶面应比净地面低 0.01m，地面应有 $i \geqslant 0.01$ 的坡度。

（4）屋面雨落管，阳台雨排水管由建筑专业设计，不包含在本设计中。

5. 卫生器具的选用

卫生间设坐式大便器（不带内置水封），双联混合龙头立式洗脸盆及双管管件淋浴器。卫生洁具详见《国家建筑标准设计图集（卫生设备安装）》99S304，卫生器具给水配件应采用节水型，具有产品合格证，不得使用淘汰产品。若施工中选用了自带存水弯型器具时，则排水支管上存水弯应取消。

6. 管材、保温防腐及阀门

（1）冷水管采用钢塑复合管及配件；明设钢塑复合管外刷银粉漆 2 道，灰白调和漆 2 道。埋地钢塑复合管外刷石油沥青涂料 2 道。

（2）热水管采用热水型钢塑复合管及配件；明设钢塑复合管外刷银粉漆 2 道，灰白调和漆 2 道。埋地钢塑复合管外刷石油沥青涂料 2 道。所有管道支架应以红丹打底，外刷与管道相同颜色漆 2 道。所有设于室外及布置于架空层的热水管均用橡塑复合隔热保温材料保温，施工安装详见有关规定及产品说明。

（3）排水管采用优质硬聚氯乙烯管。

（4）厨卫给水管尽量采用嵌在墙内暗装式，凡碰到剪力墙建议采用预留 15mm 浅槽，并沿浅槽敷设管道，然后利用其粉刷层及装修面层加以掩饰，敷设在楼板上的给水管利用找平层加以掩饰。

（5）阀门的选用：管径 $DN<50$ 采用钢质截止阀，$DN\geqslant 50$ 采用优质闸阀或蝶阀。

（6）灭火器配件详见相关国家标准。

7. 管道敷设

（1）阀门及配件需装可拆卸的法兰或螺纹活套，并安装在方便维修、拆卸的位置。管道井或吊架内阀门应配合土建留有检修口。所有管道井内楼板应待管道安装后封堵。给水排水管道与其他专业管道交叉应互相协调。除图纸注明标高外，设于吊顶内管道安装应尽可能紧贴梁底，立管应按规定尺寸靠近墙面或柱边。

（2）立管及水平管支、吊架安装详见《国家建筑标准设计图集（室内管道支架及吊架）》03S402。所有竖管底部应加支墩或铁架固定，管道穿楼板、梁、外墙等均设套管，其缝隙应填塞严密。管防水套管安装详见《国家建筑标准设计图集（防水套管）》02S404。

（3）热水横管均应有与水流方向相反≥0.003 的坡度。

（4）暗装排水竖管上的检查口应设检修门，做法详见土建图。

（5）给水管所注标高指管中心标高，排水管指管底标高，以 m 计，其他尺寸以 mm 计。

（6）钢塑复合管螺纹连接，排水硬聚氯乙烯管采用粘胶接口。

（7）卫生洁具配管安装高度除图中特别注明外均参见国家建筑标准设计给水排水标准图集“卫生设备安装”。

8. 水压试验及竣工验收

（1）施工单位应对所承担的给水排水安装进行全面水压试验、通水试验和灌水试验等。

（2）对工程质量进行检查。对管道工程质量检查的主要内容包括；管道的平面位置、标高、坡向、管径管材是否符合设计要求，管道支架卫生器具位置是否正确，安装是否牢固；阀件、水表、水泵等安装有无漏水现象，卫生器具排水是否通畅，以及管道油漆和保温是否符合设计要求。给水排水工程应按检验批、分项、分部或单位工程验收，按国家有关规范和标准进行验收和质量评定。

(3) 室内给水管工作压力为0.6MPa，试验压力应为工作压力的1.5倍。

(4) 所有排水管道及卫生洁具等安装应按国家有关规定、标准进行验收。

3.3.2 北京地区村镇典型住宅给水排水设计

1. 工程概况

该工程为北京地区新农村建设中的一种典型的二层建筑，建筑高度为6.8m。设计包括住宅室内给水排水设计，给水管道以室外水表前的阀门为界，该阀门以内属于室内；排水管道以室外第一个检查井为界，检查井属于室外；屋面与庭院雨水按无组织排水，通过地面散水坡汇向道路雨水口。

2. 北京地区村镇典型住宅给水排水设计图

相关设计图如图3-3～图3-10所示。

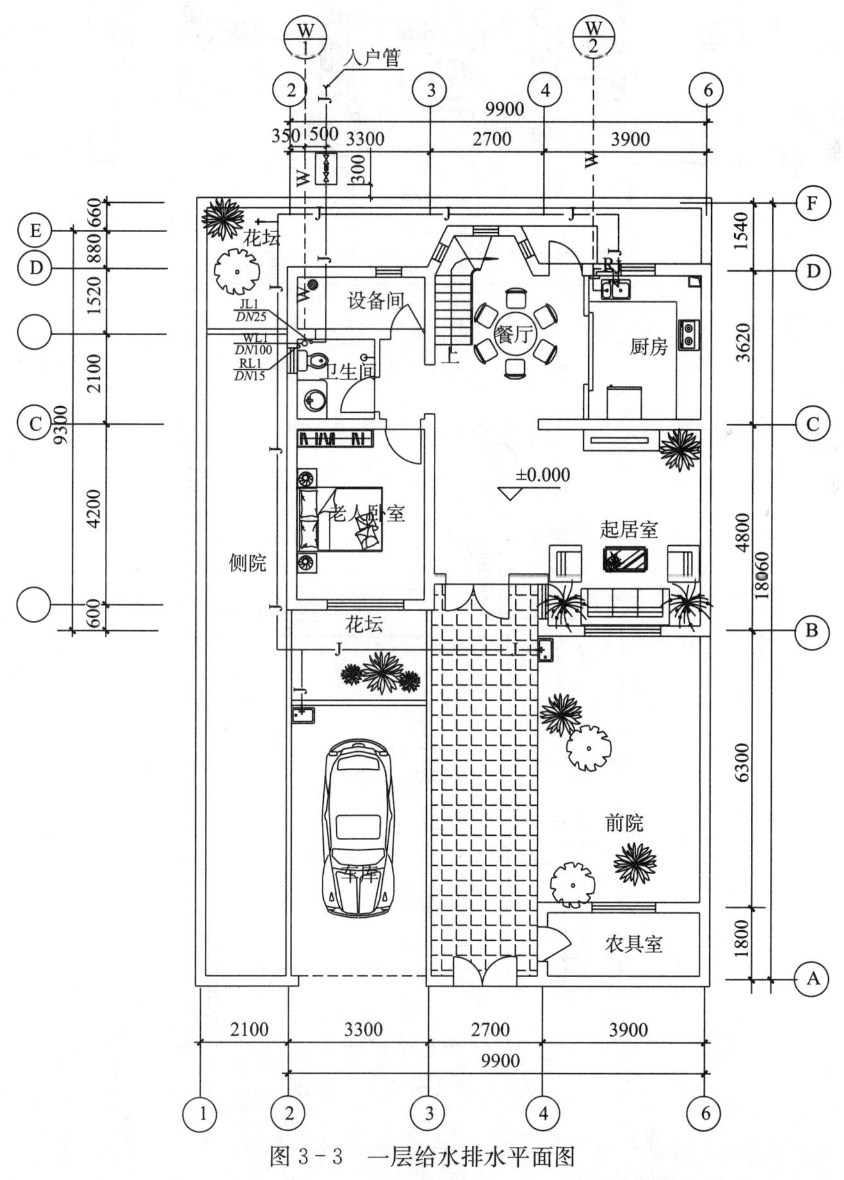

图3-3 一层给水排水平面图

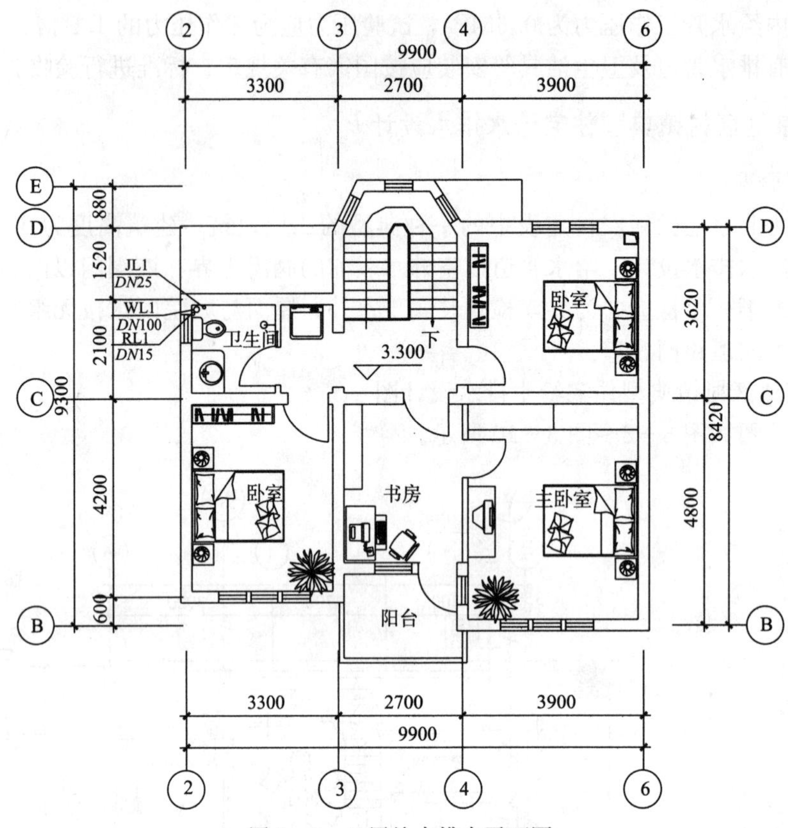

图 3-4　二层给水排水平面图

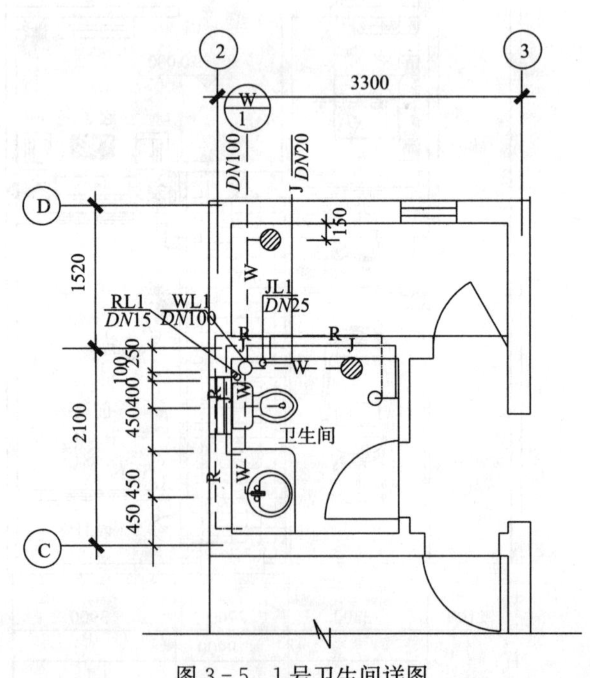

图 3-5　1 号卫生间详图

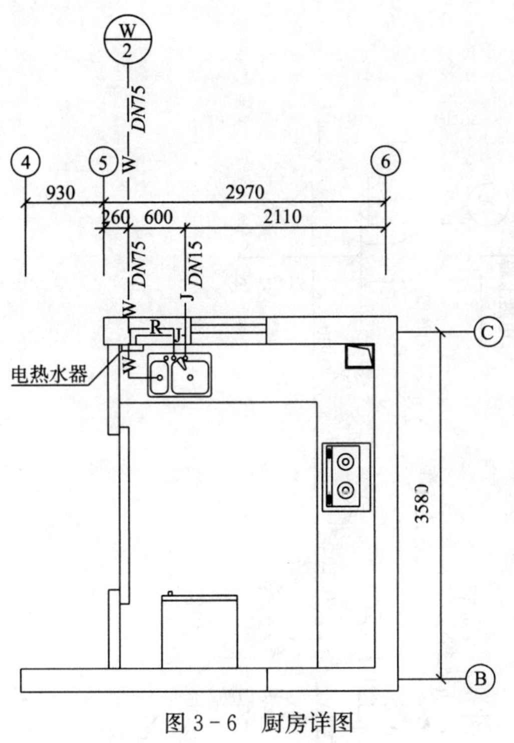

图 3-6　厨房详图

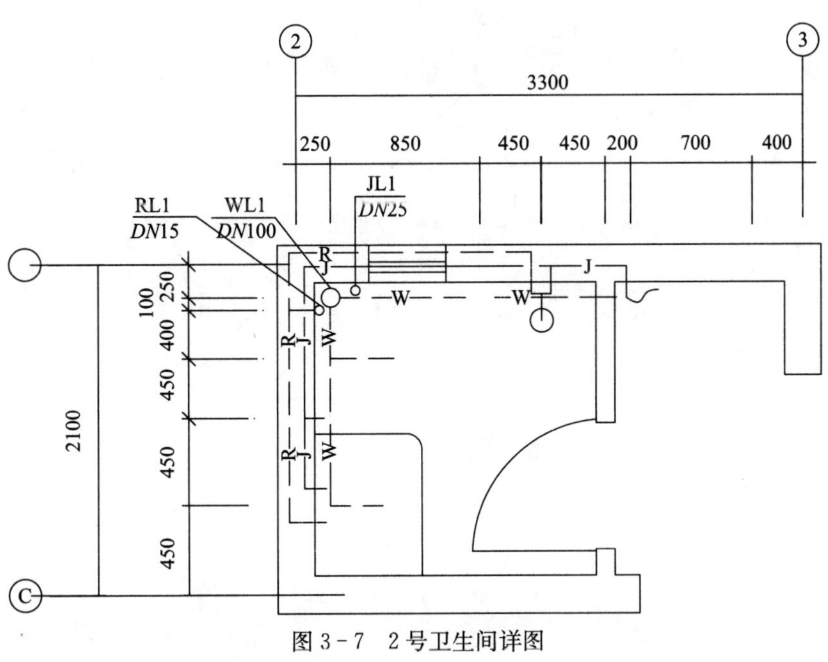

图 3-7　2 号卫生间详图

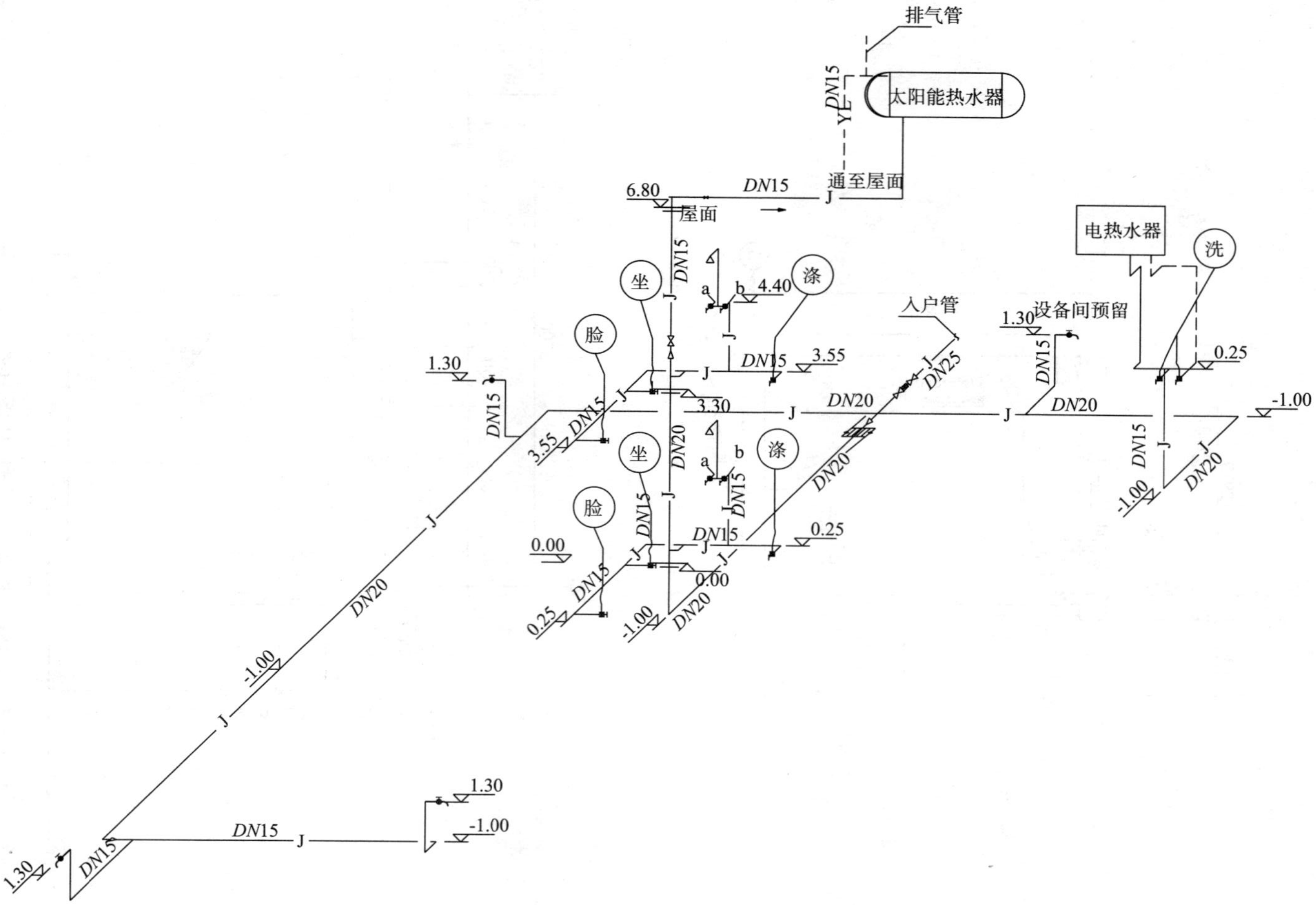
排气管
DN15
YE
太阳能热水器
通至屋面
DN15
J
6.80
屋面
DN15
J
坐
a
b
4.40
涤
脸
1.30
DN15
J
DN15
3.55
3.30
J
DN20
J
DN20
入户管
J
DN25
1.30
设备间预留
DN15
DN20
电热水器
洗
0.25
-1.00
DN15
J
J
DN20
-1.00
3.55
DN15
坐
DN20
a
b
涤
DN20
DN15
脸
DN15
DN15
0.25
0.00
J
J
0.00
0.25
DN15
-1.00
DN20
J
DN20
-1.00
J
1.30
-1.00
DN15
J
1.30
DN15

图 3－8 冷水给水系统图

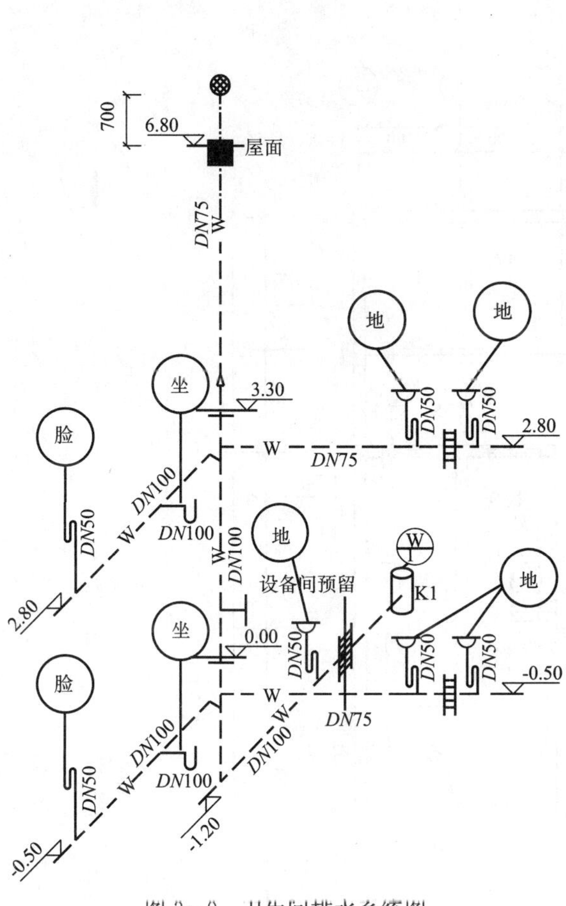

图 3-9　卫生间排水系统图

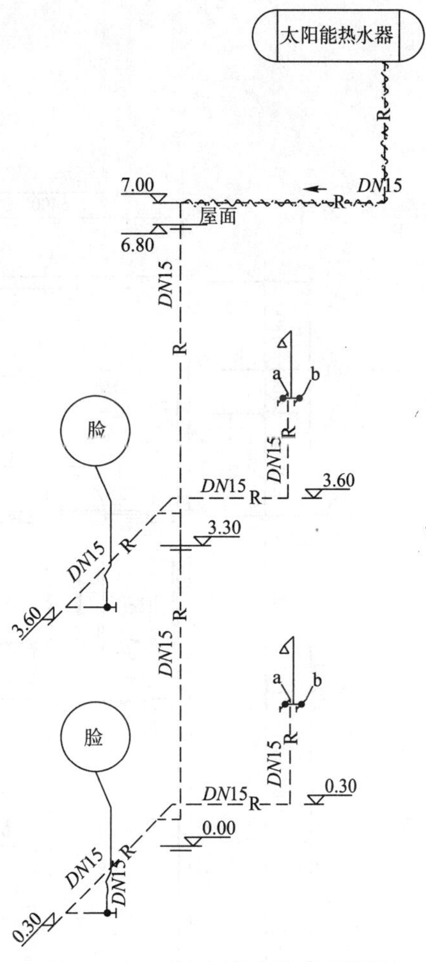

图 3-10　卫生间热水给水系统图

说明：厨房热水供应由电热水器提供，该设备应根据不同家庭的不同要求选择，具体安装参照该型号设备的使用说明书！其功率一般不超过 1.5kw。

3.3.3　西安地区村镇典型住宅给水排水设计

1. 工程概况

该工程为西安地区新农村建设中的一种典型的二层建筑，建筑高度为 6.8m。设计包括住宅室内给水排水设计，给水管道以室外水表前的阀门为界，该阀门以内属于室内；排水管道以室外第一个检查井为界，检查井属于室外；屋面与庭院雨水按无组织排水，通过地面散水坡汇向道路雨水口。

2. 西安地区村镇典型住宅给水排水设计图

相关设计图如图 3-11～图 3-16 所示。

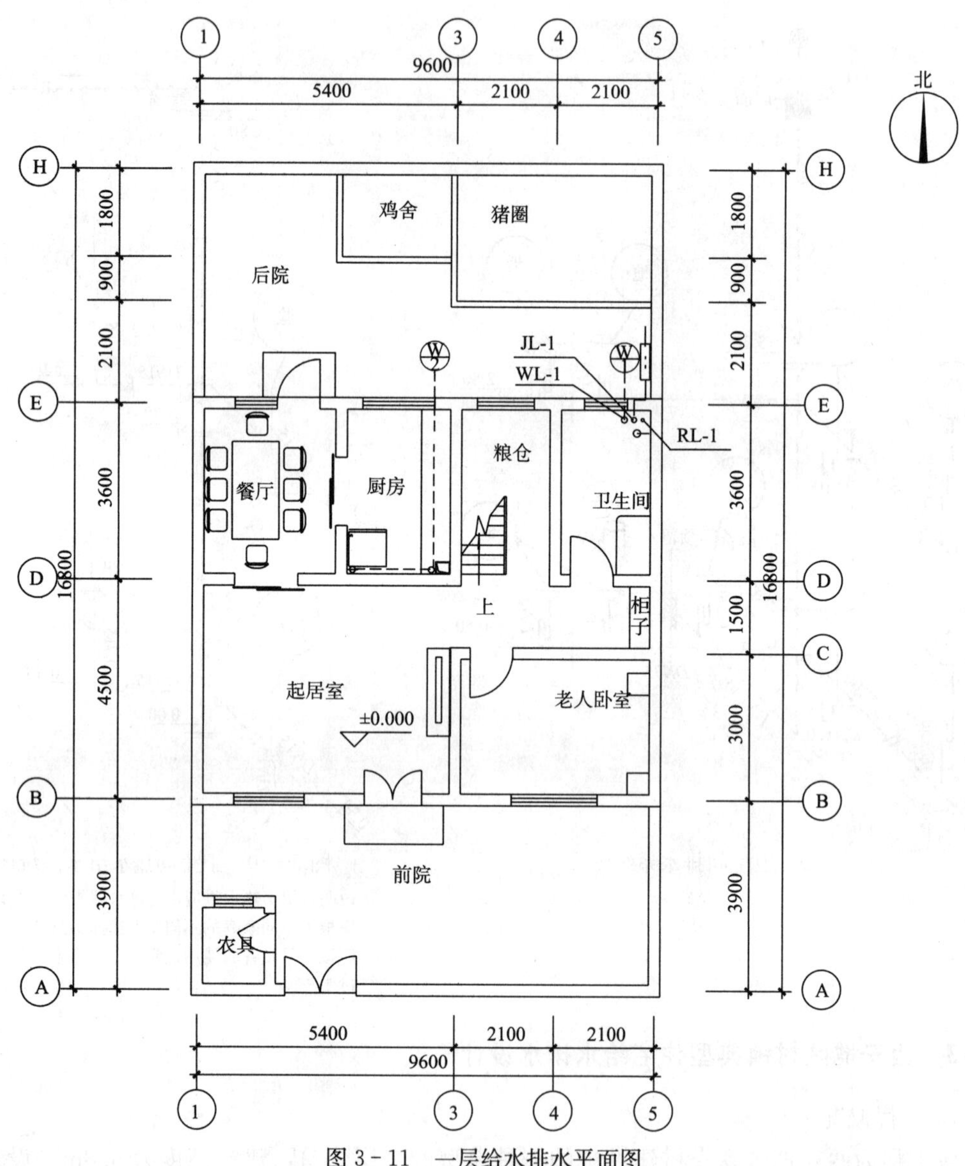

图 3-11　一层给水排水平面图

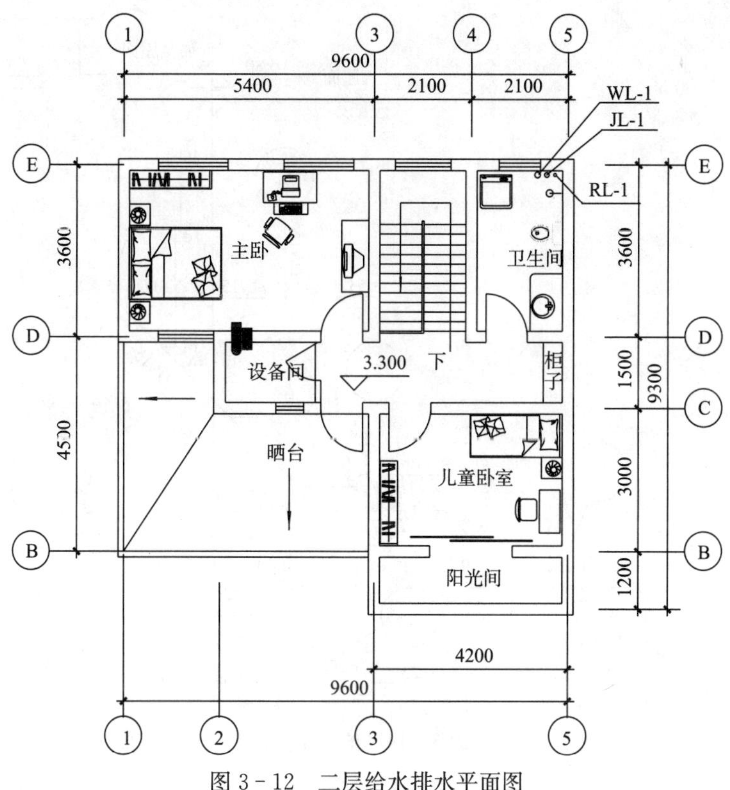

图 3－12　二层给水排水平面图

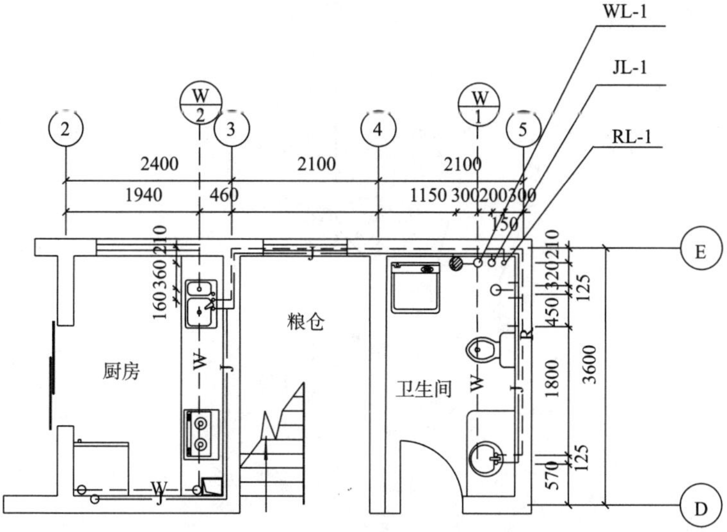

图 3－13　1 号厨房、卫生间管道布置详图

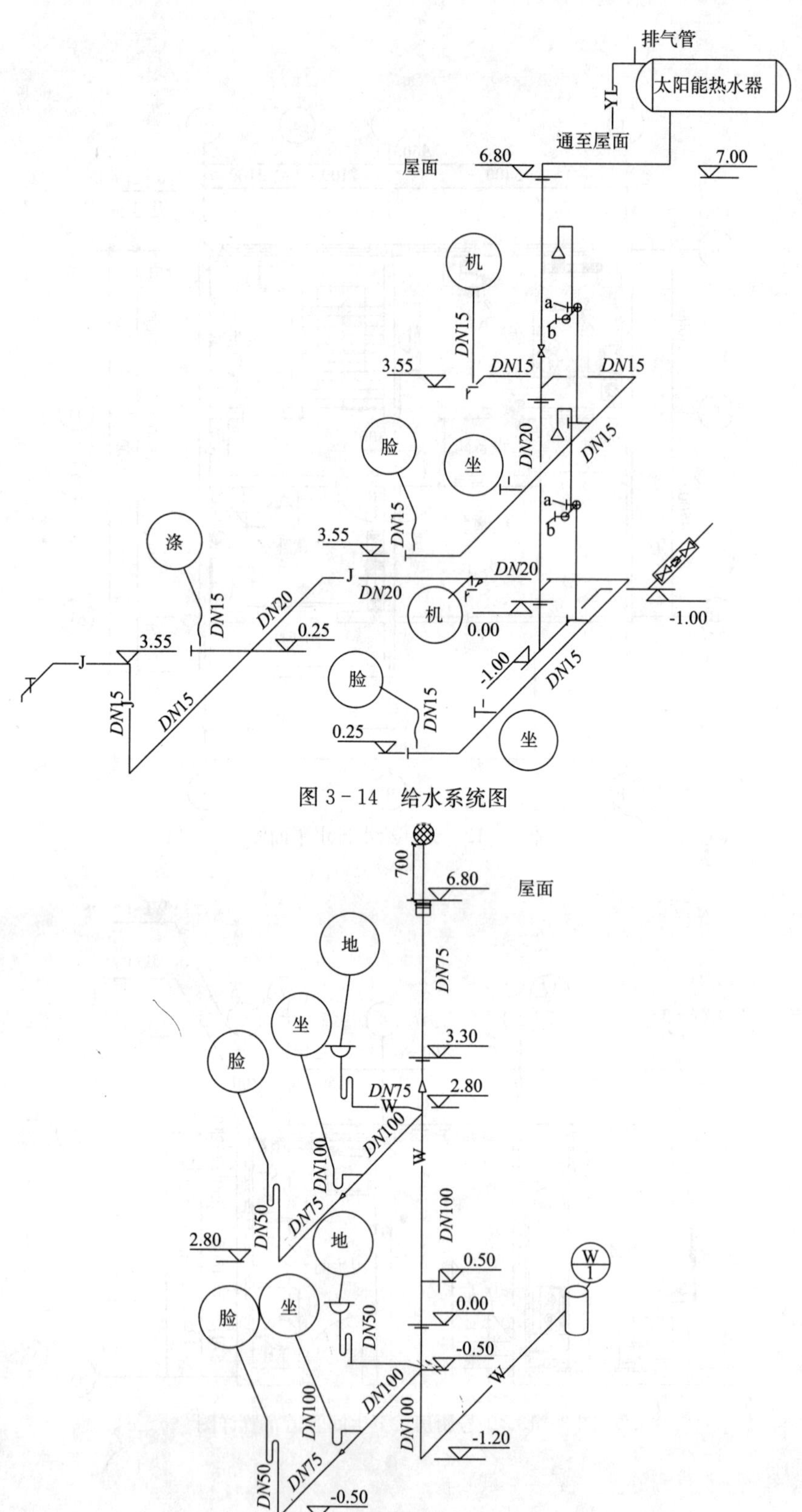

图 3-14　给水系统图

图 3-15　卫生间排水系统图

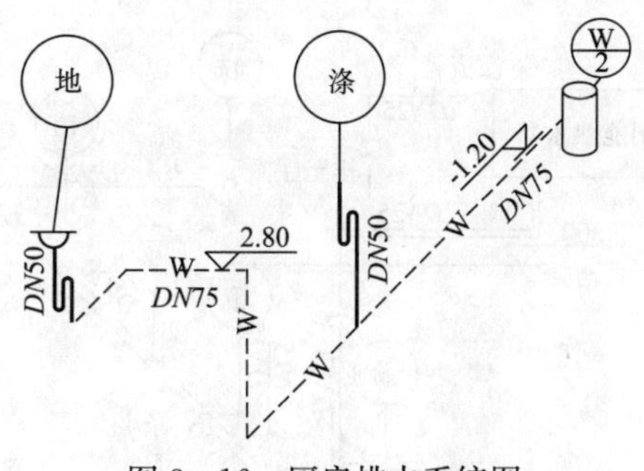

图 3-16　厨房排水系统图

3.3.4　安徽地区村镇典型住宅给水排水设计

1. 工程概况

该工程为安徽地区新农村建设中的一种典型的二层建筑，建筑高度为 6.8m。设计包括住宅室内给水排水设计，给水管道以室外水表前的阀门为界，该阀门以内属于室内；排水管道以室外第一个检查井为界，检查井属于室外；屋面与庭院雨水按无组织排水，通过地面散水坡汇向道路雨水口。

2. 村镇住宅供水排水工程设计图

相关设计图如图 3-17～图 3-19 所示。

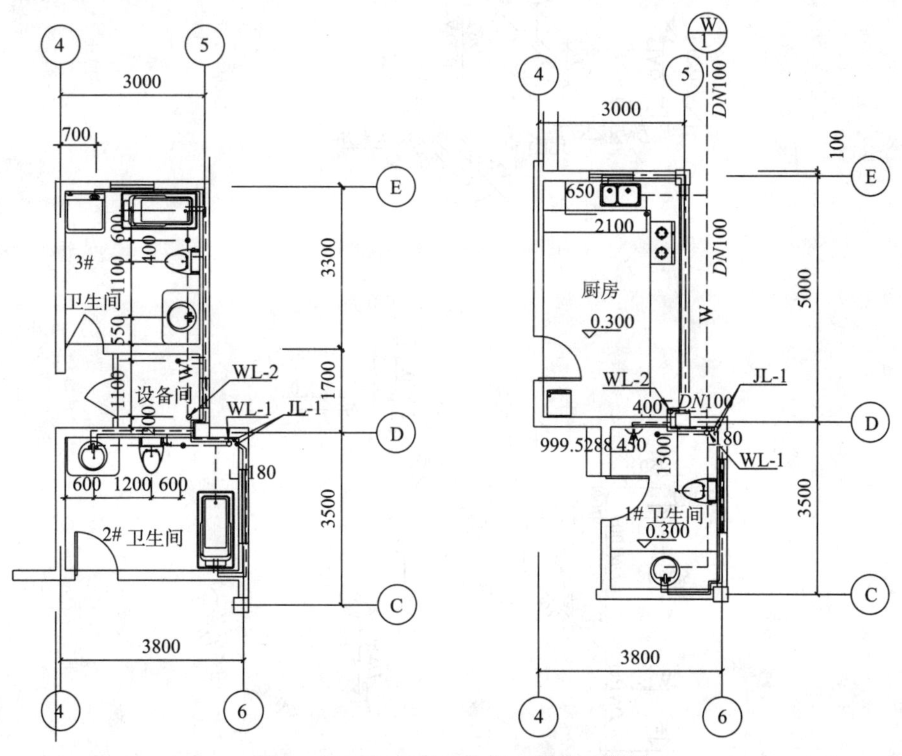

图 3-17　1～3 号卫生间（厨房）详图

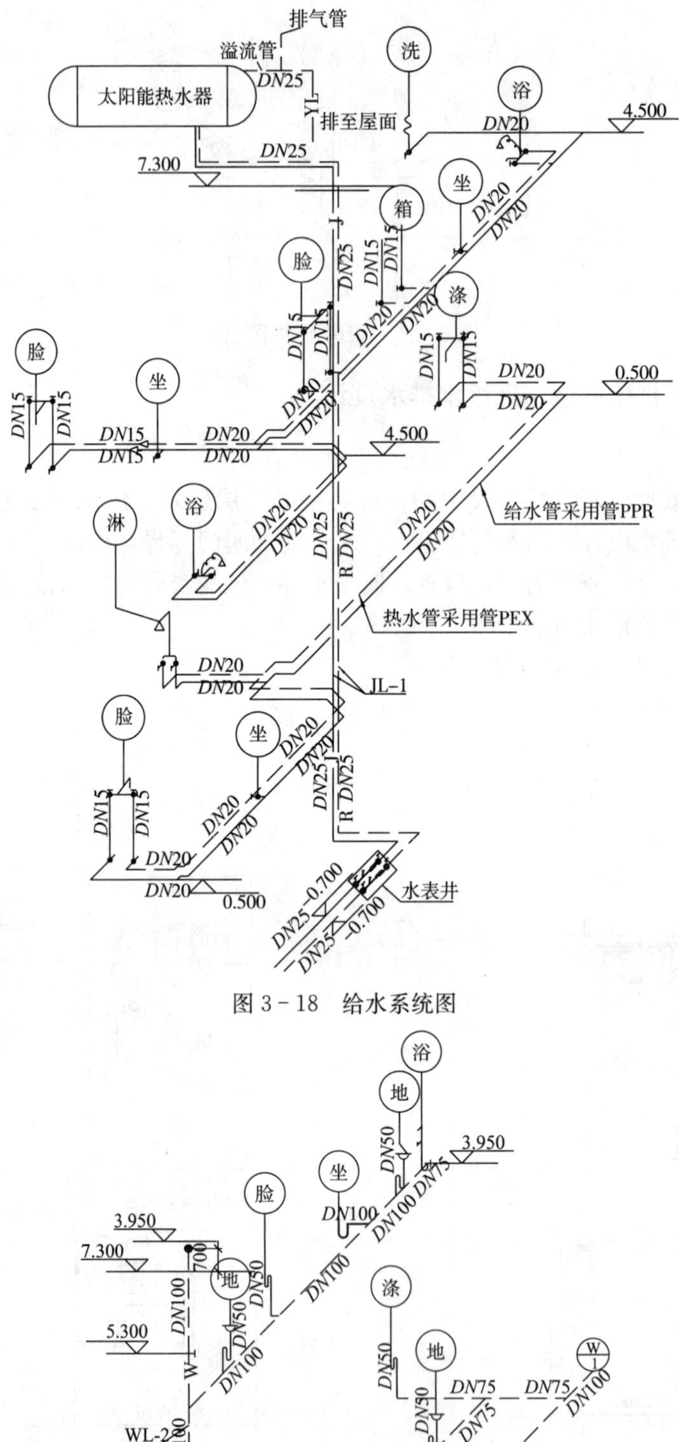

图 3－18　给水系统图

图 3－19　排水系统图

3.3.5　上海地区村镇典型住宅给水排水设计

1. 工程概况

该工程为上海地区新农村建设中的一种典型的二层建筑，建筑高度为 6.8m。设计包括住宅室内给水排水设计，给水管道以室外水表前的阀门为界，该阀门以内属于室内；排水管道以室外第一个检查井为界，检查井属于室外；屋面与庭院雨水按无组织排水，通过地面散水坡汇向道路雨水口。

2. 上海地区村镇典型住宅给水排水设计图

相关设计图如图 3-20～图 3-26 所示。

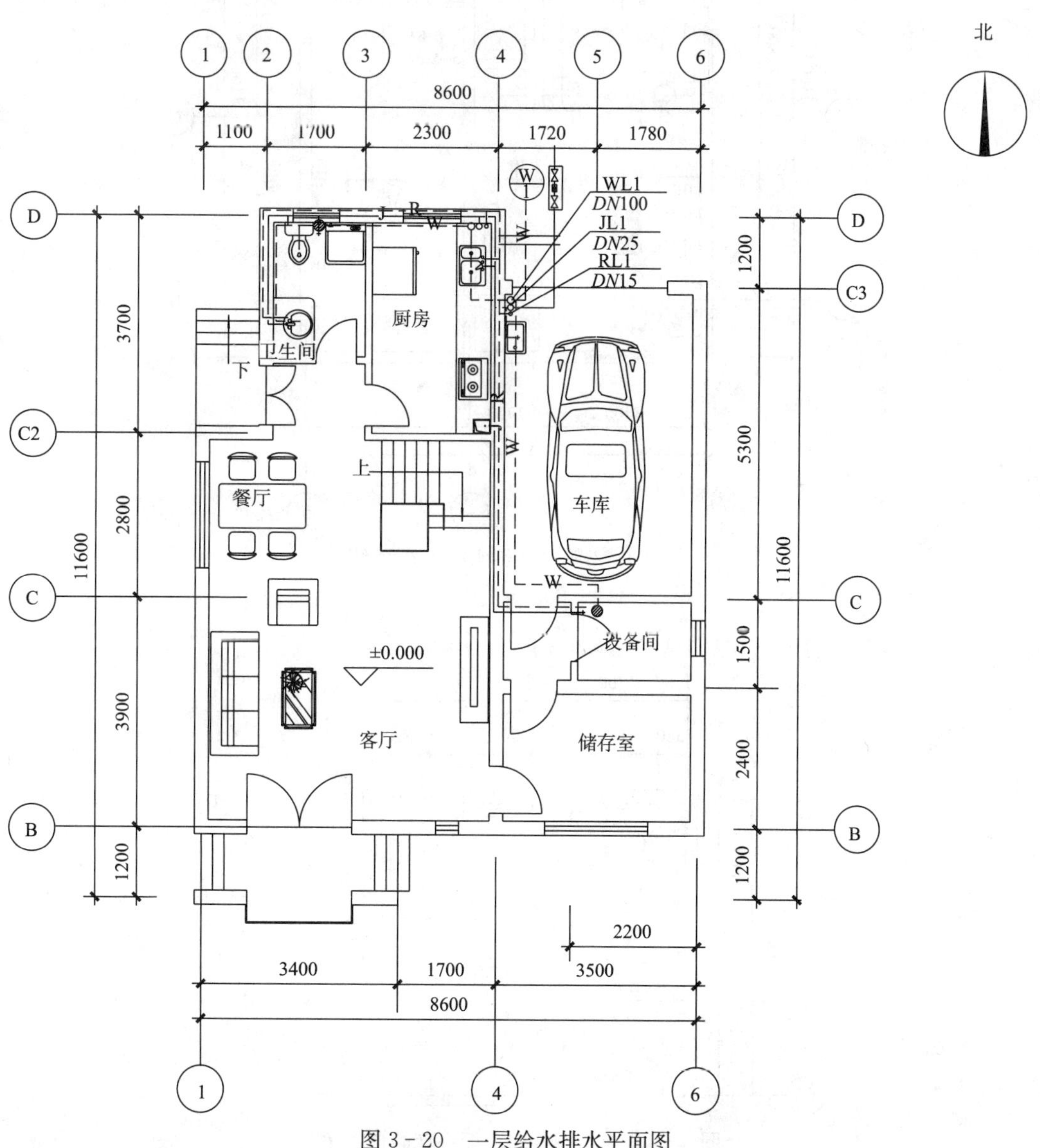

图 3-20　一层给水排水平面图

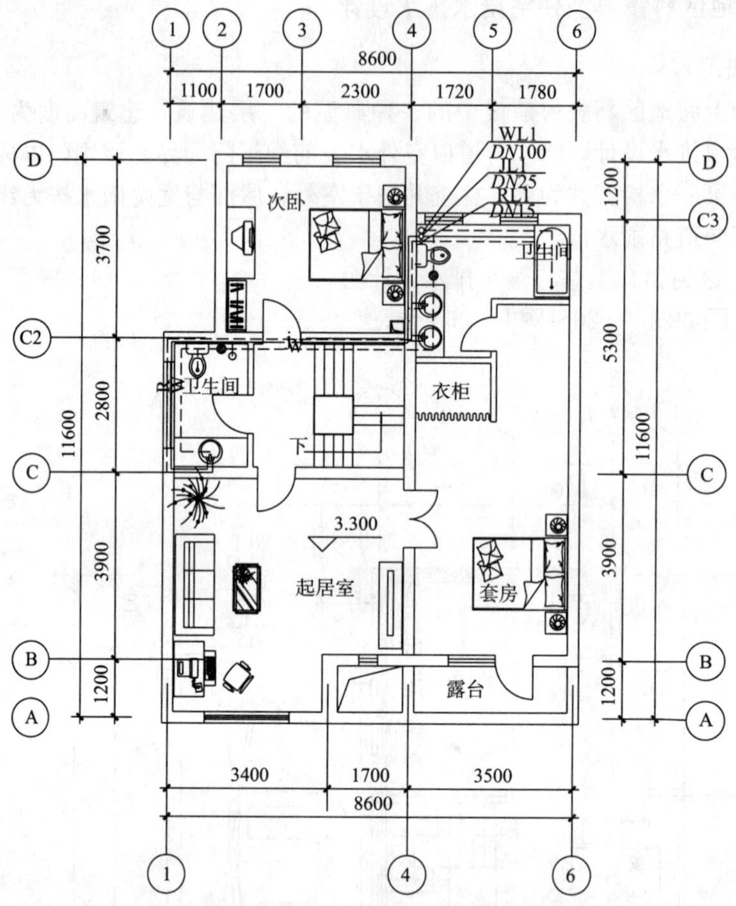

图 3-21 二层给水排水平面图

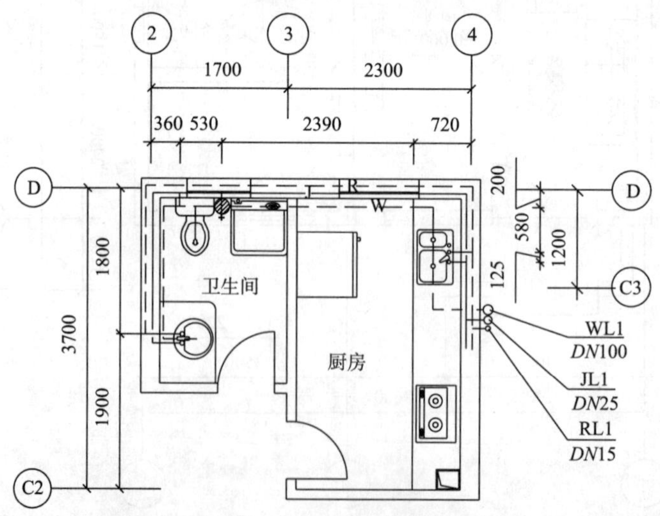

图 3-22 1号卫生间、厨房管道布置详图

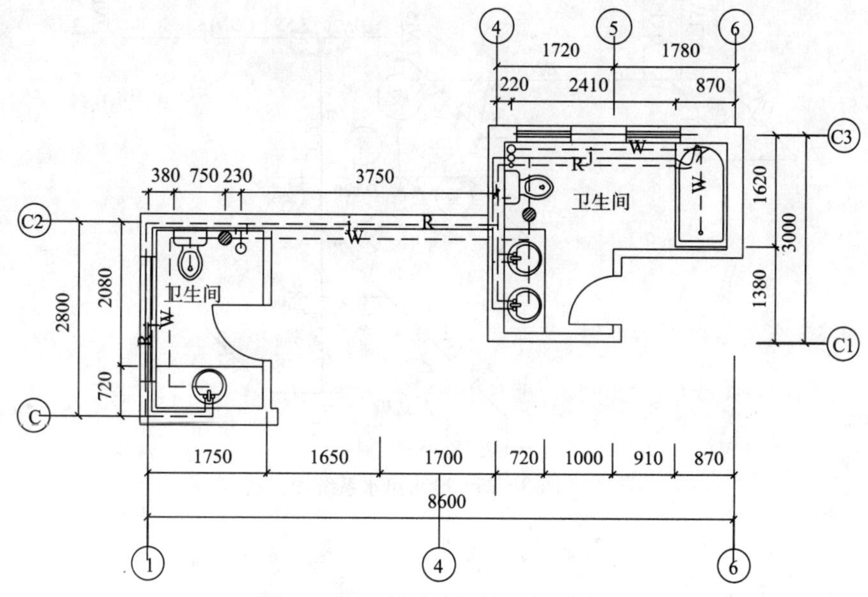

图 3－23　2 号卫生间管道布置详图

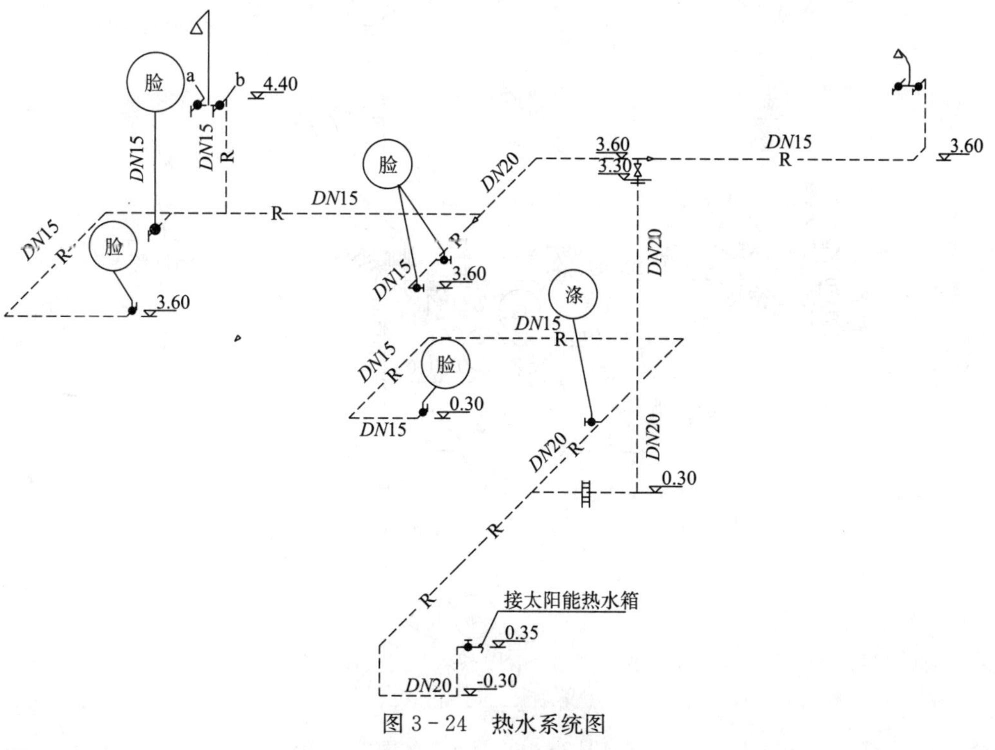

图 3－24　热水系统图

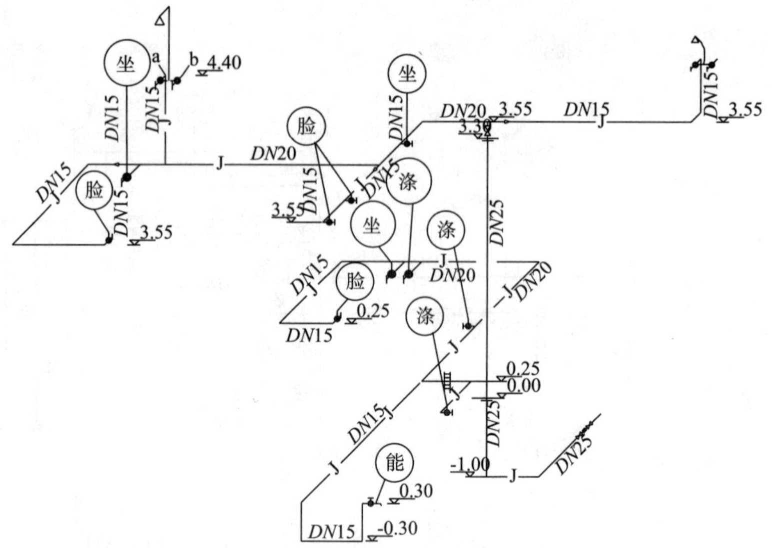

图 3-25　冷水给水系统图

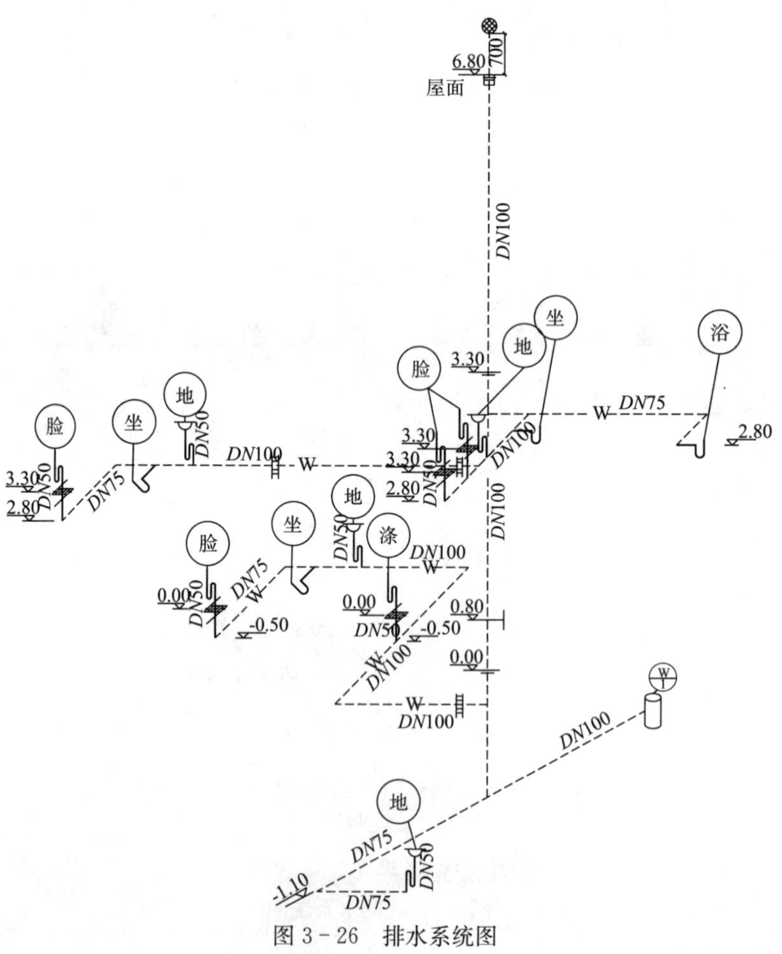

图 3-26　排水系统图

3.3.6 长春地区村镇典型住宅给水排水设计

1. 工程概况

该工程为长春地区新农村建设中的一种典型的二层建筑，建筑高度为 6.8m。设计包括住宅室内给水排水设计，给水管道以室外水表前的阀门为界，该阀门以内属于室内；排水管道以室外第一个检查井为界，检查井属于室外；屋面与庭院雨水按无组织排水，通过地面散水坡汇向道路雨水口。

2. 长春地区村镇典型住宅给水排水设计图

相关设计图如图 3－27～图 3－34 所示。

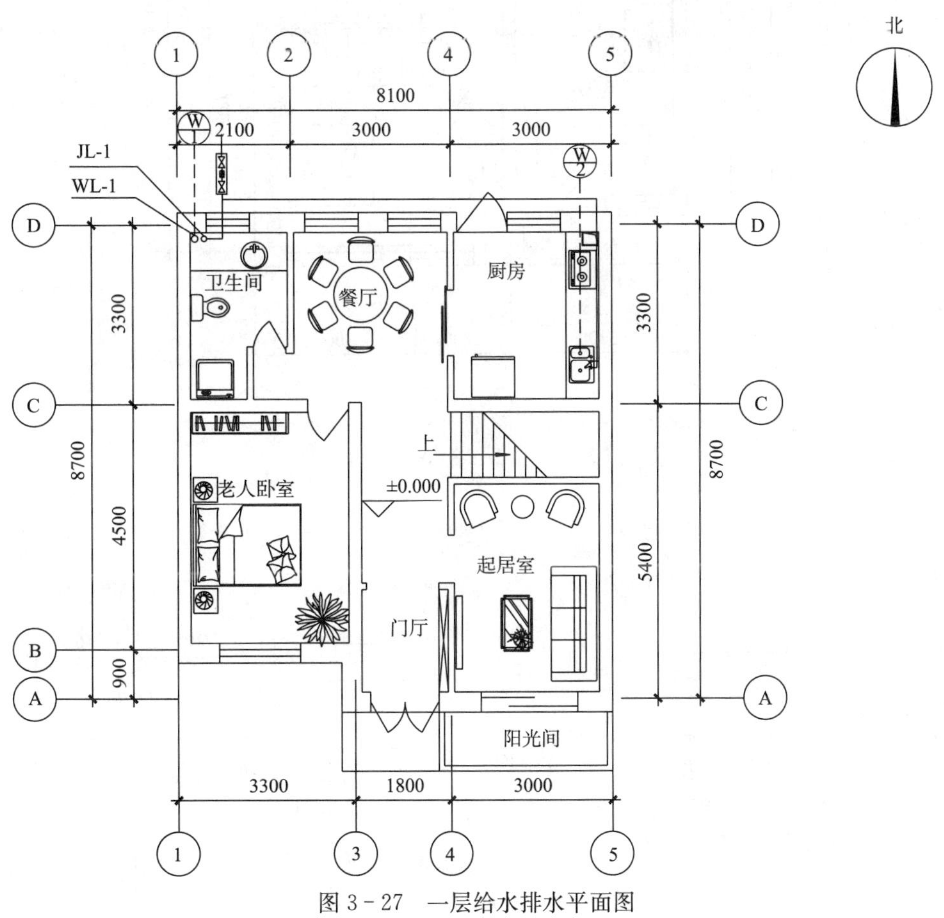

图 3－27　一层给水排水平面图

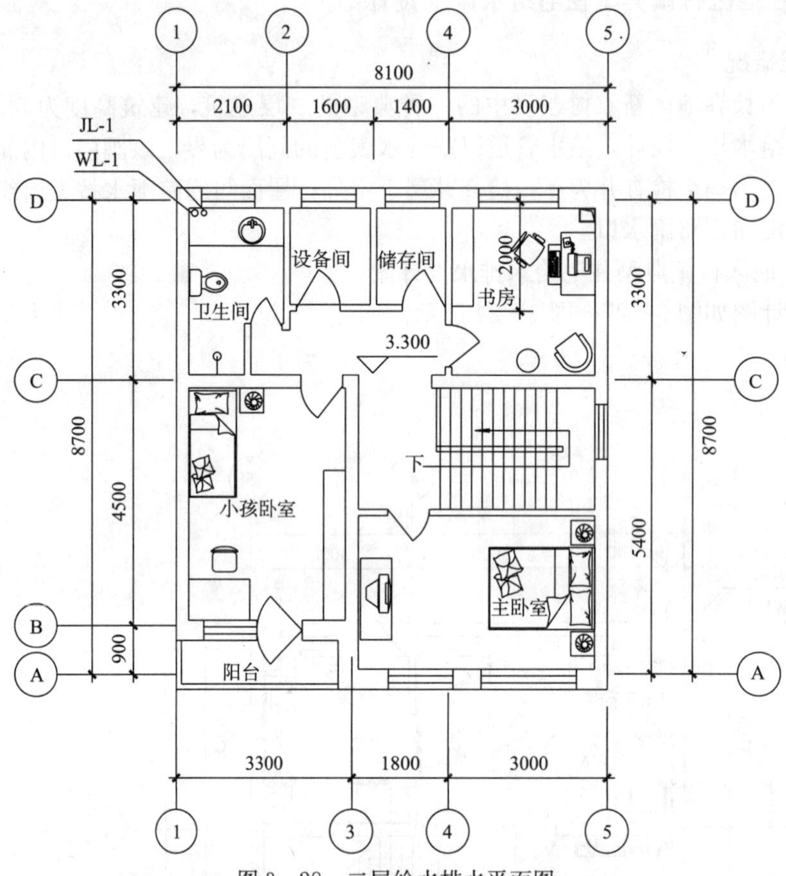

图 3-28 二层给水排水平面图

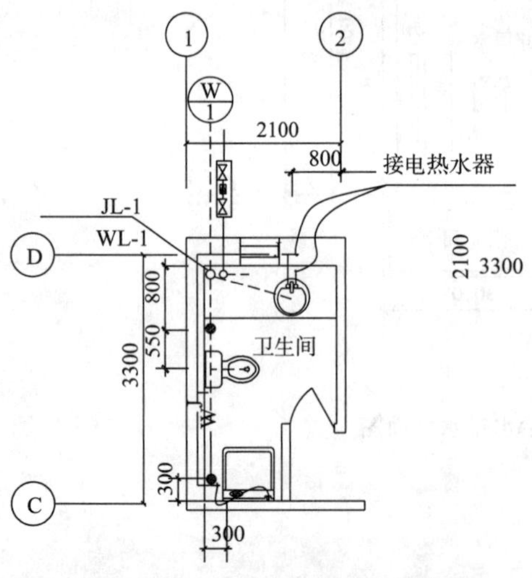

图 3-29 1号卫生间管道布置详图

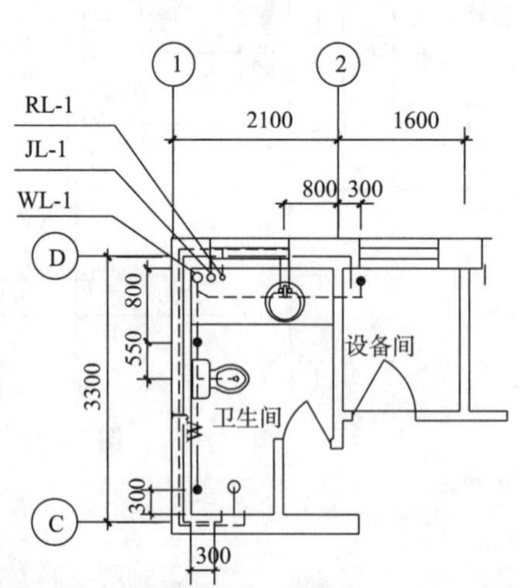

图 3-30 2号卫生间管道布置详图

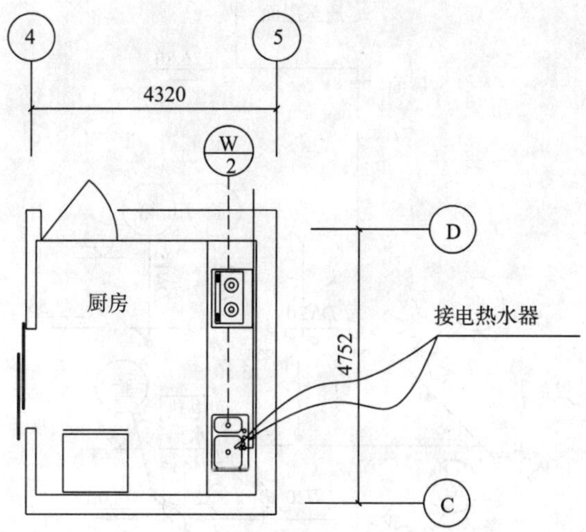

图 3-31　1号厨房管道布置详图

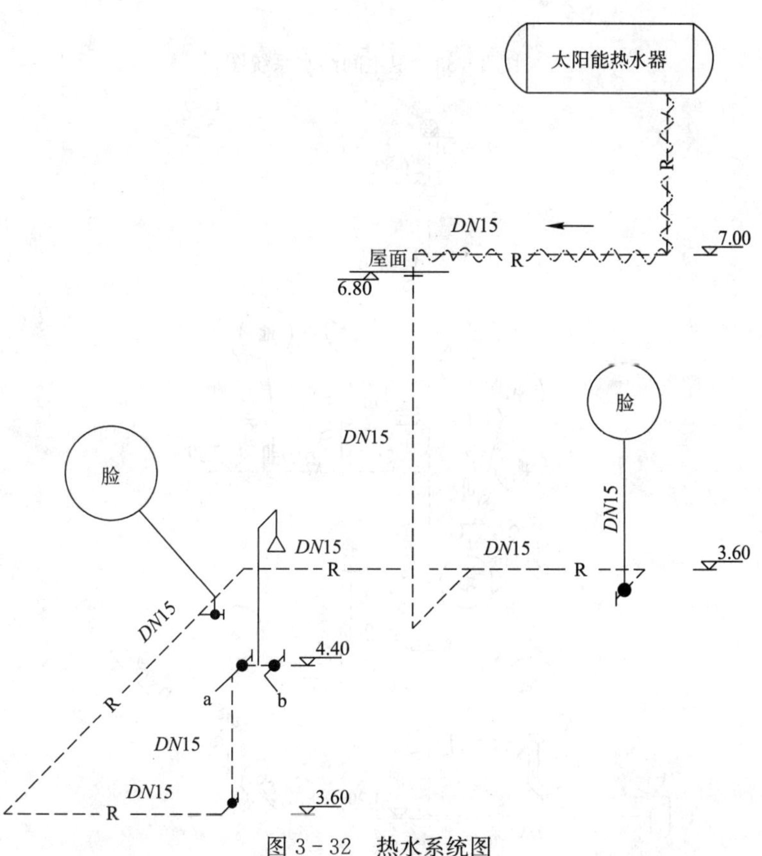

图 3-32　热水系统图

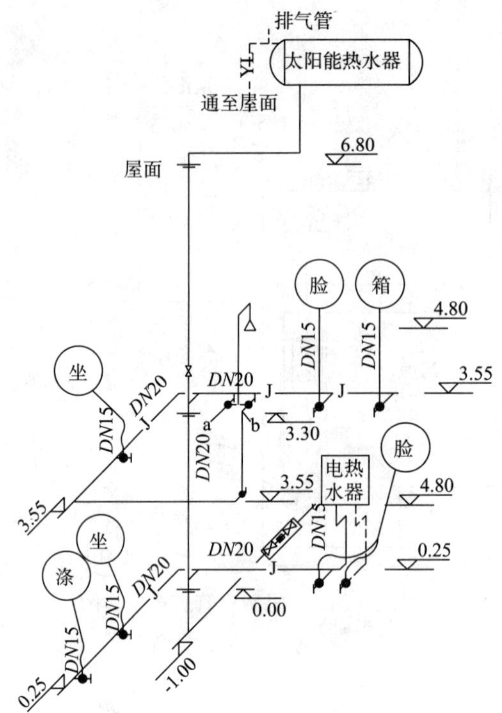

图 3-33　卫生间给水系统图

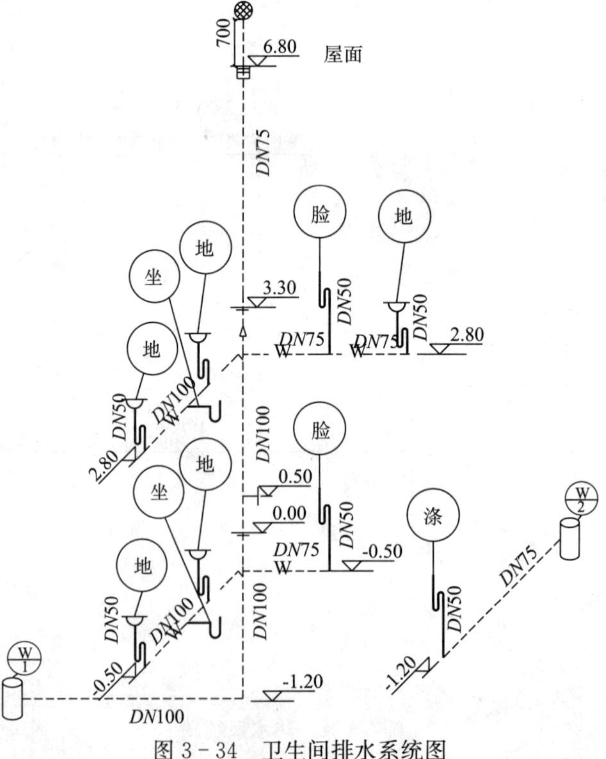

图 3-34　卫生间排水系统图

第 4 章　村镇居民小康住宅电气系统设计

住宅是人民生活重要的物质条件，是衣、食、住、行这四大国计民生当中解决了温饱之后最重要生存条件。住宅室内的热、湿环境保障设备如家用空调、风扇及通信、照明、娱乐设施等都离不开电气系统，随着人们对居住环境的要求越来越高，电气系统的设计日益重要。住宅电气设计原则须执行国家的方针政策和法规，遵守安全卫生、环境保护、节约能源、节约用材等有关规定，做到安全、适用、经济、节能且符合当地规划要求，与周围环境协调，考虑进行改造、发展的可能性。村镇居民住宅电气系统设计是住宅设备标准化设计的重要内容之一。

4.1　村镇居民小康住宅电气的发展状况

我国住宅电气发展自 1890 年（清光绪十六年）起（北京西苑宫廷最早亮起的电灯），到今天迅猛发展的电气事业共经历了 120 多年，正在为实现全国农村及村镇电气化加倍努力。中国农村小康住宅电气化近十年来有了很大进展，村镇小康住宅中的电气工程是一个涉及中国亿万农民生活中不可缺少的组成部分。大量的家用电器成了小康家庭财富中的支柱财产之一，人们对用电的需求也提高了。因为小康住宅电气工程中有强电，还有弱电。如电灯、电热、空调、共用电视系统、闭路电视、有线电视、广播、电话、音响系统、传呼系统及防盗报警系统等。而当今迅猛发展的建筑业对小康住宅的电气设计与施工也带来了巨大的推动作用。

人们对电光源方面的选择，从以前的白炽灯到发光柔和的日光灯、节省电能的节能灯、高效光源灯。由于白炽灯在同样的功率下具有发光率低、色度差等缺陷，在村镇小康住宅中的使用正逐步减少。但日光灯还是目前使用较多的产品之一。高效节能灯美观、光源色度好、省电，由于其美观、体积小、安装方便等优点，日渐受到人们的重视，最终将代替白炽灯和日光灯。灯具外观造型变化很快，人们对灯具的外观选择要求也高了，必须与室内外环境相配套。如室外选用园林柱子灯加以修饰与整体吻合，装饰豪华的需配一些豪华灯具。所以说农村小康住宅电气设计应与整个建筑与环境相配套。

家用电气化从以前的白炽灯、半导体收音机、交流电子管收音机到现在的大型电视机、家庭影院、录相机、电饭锅、电炒锅、电热器、排烟机、空调机、浴霸等。由于这些大容量家电剧增，用电负荷也相应增加，于是每家农户的电度表是由原来选用 1A、2（4）A、3（6）A，变化到现在许多用户连 5（10）A 电表都不能满足。在大多数的村镇建筑中，在电气施工方面由原来的用瓷夹板、木槽板、塑料护套线，变化到现在用的塑料硬、半硬管，铁电线管及智能化配线。敷设方法也从以前的明敷设发展到现在的暗敷设施工。

村镇住宅以前一般不设防雷保护，也不设人身与设备安全的保护设施，在村镇建筑的施工中将大量的塑料护套线直接埋入墙内，给用电带来不安全因素，所以对于村镇小康住宅的电气化工程我们必须十分重视，尽力做到安全化、规范化。

4.2 村镇供配电

村镇住宅建筑（小）区供配电系统的设计应按负荷性质、用电容量和发展规划以及当地供电条件，合理确定设计方案。

4.2.1 负荷分级

按照国家相关设计规范规定：住宅建筑中各用电负荷根据要求的供电可靠性及中断供电所造成的损失或影响的程度分为一级负荷、二级负荷及三级负荷。有特殊要求的用电负荷，应根据实际情况与有关部门协商确定。

4.2.2 电源及供配电系统

村镇住宅建筑区域的供电范围较大，一般设有多个配变电所，为提高供电的可靠性，10（6）kV供电系统宜采用环网方式。当住宅建筑用电设备总容量不小于250kW时，宜由10（6）kV高压供电；当用电设备总容量小于250kW时，可由220/380V低压供电。多层住宅小区宜分区设置10（6）/0.4kV户内变电所或预装式变电站。

根据我国现阶段10（6）kV高压系统的接线方式，村镇住宅小区配电变压器均宜采用D，yn11接线。配电变压器应选用节能型变压器，其长期工作负载率并不宜大于85%。设置在住宅建筑中的变压器，应选择干式、气体绝缘或非可燃性液体绝缘的变压器。当变压器低压侧电压为0.4kV时，单台变压器容量不宜大于1250kVA。预装式变电所变压器单台容量不宜大于800kVA。

住宅用电负荷的季节变化很大，夏冬季降温、取暖负荷增加导致全年负荷差别的加大。这对供电系统极其不利。解决办法是可在配变电所设两台变压器，春秋季只运行一台，夏冬季两台同时运行。在进行住宅配变电系统设计时，对于住宅内部的配电系统宜一次到位。对于室外线路和配变电所可分步实施，但配变电所的土建尺寸应留有足够的发展余量。

村镇住宅建筑用电负荷水平受住户的经济水平、当地能源结构、气象条件、生活习惯等诸多因素的影响，宜根据各地实际情况确定。当没有相应数据时，村镇住宅建筑用电指标和电能表的选择宜符合表4-1的规定。

村镇住宅建筑用电指标和电能表的选择　　表4-1

类型	建筑面积 S（m²）	用电指标（kW）	电能表
一、二居室住宅	$S\leqslant 90$	4	5（20）A
二、三居室住宅	$90<S\leqslant 150$	6	10（40）A
三、四居室住宅	$150<S\leqslant 200$	8	15（60）A
别墅、跃层住宅	$S>200$	10～12	20（80）A

注：用电指标除设计中每个房间设置的灯具及插座以外，已经考虑了使用小型家用电器以及2～3台小型空调器的用电量。考虑家用电器的特点，用电设备的功率因数宜按0.85～0.9计算。电能表规格应选用过负荷能力为4倍额定电流（俗称4倍表），起转电流不大于额定电流的5%时的数据，括号内的电流表示该型号电能表可以使用在电气回路的最大值。

除特殊情况外，每套住宅应配置一块电能表、一个配电箱。电能表的安装位置可按以下方式安装：独门独户的电能表可单独安装在该户附近。

当住宅建筑正常电源不能满足供电级别的要求时，可设置柴油发电机组、EPS等作为备用电源。应急电源装置（EPS）可作为住宅建筑应急照明系统的备用电源，连续供电时间应满足相应的消防规范要求。

4.2.3 无功补偿以及电能质量的要求

村镇住宅小区用电电器中电热水器、电炊具、白炽灯和电热取暖器等属于电阻性负荷，生活水泵、电梯、风机、气体放电灯具等电感性负荷容量小、安装较分散、功率因数较低，所以10（6）kV及以下无功补偿宜在配电变压器低压侧集中补偿，且功率因数不宜低于0.9。高压侧的功率因数指标，应符合当地供电部门的规定。当前家用电器中产生谐波的非线性负荷（如微波炉、气体放电灯、电子镇流器等）日益增多，有谐波源的住宅建筑在装设低压电容器时，宜采取措施，避免谐波污染。

为降低三相低压配电系统的不对称度，设计低压配电系统时宜考虑单相用电设备接入220/380V三相系统时使三相负荷平衡，由地区公共低压电网供电的220V照明负荷，线路电流小于或等于40A时，宜采用200V单相供电，大于40A时，宜采用220/380V三相供电。

村镇住宅建筑供电系统在正常运行的情况下，用电设备端子处的电压偏差允许值（以标称系统电压的百分数表示），宜符合照明、室内场所宜不大于±5%；应急照明、景观照明、道路照明宜为不大于+5%、−10%。

4.2.4 村镇住宅建筑的负荷计算

全国各地发展水平不同，电力供应水平差别很大，各地的村镇住宅用电量应根据本地的具体情况确定，并符合相应规范要求。

村镇住宅建筑方案设计阶段可采用单位指标法估算，居住建筑用电可按单位建筑面积负荷指标20～60W/m^{2}估算。初步设计及施工图设计阶段宜采用需要系数法计算。由于现在每户使用的家用电器用电量、数量在不断增多，如何确定设备容量和计算容量两者的关系，合理采用需要系数也至关重要。如果需要系数选择过大，会造成供电资源的浪费，如果需要系数选择过小，难以满足负荷需要，安全供电不能得到保证。住宅建筑用电负荷采用需要系数法计算时，可根据表4－2选取。

住宅建筑用电负荷需要系数 **表4－2**

按单相配电计算时所连接的基本户数	按三相配电计算时所连接的基本户数	需要系数
3	9	0.90～1.00
4	12	0.90～0.95
6	18	0.75～0.80
8	24	0.66～0.70
10	30	0.58～0.65
12	36	0.50～0.60

续表

按单相配电计算时所连接的基本户数	按三相配电计算时所连接的基本户数	需要系数
14	42	0.48～0.55
16	48	0.47～0.55
18	54	0.45～0.50
21	63	0.43～0.50
24	72	0.41～0.45
25～100	75～300	0.40～0.45
125～200	375～600	0.33～0.35
260～300	780～900	0.26～0.30

各住宅单相负荷应均衡分配到三相上，当单相负荷的总计算容量小于计算范围内三相对称负荷总计算容量的15%时，应全部按三相对称负荷计算；当大于等于15%时，应将单相负荷换算为等效三相负荷后再与三相负荷相加。住宅建筑功率因数一般可取0.85～0.9。

4.2.5 村镇住宅建筑低压配电系统

村镇住宅建筑低压配电系统的设计应根据住宅建筑的类别、规模、容量及可能的发展等因素综合确定。TT、TN－C－S和TN－S三种接地形式都用专用的PE线，是住宅中最常用的接地形式，总等电位联结可降低住宅楼内的接触电阻，消除沿电源线路导入的对地故障电压的危害，所以住宅建筑低压配电系统应优先采用TT、TN－C－S或TN－S接地形式，并进行总等电位联结。每套住宅应采用单相供电，并且供电容量不宜超过15kW。

为防止电气火灾，每幢住宅的电源进线或配电干线分支处等适当位置应设置具有剩余电流动作保护、报警功能的断路器。此剩余电流保护断路器的动作电流应大于其供电部分的电气设备正常剩余电流，一般选用300mA，500mA。多级装设的剩余电流动作保护器的时限和剩余电流动作值应有选择性配合。

为保证用电安全，电气线路的选材、配线应与住宅的用电负荷相适用。村镇住宅建筑内的电气缆线选择应考虑正常使用的可靠性以及在火灾时不应有大量的有毒气体发出，威胁人员的疏散安全。村镇住宅建筑供电系统缆线的中性导线和相导体应采用同材质同截面的导体。

4.2.6 村镇住宅建筑电气设备的要求

村镇住宅建筑电气设备应采用价格适中、效率高、能耗低、性能先进、耐用可靠的元器件，并应考虑选择绿色环保材料生产制造的元器件。住宅建筑电气设备的设计还应符合国家现行标准《民用建筑电气设计规范》JGJ 16的有关规定。

4.2.7 村镇住宅建筑（小区）电源布线系统

村镇住宅建筑户内配电线路布线可采用金属导管或塑料导管。暗敷的金属导管管壁厚度不应小于1.5mm；潮湿地区的住宅建筑及住宅建筑内的潮湿场所，配电线路布线宜采用塑料导管或采用管壁厚度不小于2.0mm的金属导管。明敷的金属导管应做防腐、防潮处理。非消防缆线保护导管暗敷设的外保护层厚度不应小于15mm，消防缆线保护导管暗敷设的外保护层厚度不应小于 30mm。与卫生间无关的缆线暗敷导管不得进入和穿过卫生间。卫生间的配电线路导管及灯位应避开大便器、浴盆等卫生洁具。

4.3 住宅电气照明

4.3.1 照明开关

单相开关通常选用工作电压为 250V，额定电流为 10A。其结构形式通常采用扳把式、翘板式、拉线式、双控式、定时开关、带夜光指示灯的开关。按安装方式分有明设、暗设（即嵌入式）和附装式等。翘板式开关安装高度一般为 1.3m，距门框 20cm。在潮湿场所应选用带防溅功能的开关，面板的四周设密封橡胶圈以防水进入接线盒。

4.3.2 电气照明设计要求

村镇住宅（公寓）电气照明应结合生活实际，同时兼顾现代社会发展。据统计，一般人每天几乎有一多半的时间要在自己的家里度过，远远超过了人们在外停留的时间，因此不断改善住宅的光环境是至关重要的。住宅照明质量的提高有赖于合理地选择光源和灯具，而灯具造型的多样化又是个人对灯具形式偏爱的需要，在条件允许时应尊重使用者的意愿进行照明设计，以利住宅的商品化、生活化。

（1）住宅（公寓）照明宜选用细管径直管荧光灯或紧凑型荧光灯。当因装饰需要选用白炽灯时，宜选用双螺旋白炽灯。灯具的选择应根据具体房间的功能而定，宜采用直接照明和开启式灯具，并宜选用节能型灯具。

当起居室、餐厅等房间的使用面积小于 $20m^2$ 时，屋顶板上应预留一个照明灯具接线口，灯具宜居中布置；使用面积大于 $20m^2$ 时，根据房间的布局，屋顶板上宜预留一个以上的照明灯具接线口。卧室、书房、卫生间、厨房的照明宜预留一个照明灯具接线口，灯位宜在房间顶居中设置。老年人住宅卧室至卫生间的过道宜设置脚灯。

起居室的照明宜满足多功能使用要求，除应设置一般照明外，还宜设置装饰台灯、落地灯等。高级公寓的起居厅照明宜采用可调光方式。卫生间、浴室等潮湿且易污场所，宜采用防潮易清洁的灯具。卫生间的灯具位置应避免安装在大便器上方及其背面或淋浴、浴缸的上方（0、1 区范围内）。

（2）随着照明设施、家用电器的普及和增多，因住宅内电源插座过少，住户滥拉临时线或滥接插座板而引发电器短路或异常高温产生的火灾时有发生。为了安全、方便地用电，住宅内的配电箱回路数、开关、插座的布置均应按一定标准配置。

每户应配置一块电能表、一个配电箱（分户箱）。每户电能表宜集中安装于电表箱内（预付费、远传计量的电能表可除外），电能表出线端应装设保护电器。电能表的安装位置应符合当地供电部门的要求。住宅配电箱（分户箱）的进线端应装设短路、过负荷和过、欠电压保护电器。分户箱宜设在住户走廊或门厅内便于检修、维护的地方。住宅分户箱内应配置有过电流保护的照明供电回路、一般电源插座回路、空调插座回路、电炊具及电热水器等专用电源插座回路。照明系统中的每一单相分支回路电流不宜超过 16A，光源数量不宜超过 25 个。应急照明的回路上不应设置插座。

住户配电箱的回路应（宜）按下列标准配置：三居室以下的住宅宜设置一个照明回路；三居室及以上的住宅且光源数量超过25个宜设置多个照明回路；厨房、卫生间应各设置一个电源插座回路；厨房、卫生间除外的其他功能房间电源插座回路所接插座数量不宜超过10个（组）。使用面积大于$20m^2$的起居室宜设置柜式空调插座，使用面积小于$20m^2$的起居室、卧室、书房等宜设置分体空调插座，每一回路分体空调插座数量不宜超过2个。住宅配电箱配置回路数一般不宜小于表4-3的规定。

住宅配电箱配置回路数量 表4-3

回路数	柜式空调插座	分体空调插座	厨房插座	卫生间插座	电源插座	照明	合计
两居室以下	1	1	1	1	1	1	5～6
两居室	1	1～2	1	1	1	1	6
三居室	1	2	1	1	2	1～2	7～8
四居室	1	2～3	1～2	1	2	1～2	8～10
四居室以上	1～2	3～4	1～2	2	2～3	1～2	10～15

村镇住宅建筑户内设置的电源插座的基本配置数量一般不宜低于表4-4的规定。

住宅建筑户内电源插座基本配置数量 表4-4

房间名称	起居室（厅）	主卧室	次卧室	厨房	卫生间	书房
二孔、三孔双联插座（组）	4	3	2	2	—	2
三孔插座（柜式空调）	1	—	—	—	—	—
三孔插座（分体空调）	1	1	1			1
三孔插座（热水器）	—	—	—	1	1	—
三孔插座（排风扇、排烟风机）	—	—	—	1	1	—
三孔插座（洗衣机）	—	—	1	—	—	—
三孔插座（电冰箱）	—	—	1	—	—	—

注：1. 除有要求外，起居室空调插座只预留一种方式。卫生间吹风、剃须插座作为可选项，不列入基本配置表。厨房、卫生间、未封闭阳台应选用防护等级不低于IP54的电源插座，洗衣机应选用防护等级不低于IP55的电源插座。
2. 表中数值不包括综合布线系统工作区所需的电源插座。
3. 厨房插座的预留量不包括电灶的使用。

住宅内电热水器、柜式空调宜选用三孔15A插座；空调、排油烟机宜选用三孔10A插座；其他宜选用二、三孔10A插座；洗衣机插座、空调及电热水器插座宜选用带开关控制的插座；厨房、卫生间应选用防溅水型插座。厨房电源插座和卫生间电源插座不宜同一回路。插座回路所连接的家用电器主要是移动式和手持式设备，为防止人遭受意外的电击事故，除壁挂式空调器的电源插座回路外，其他电源插座回路均应设置剩余电流动作保护器。电源插座底边距地低于1.8m时，应选用安全型插座。

4.4 村镇住宅建筑的防雷、等电位、接地

4.4.1 防雷设计

住宅防雷设计应根据当地地质、地貌、气象、环境等条件和雷电活动规律以及被保护

物的特点等，因地制宜地采取防雷措施，做到安全可靠、技术先进、经济合理。

固定在第二、三类防雷建筑物上的节日彩灯、航空障碍标志灯及其他用电设备，应处在接闪器保护范围内。住宅建筑屋顶设置的配电箱宜安装在室内，并应在配电箱的进线开关电源侧与外露可导电部分之间装设电涌保护器。对于不装设防雷装置的住宅建筑，应在室内总配电箱装设电涌保护器。

4.4.2 等电位联结

住宅配电系统的接地方式应可靠，并应进行总等电位联结。设有洗浴设备的卫生间应做局部等电位联结。局部等电位联结应包括卫生间内金属材质的给水排水管、浴盆、采暖器以及建筑物钢筋网等，不包括金属地漏、扶手、浴巾架、肥皂盒等孤立金属物。设洗浴设备的卫生间地面内钢筋网宜与等电位联结线连通，当墙体为钢筋混凝土墙时，其钢筋网也宜与等电位联结线连通。等电位联结线的截面应符合表 4-5 的规定。

等电位联结线截面要求 表 4-5

<table>
<tr><th></th><th>总等电位联结线截面</th><th colspan="2">局部等电位联结线截面</th></tr>
<tr><td rowspan="3">最小值</td><td rowspan="2">6mm^2 铜</td><td>有机械保护时</td><td>2.5mm^2 铜</td></tr>
<tr><td>无机械保护时</td><td>4mm^2 铜</td></tr>
<tr><td>50mm^2 钢铁</td><td colspan="2">16mm^2 钢铁</td></tr>
<tr><td>一般值</td><td colspan="3">不小于最大 PE 截面的一半</td></tr>
<tr><td rowspan="2">最大值</td><td colspan="3">25mm^2 铜</td></tr>
<tr><td colspan="3">100mm^2 钢铁</td></tr>
</table>

4.4.3 接地

住宅建筑防雷接地应与交流工作接地、安全保护接地等共用一组接地装置，采用共用接地网。接地网的接地电阻必须按接入设备中要求的最小值确定。接地极在满足热稳定的条件下，交流电气装置的接地极应利用自然接地导体。当利用自然接地导体时，应确保接地网的可靠性，禁止利用可燃液体或气体管道、供暖管道及自来水管道作保护接地。

住宅建筑内下列电气装置的外露可导电部分均应可靠接地：固定家用电器、手持式及移动式家用电器；配电箱的金属外壳；缆线的金属保护导管、接线盒及终端盒；I 类照明灯具的金属外壳，当灯具安装距地面高度小于 2.4m 时的金属外壳。当采用金属接线盒、金属导管、金属开关面板、金属灯具时，交流 220V 照明配电装置的线路宜加穿 1 根 PE 保护接地绝缘线。

4.5 村镇住宅建筑弱电设计

村镇建筑住宅的弱电系统应与当地的各弱电网络现有水平以及发展规划协调一致。

4.5.1 家居配线箱

为了方便住户使用、维护、改造户内弱电线路，新建村镇住宅建筑宜设置家居配线箱。家居配线箱内的模块宜采用后进线设计，模块应按不同功能区分，可分为电话交换模块、电视分配模块、网络交换模块、智能控制模块等。家居配线箱宜暗装在起居室内便于维修、维护的地方，箱底距地 0.5m。有源家居配线箱应在附近预留电源接口。

4.5.2 电话通信

建筑住宅建筑电话系统宜主要采用本地电信业务经营者提供的运营方式。电话通信线路应预埋管线到住宅套内。电话进户线宜在家居配线箱（HDD）内做转接点。居室内宜采用 RJ45 标准信息插座式电话出线盒，室内电话线宜采用放射方式敷设。电话插座的设置数量应有一定超前性，各户起居室、主卧室、书房均应装设电话出线盒。电话插座数量可参见表 4-6 的数量设置。村镇建筑住宅建筑及自筹自建自用住宅建筑，电话进户线及电话插座数量可根据需求设置。

住宅建筑电话插座设置数量　　表 4-6

居室数量	起居室	主卧室	次卧室	厨房	主卫生间	次卫生间	书房	进户线
两居室以下	1	1	—	—	1	—	—	1
两居室	1	1	1	—	1	—	—	1～2
三居室	1	1	1	—	1	—	1	1～2
四居室	1	1	1	—	1	1	1	2
四居室以上	1	1	2	1	1	1	1	2

电话插座底边距地宜为 0.3～0.5m 暗设，卫生间、厨房的电话插座底边距地 1.0～1.2m 暗设。一条外线可接几个分机应以当地电信部门的规定为准，一般不应超过 3 个。

4.5.3 信息网络系统及综合布线

住宅建筑的信息网络系统应使用综合布线系统，住宅建筑的电话交换系统也宜使用综合布线系统。居室内宜采用标准 RJ45 插接式数据插座。

4.5.4 有线电视

住宅建筑应设置有线电视系统，村镇住宅建筑设置有线电视有困难时，宜采用自设接收天线及前端设备系统。有线电视系统的线路应预埋到住宅内，并应满足有线电视网的要求。

有线电视系统规模宜按用户终端数量分为四类。A 类：10000 户以上；B 类：2001～10000 户；C 类：301～2000 户；D 类：300 户以下。

当住宅建筑只接收当地有线电视网节目信号时，宜符合下列规定：系统接收设备宜在分配网络的中心部位，宜设在建筑物首层或地下一层；每 2000 个用户宜设置一个子分前端；每 500 个用户宜设置一个光节点，并应留有光节点光电转换设备间，用电量可按 2kW 计算。当有线电视系统规模小（C、D 类）、传输距离不超过 1.5km 时，宜采用同轴电缆传输方式。当系统规模较大、传输距离较远时，宜采用光纤同轴电缆混合网

（HFC）传输方式，也可根据需要采用光纤到最后一台放入器（FTTLA）或光纤到户（FTTF）的方式。

在设计综合有线电视信息网及HFC网络时，应符合以下规定：系统应采用双向传输网络；双向传输系统中，所有设备器件均应具有双向传输功能；双向传输分配网络宜采用星形分配、末端集中分配方式；HFC网络内任何有源设备的输出信号总功率不应超过20dBm；一个光节点覆盖的用户数宜在500以内，以利于提高上行户均速率和减少干扰、噪声。

用户分配系统的设计应符合下列要求：用户分配系统宜采用分配—分支、分支—分配、集中分支分配等方式；不得将分配线路的终端直接作为用户终端；分配设备的空闲端口和分支器的输出终端，均应终接75Ω负载电阻；系统输出口宜选用双向传输用户终端盒。

有线电视系统的信号传输线缆应采用特性阻抗为75Ω的同轴电线。同轴电缆传输距离可参照下列值：同轴电缆为75－5时，传输参考距离不大于300m；同轴电缆为75－7时，传输参考距离不大于500m；同轴电缆为75－9时，传输参考距离不大于800m。

住宅建筑有线电视系统的同轴电缆宜穿金属导管敷设。有线电视进户线宜在家居配线箱（HDD）内做分配点。居室内宜采用双向传输的电视插座。电视插座底边距地0.3～0.5m暗设。电视插座的配置数据应充分考虑住户的实际需要，城镇三居室及以下的住宅建筑，每户应配置一条进户线，不少于2个电视插座，电视插座安装在起居室、主卧室等处；四居室及以上，每户应配置一条进户线，不少于3个电视插座，电视插座安装在起居室、主卧室、次卧室等处；别墅进户线及电视插座数量不应低于四居室及以上的标准。村镇住宅建筑及自筹自建自用住宅建筑，每户应配置一条进户线，不少于1个电视插座。进户线的设置与当地有线电视网的系统设置和收费管理有关。设计方案应以当地管理部门审批为准。

4.5.5 家居控制

智能化的村镇住宅建筑（小区）每户内宜设置家居控制器。家居控制器可将家居报警、家用电器监控、表具数据采集及处理、访客对讲、通信接口等集中管理，便于维护、维修。固定式家居控制器应暗装在起居室内。箱底支装高度宜为1.3～1.5m。家居报警宜包括火灾自动报警和入侵报警。家用电器的监控包括：照明灯、窗帘、遮阳装置、空调、热水器、微波炉等的监视和控制。

4.5.6 信息化应用

村镇住宅建筑信息化应用系统宜满足《智能建筑设计标准》GB/T 50314的相关规定。智能化的村镇住宅建筑（小区）宜设置物业运营管理系统、信息服务系统、智能卡应用系统、信息网络安全管理系统。

物业运营管理系统应对村镇住宅建筑（小区）内住户人员管理、住户房产维修、住户物业费等各项费用的查询及收取、住宅（小区）公共设施管理、住宅（小区）工程图纸管理等。信息服务系统宜包括紧急求助、家政服务、电子商务、远程教育、远程医疗、保健、娱乐等，并建立数据资源库，向住宅建筑（小区）内公众提供信息检索、查询、发布和导引等服务。信息服务管理系统还应具有进行各类公共服务的计资管理、电子账务和人员管理等功能。住宅建筑（小区）住户智能卡应用系统宜具有出入口控制、停车场管理、电梯控制、消费管理等功能，宜增加与银行信用卡融合的功能。住宅建筑（小区）管理人员智能卡应用系统宜增加电子巡查、考勤管理等功能。信息网络安全管理系统应确保信息网络的运行保障和信息安全。

4.5.7 村镇住宅建筑设备管理

住宅建筑建筑设备管理系统宜包括建筑设备监控系统、表具数据自动抄收及远传系统、物业运营管理系统等。住宅建筑建筑设备管理系统的设计尚应符合国家现行标准《民用建筑电气设计规范》JGJ-16 的有关规定。

建筑设备监控系统应对智能化住宅建筑（小区）中的以下内容进行监测与控制[36]：

（1）小区给水与排水系统的监测与控制；

（2）小区公共照明系统的监测与控制；

（3）各建筑物内电梯系统的监测；

（4）小区内设有集中式采暖通风及空气调节系统的监测与控制；

（5）小区供配电系统的监测。

建筑设备监控系统应对智能化村镇住宅建筑（小区）中的蓄水池（含消防蓄水池）、污水池水位进行检测和报警；对饮用水蓄水池过滤设备、消毒设备的故障进行报警。

DDC 控制器的电源宜由建筑设备监控中心集中供电，当住宅小区面积较大，由建筑设备监控中心集中供电距离较远时，可从附近的建筑引来电源。

小区建筑设备监控系统的设计，应根据小区的规模及功能需求合理设置监控点。监控系统的服务功能应与小区管理模式相适应。

表具数据自动抄收及远传系统宜由表具、采集模块/采集终端、传输设备、集中器、管理终端、备用电源组成。传输方式宜采用有线控制网络、电力线线波、无线控制网络。有线控制网络进户线应在家居配线箱（HDD）内做接线端子。表具安装处，应在其附近 0.3～0.5m 处预留接线盒，接线盒正面不应有遮挡物。

4.5.8 村镇住宅建筑弱电机房

住宅建筑（小区）电子信息系统机房的设计应符合现行国家标准《电子信息系统机房工程设计规范》GB 50174、《民用建筑电气接计规范》JGJ 16 的有关规定。

住宅建筑（小区）的机房工程除有特殊要求外，其性能要求和系统配置为：电子信息系统机房内的场地设备应按基本需求配置，在场地设施正常运行情况下，应保证电子信息系统运行不中断；系统设施数量满足基本需求，没有冗余。

住宅建筑（小区）控制室包括消防控制室、安全防范监控中心、建筑设备管理控制室等。控制室除有特殊要求外，宜采用合建方式，便于管理、减少运营费用。控制室的供电要求应满足各系统正常运行时最高负荷等级需求。

住宅建筑（小区）弱电间应根据设备的数量、系统出线的数量、设备安装、维修等因素考虑弱电间所需的面积。多层住宅建筑智能化系统设备宜集中设置在一层或地下一层弱电间或电信间，多层住宅建筑弱电竖井在利用通道作为检修面积时，竖井的净宽度不宜小于 0.35m。住宅建筑电信间的使用面积不宜小于 $5m^2$。

4.6 村镇住宅公共安全

随着我国村镇住宅建筑（小区）的高档化、高层化，住宅公共安全受到了人们越来越多的关注。住宅建筑公共安全系统的设计包括：火灾自动报警系统、安全技术防范系统、应急联动系统。

4.6.1 火灾自动报警系统

住宅建筑火灾自动报警系统的设计应符合现行国家标准《火灾自动报警系统设计规范》GB 50116、《高层民用建筑设计防火规范》GB 50045、《建筑设计防火规范》GB 50016、《民用建筑电气设计规规范》JGJ 16 的有关规定。

住宅建筑火灾疏散照明、疏散指示标志，可采用蓄电池作备用电源。疏散照明、疏散指示标志宜采用不同回路供电。住宅建筑楼梯间疏散照明采用蓄电池作备用电源时，疏散照明可采用跨楼层竖向供电，每个回路的光源数不宜超过 25 个。

当普通住宅的消防电梯兼作客梯且两类电梯共用前室时，可由一组消防双电源供电。末端双电源自动切换配电箱，应设置在消防电梯机房，由配电箱至相应设备应采用放射式供电。

4.6.2 安全技术防范系统

村镇住宅建筑（小区）的安全技术防范系统包括周界安防系统、公共区域安防系统、家庭安防系统及监控中心。

村镇住宅建筑（小区）安全技术防范系统的配置标准宜符合表 4－7 的规定。

住宅建筑（小区）安全技术防范系统配置标准[36]　　表 4－7

系统名称	安防设施	住宅配置标准	别墅配置标准
周界安防系统	电子周界防护系统	宜设置	应设置
公共区域安防系统	电子巡查系统	应设置	应设置
	视频安防监控系统	可选项	
	停车库（场）管理系统		
家庭安防系统	访客对讲系统	应设置	应设置
	紧急求救报警装置		
	入侵报警系统	可选项	
监控中心	安全管理系统	各子系统宜联动设置	各子系统应联动设置
	可靠通信工具	必须设置	必须设置

周界安防系统应预留与小区安全管理系统的联网接口。

住宅小区宜采用离线式电子巡查系统，别墅区宜采用在线式电子巡查系统，离线式电子巡查系统的信息识读器安装高度宜为 1.3～1.5m，安装方式应考虑防破坏或选用防破坏型产品。在线式电子巡查系统的管线宜采用暗敷。

视频安防监控系统宜在住宅小区的主要出入口、主要通道、电梯轿厢、周界及重要部位安装监控摄像机，室外摄像机的造型及安装应采取防水、防晒、防雷等措施，视频安防监控系统应与监控中心计算机联网。

有车辆进出控制及收费管理要求的停车库（场）宜设置停车库（场）管理系统。

家庭安全防范系统设计应符合下列规定：

(1) 访客对讲系统：对讲主机宜安装在单元入口处防护门上或墙体内，安装高度宜为1.3～1.5m；室内分机宜安装在过厅或起居室内，安装高度宜为1.3～1.5m。访客对讲系统应与监控中心主机联网。

(2) 紧急求助报警装置应符合下列规定：宜在起居室、主卧室或书房不少于一处安装紧急求助报警装置；紧急求助信号应同时报至监控中心；紧急求助信号的响应时间应满足规范要求。

(3) 入侵报警系统应符合下列规定：宜在住户室内、户门、阳台及外窗等处选择性地安装入侵报警探测装置；入侵报警系统应预留与小区安全管理系统的联网接口。

监控中心设计宜符合下列规定：住宅小区安防监控中心应具有自身的安防设施；监控中心应对小区内的周界安防系统、公共区域安防系统、家庭安防系统等进行监控和管理；监控中心应配置可靠的有线或无线通信工具，并留有与接警中心联网的接口；监控中心可与住宅小区管理中心合用，使用面积应根据系统的规模由工程设计人员确定，但不应小于20m^2。

村镇住宅建筑安全技术防范系统的设计，除应符合上述规定外，尚应符合现行国家标准《安全防范工程技术规范》GB 50348、《入侵报警系统工程设计规范》GB 50394、《视频安防监控系统工程设计规范》GB 50395、《出入口控制系统工程设计规范》GB 50396、《民用建筑电气设计规范》JGJ 16等的有关规定。

4.6.3 应急联动系统

居住人口超过5000人的住宅建筑（小区）宜设应急联动系统。应急联动系统宜以火灾自动报警系统、安全技术防范系统为基础[37]。

村镇住宅建筑应急联动系统应满足现行国家标准《智能建筑设计标准》GB 50314的相关规定。

4.7 典型村镇住宅电气系统示范设计案例

4.7.1 典型村镇住宅电气系统设计

1. 配电及照明系统

(1) 农宅电源引入采用低压380/220V架空线引入，如条件好可采用埋地引入。

(2) 接入农宅的公共低压配电系统采用TN-S接地系统。

(3) 每户农宅均设计量表，分散住户可设单户电表箱，成片农宅可根据现场情况设置集中电表箱，6～9户以下为宜。

(4) 户内照明卧室及厅房设荧光灯，厨房设防潮灯，室外灯具设防水防尘灯。

(5) 卫生间浴霸由专用回路供电，浴霸与开关之间预留 SC20 钢管。

2. 电话电视系统

(1) 每户农宅在卧室、书房及起居室各设一个电话插座，在卧室，书房预留一个网络插座。

(2) 每户农宅在主卧室及起居室各设一个电视插座。

3. 防雷及接地

(1) 防雷：处于山区及半山坡的农宅设计按三类防雷建筑物进行设防。

(2) 接地：基础地梁内的水平钢筋应可靠连接为一个整体并与主内钢筋焊通。

(3) 该工程采用总等电位联结，总等电位板由紫铜板制成，应将建筑物内保护干线、设备进线总管、建筑物金属构件进行联结，总等电位联结线采用 BV-1X25mm^2 PC32，总等电位联结均采用各种型号的等电位卡子，不允许在金属管道上焊接。有洗浴设备的卫生间、淋浴间采用局部等电位联结，从适当的地方引出两根大于 $\Phi16$ 结构钢筋至局部等电位箱 LEB，局部等电位箱暗装，底距地 0.3m。将卫生间内所有金属管道、构件联结，卫生间内插座 PE 线应与局部等电位箱联结[38]。具体做法参考国家建筑标准设计图集《等电位联结安装》02D501-2。

(4) 弱电信号引入端设过电压保护装置。

4. 其他

(1) 照明回路导线规格及敷设方式见相应配电箱系统图，所有的插座回路均为 3 根线。平面图照明灯具连线根数与管径对应关系为：2～3 根穿 SC15 管，4～5 根穿 SC20 管。

(2) 有线电视同轴电缆 SYWV-75-5 穿管管径选择：1 根穿 SC15 管；电话电缆 RVS-2X0.5 穿管管径选择：1～2 根穿 SC15 管。

(3) 线路及导线敷设方式的文字符号：WC——暗敷在墙内；CC——暗敷在顶板内；FC——地面下敷设。

(4) 灯具安装方式的文字符号：S——吸顶式；W——壁装式。

4.7.2 北京地区村镇典型住宅电气系统设计

1. 设计概况

该工程为北京地区新农村建设中的一种典型的二层建筑，建筑高度为 6.8m。设计包括住宅强电和弱电设计两部分。强电部分的设计内容主要包括：变配电系统、电力和照明系统、防雷接地系统等；弱电部分的设计内容主要包括：电话、电视、消防和楼宇自控等内容。

2. 北京地区典型村镇住宅电气系统设计图①

相关设计图如图 4-1～图 4-8 所示。

---

① 设计图由中广国际建筑设计研究院提供。

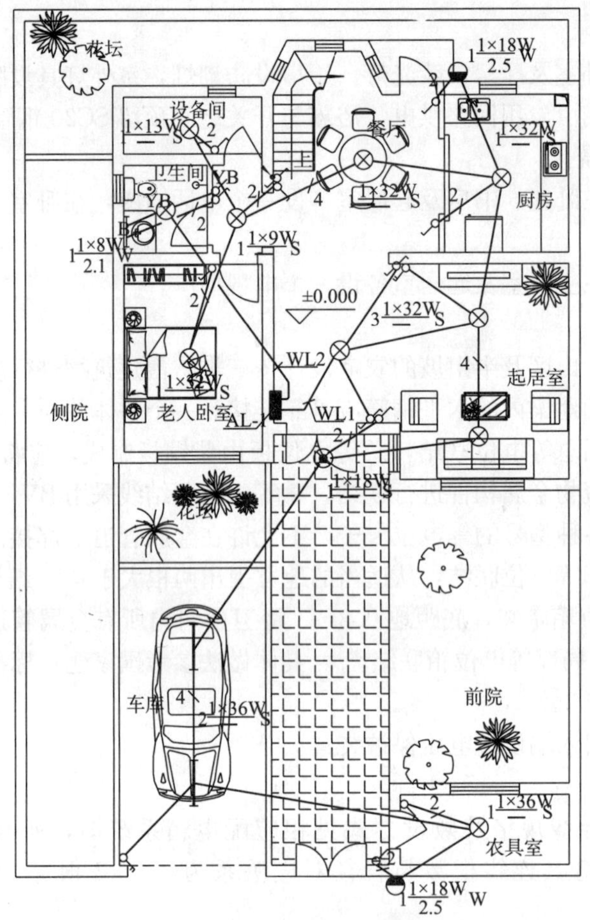

图 4-1　一层照明平面图

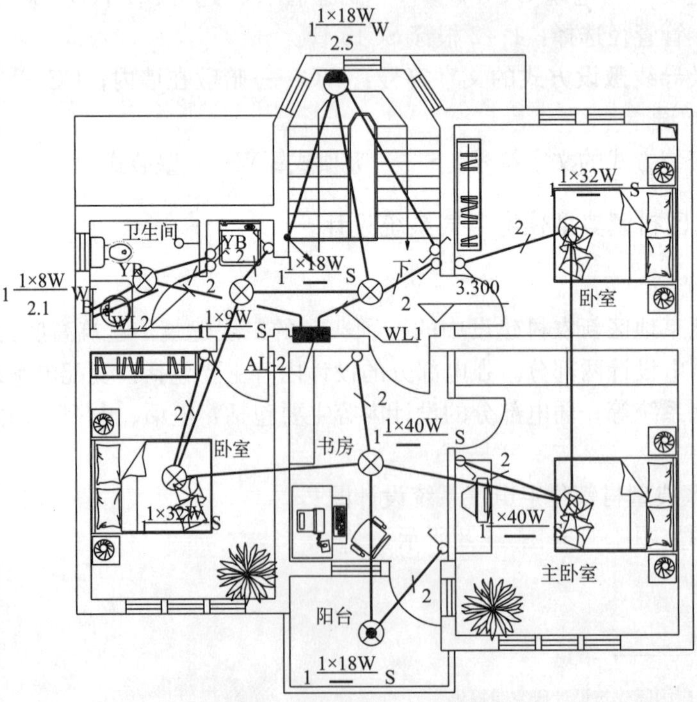

图 4-2　二层照明平面图

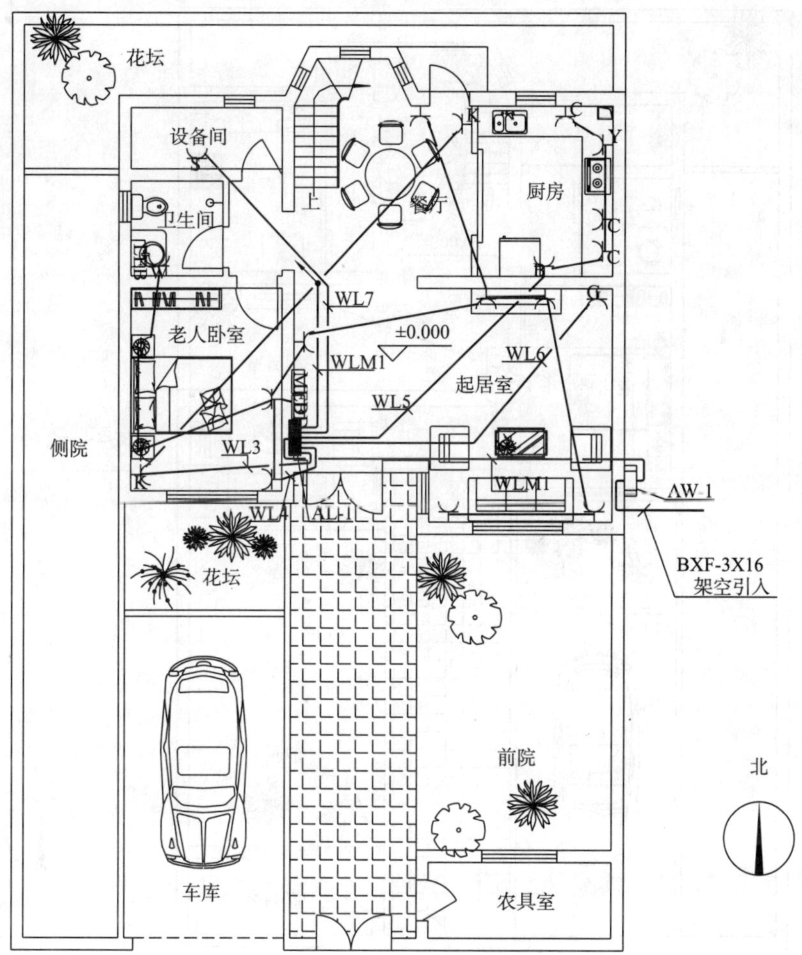

图 4－3　一层强电平面图

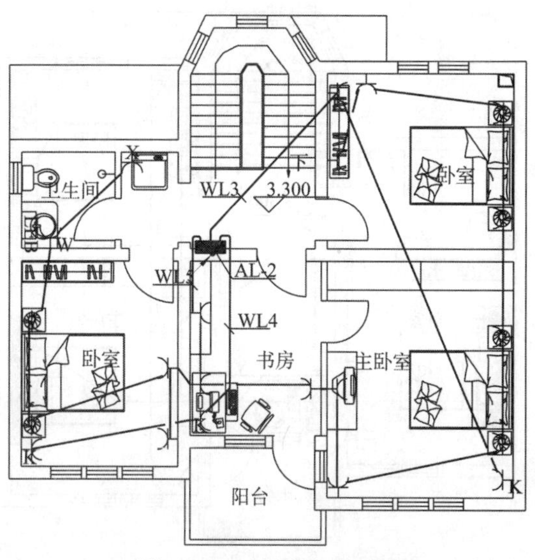

图 4－4　二层强电平面图

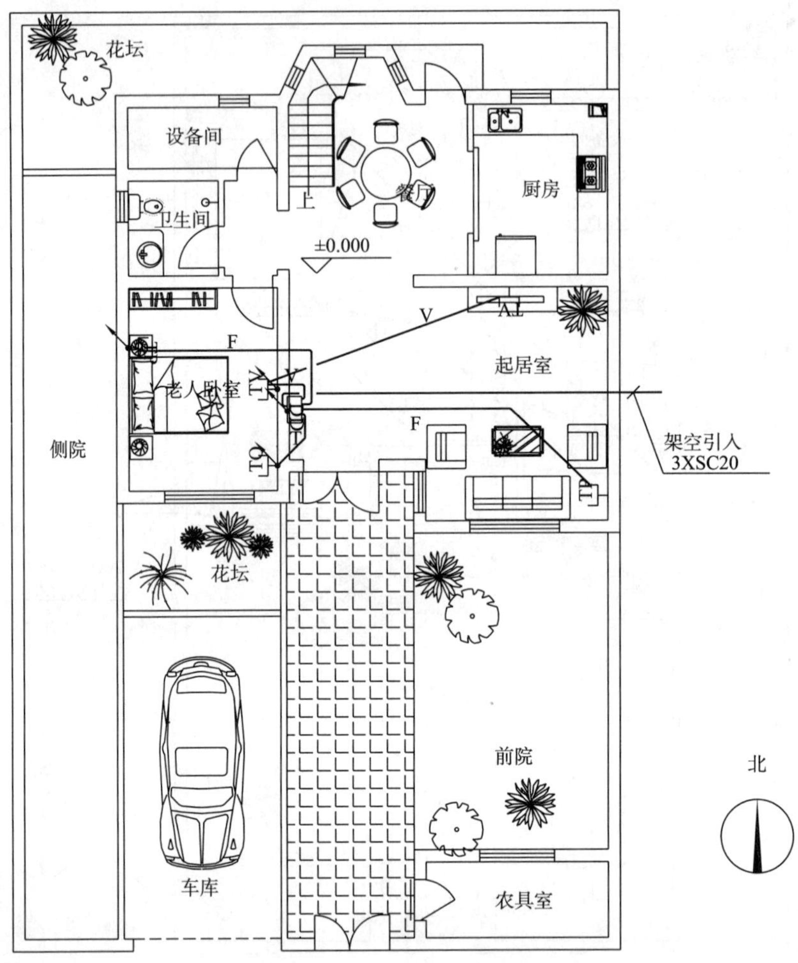

图 4-5　一层弱电平面图

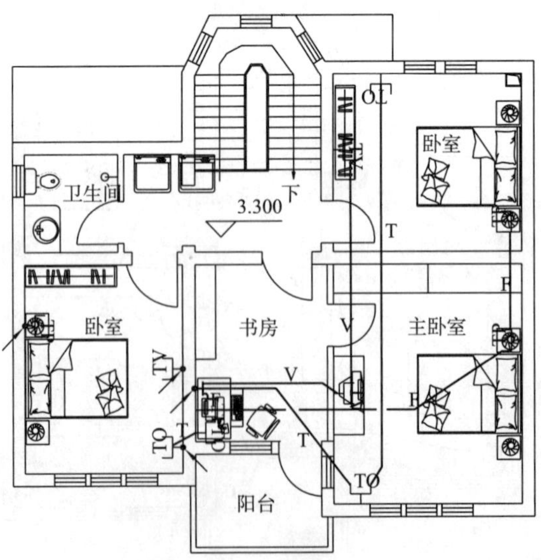

图 4-6　二层弱电平面图

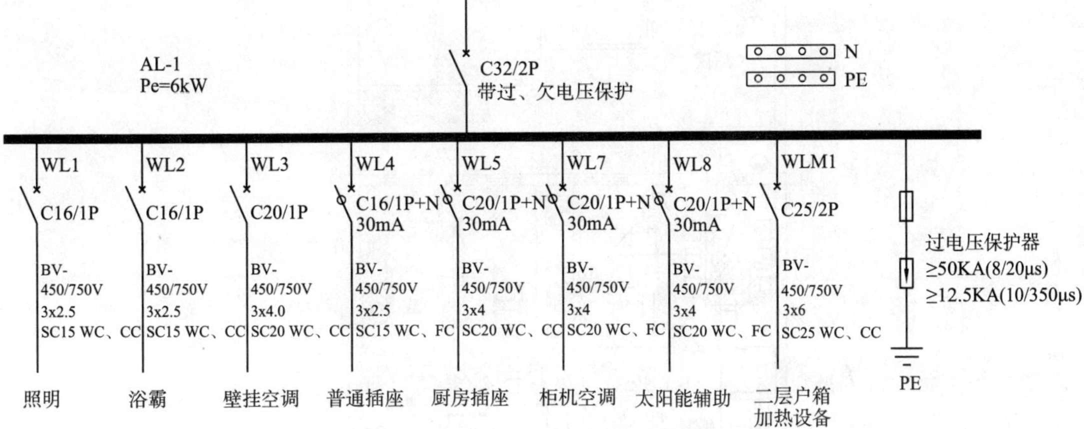

图 4-7　一层户箱系统图（非标）

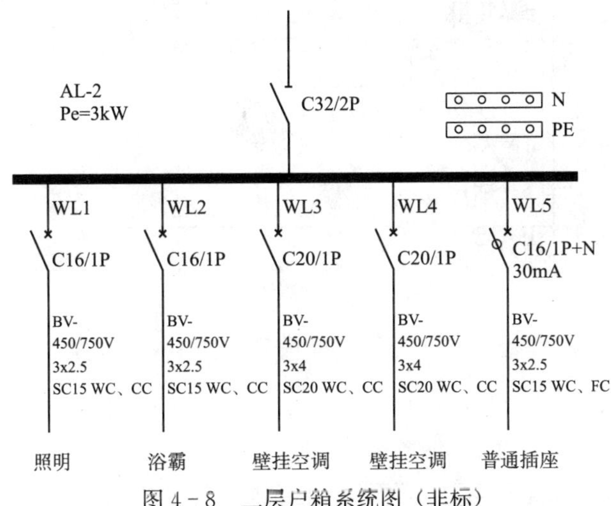

图 4-8　二层户箱系统图（非标）

4.7.3　西安地区典型村镇住宅电气系统设计

1. 设计概况

该工程为西安地区新农村建设中的一种典型的二层建筑，建筑高度为 6.8m。设计包括住宅强电和弱电设计两部分。强电部分的设计内容主要包括：变配电系统、电力和照明系统、防雷接地系统等；弱电部分的设计内容主要包括：电话、电视、消防和楼宇自控等内容。

2. 西安地区典型村镇住宅电气系统设计图①

相关设计图如图 4-9～图 4-16 所示。

① 设计图由中广国际建筑设计研究院提供。

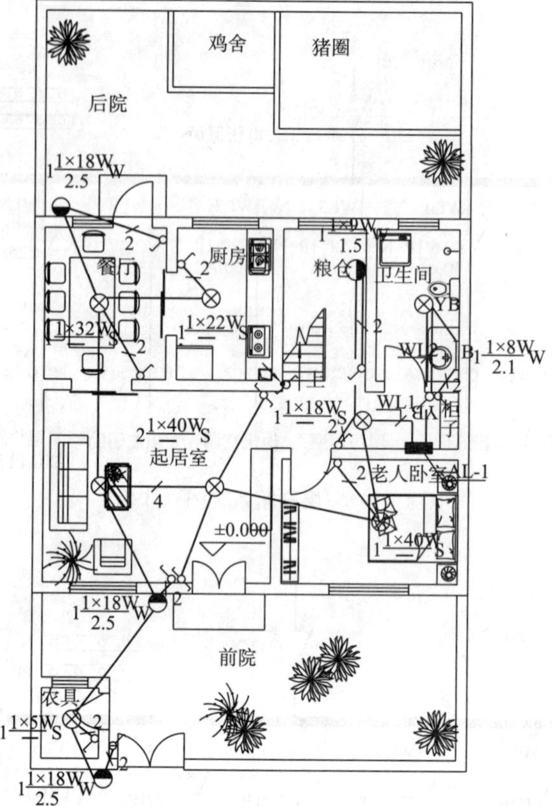

图 4－9　一层照明平面图

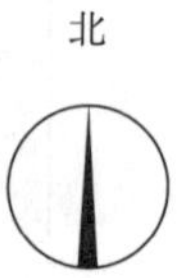

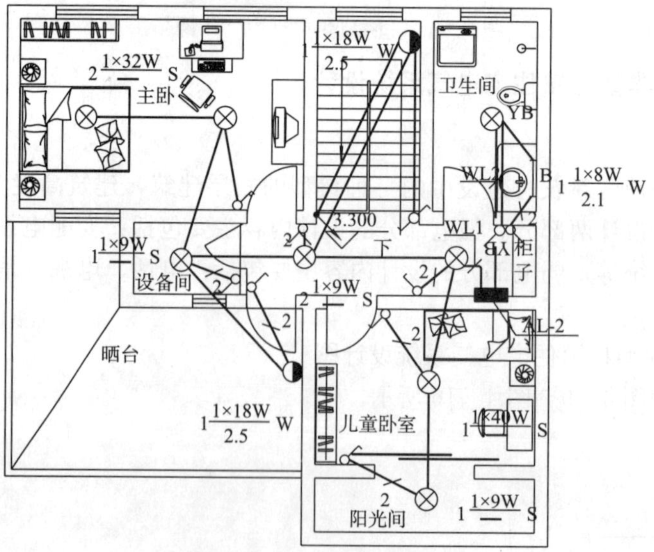

图 4－10　二层照明平面图

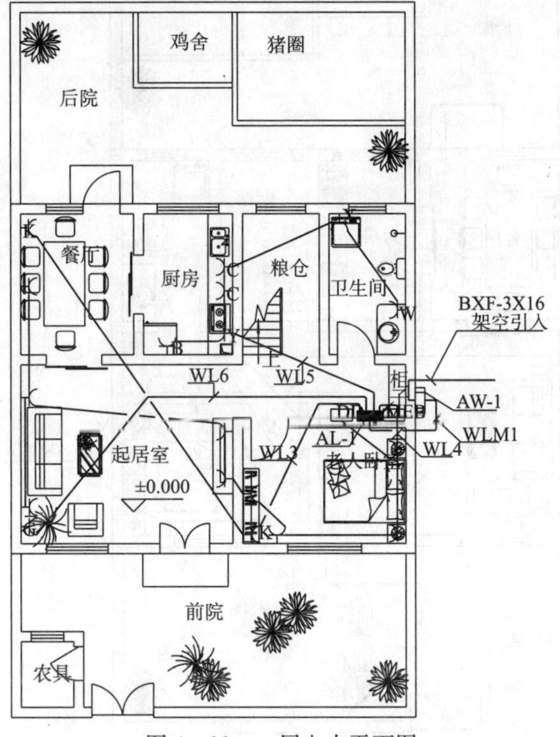

图 4－11　一层电力平面图

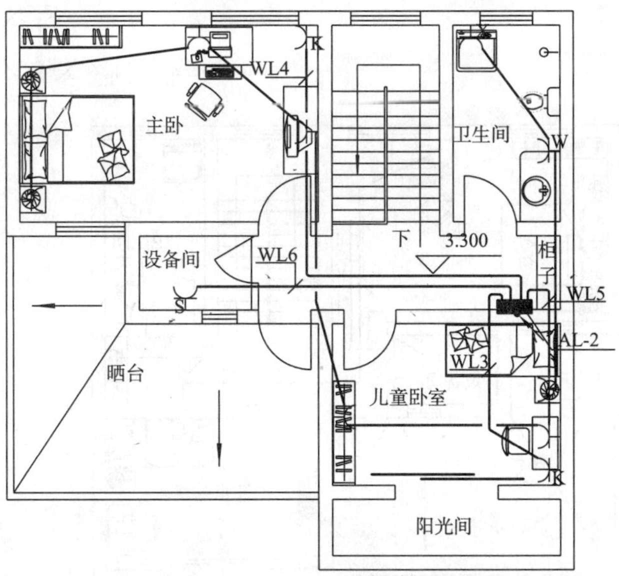

图 4－12　二层电力平面图

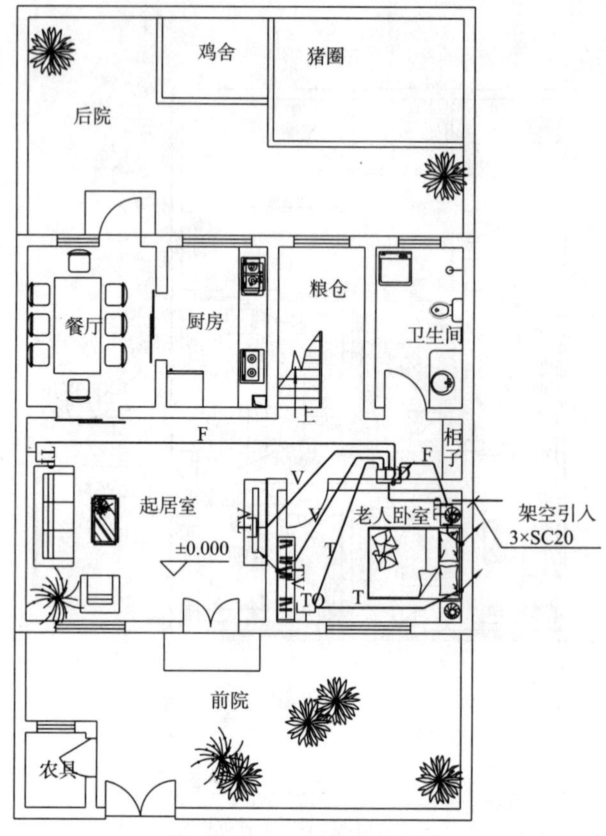

图 4－13　一层弱电平面图

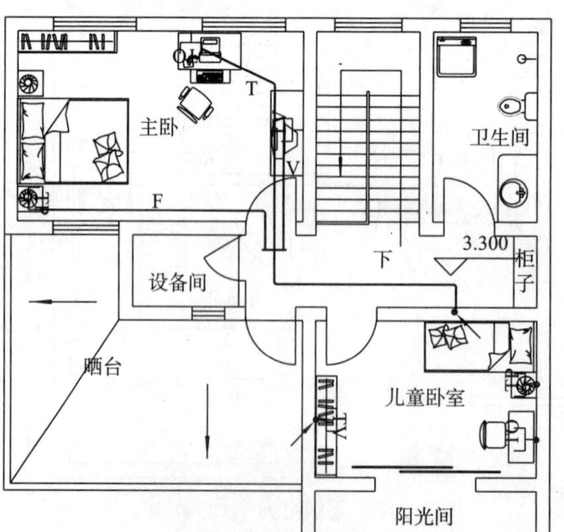

图 4－14　二层弱电平面图

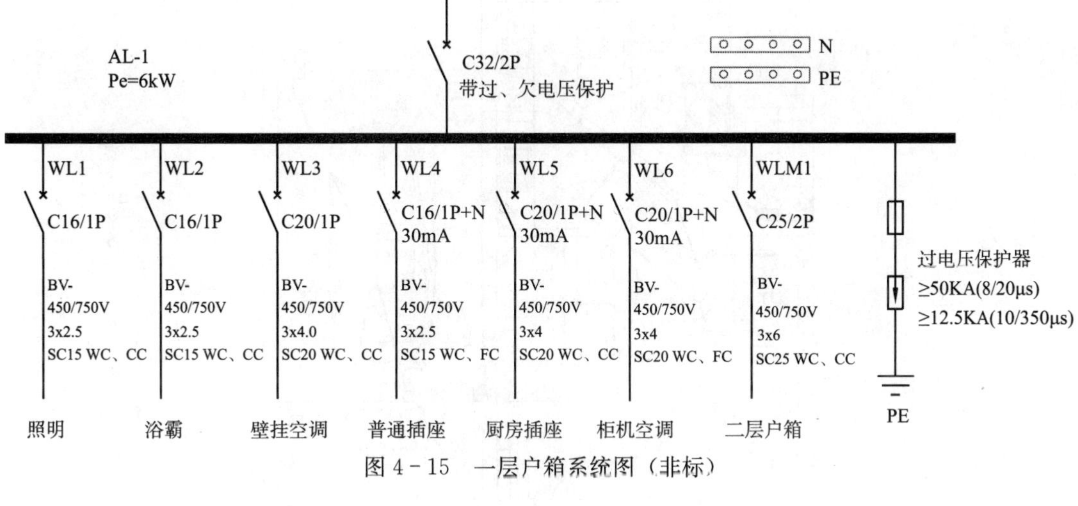

图 4-15　一层户箱系统图（非标）

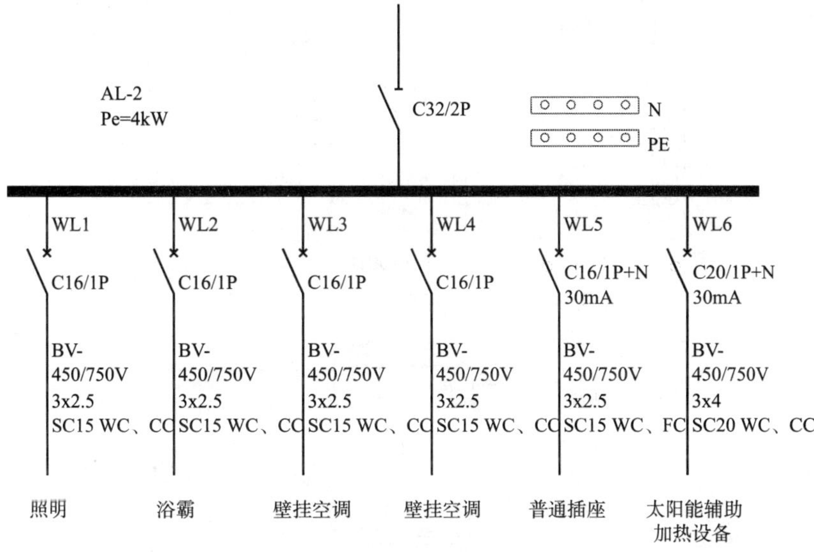

图 4-16　二层户箱系统图（非标）

4.7.4　上海地区典型村镇住宅电气系统设计

1. 设计概况

该工程为上海地区新农村建设中的一种典型的二层建筑，建筑高度为 6.8m。设计包括住宅强电和弱电设计两部分。强电部分的设计内容主要包括：变配电系统、电力和照明系统、防雷接地系统等；弱电部分的设计内容主要包括：电话、电视、消防和楼宇自控等内容。

2. 上海地区典型村镇住宅电气系统设计图①

相关设计图如图 4-17～图 4-24 所示。

① 设计图由中广国际建筑设计研究院提供。

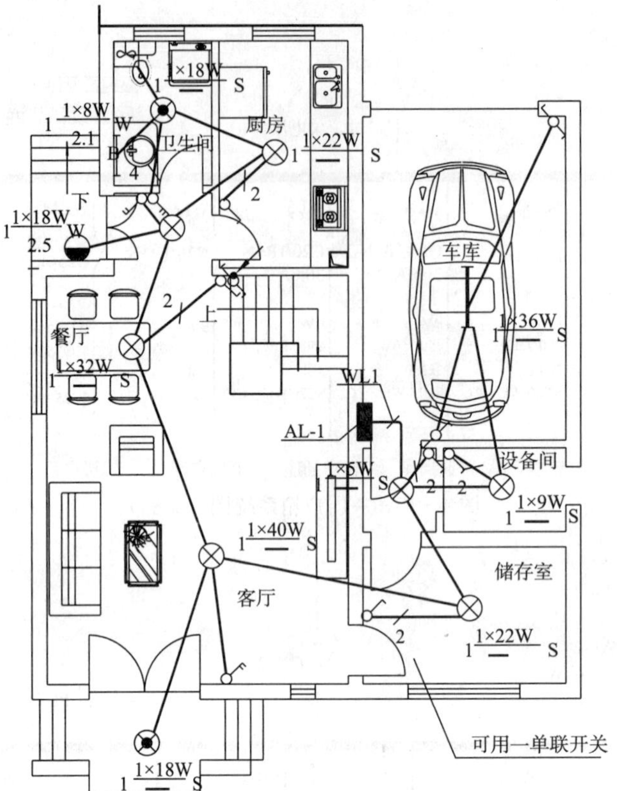

图 4-17 一层照明平面图

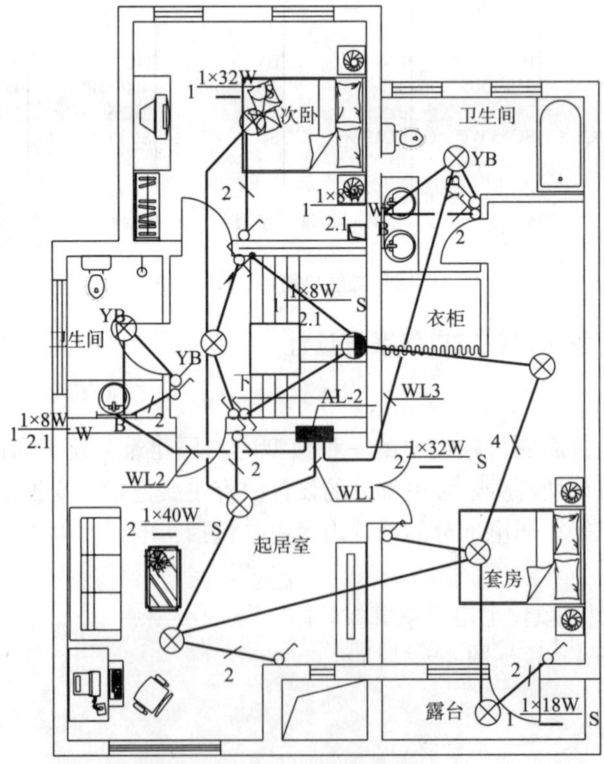

图 4-18 二层照明平面图

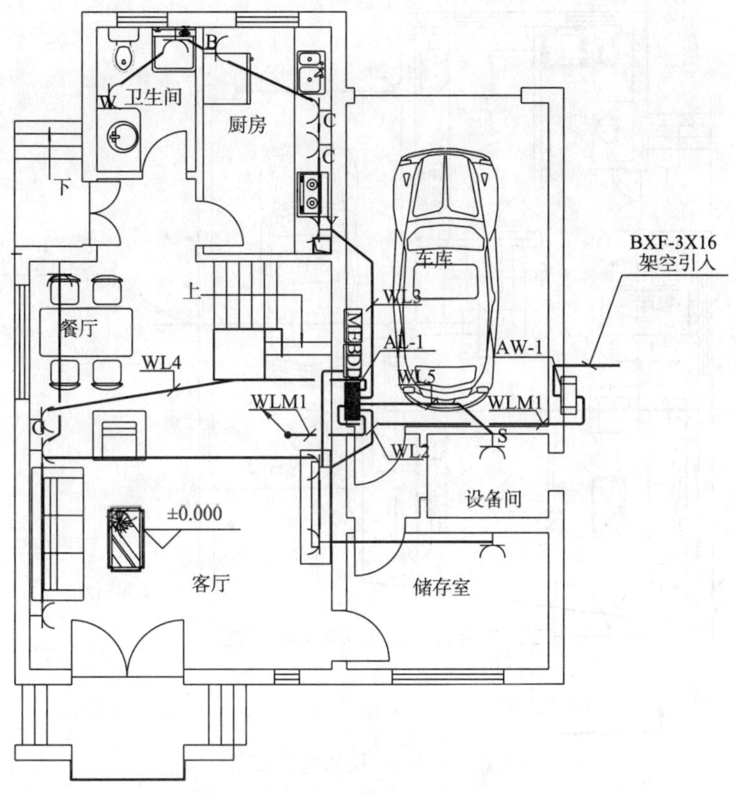

图 4-19 一层电力平面图

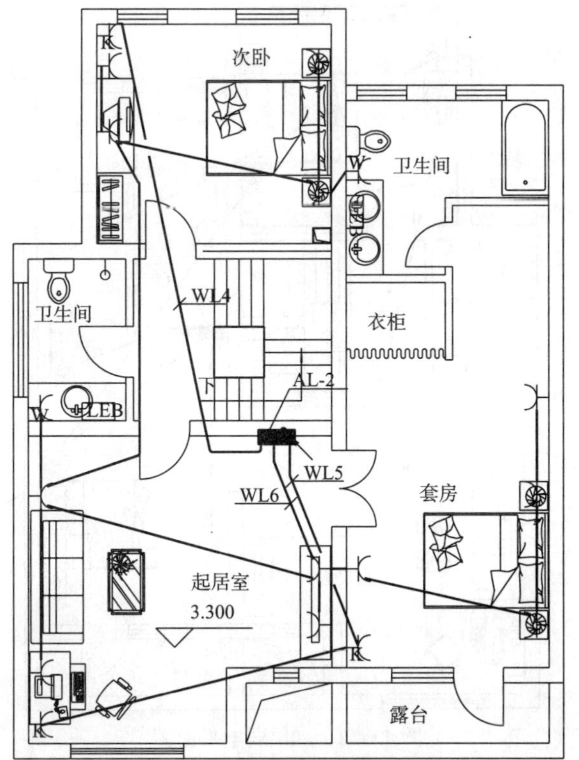

图 4-20 二层电力平面图

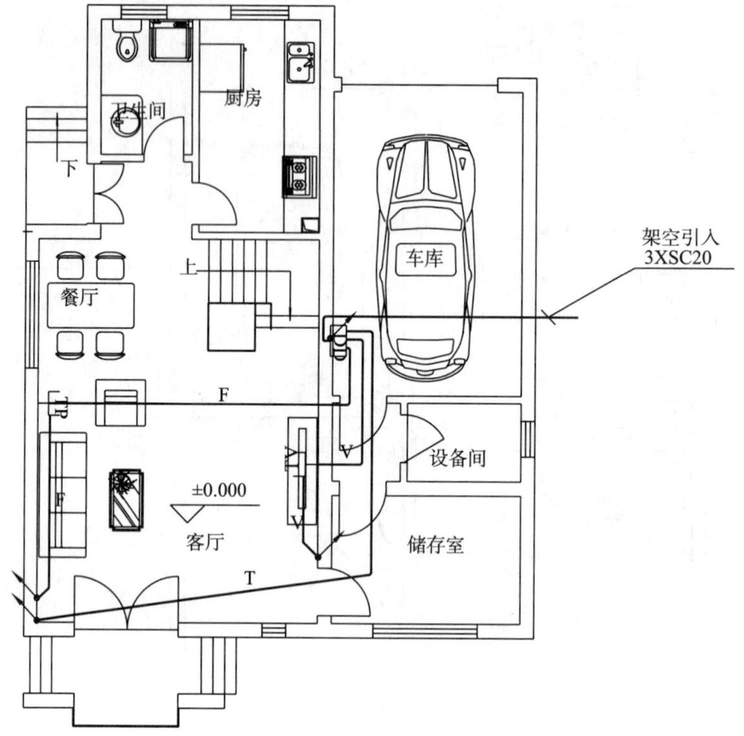

图 4－21　一层弱电平面图

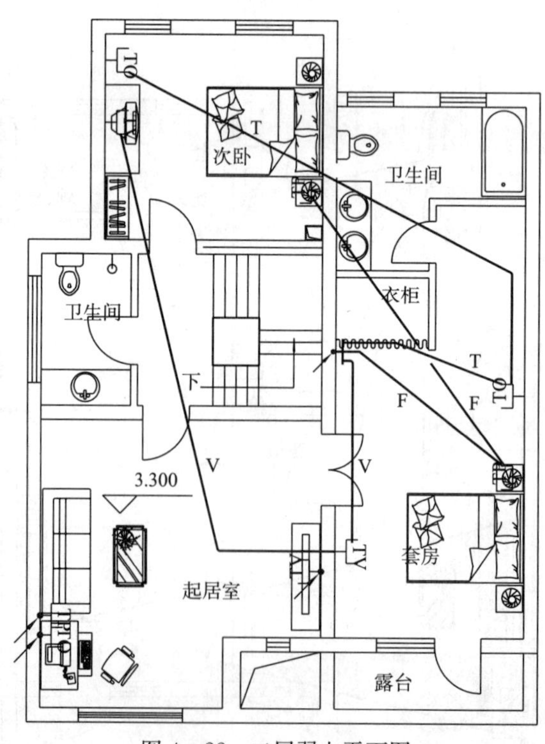

图 4－22　二层弱电平面图

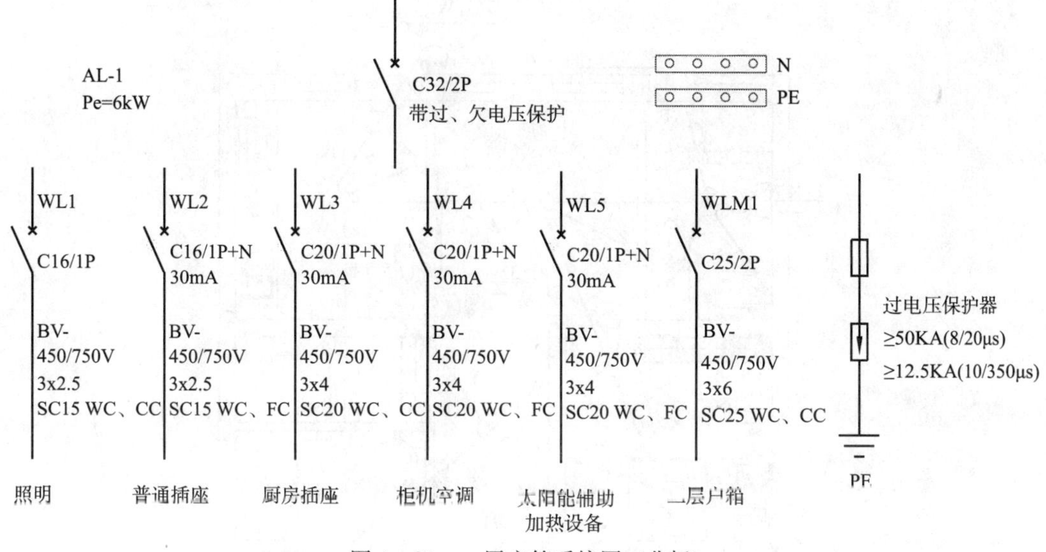

图 4-23　一层户箱系统图（非标）

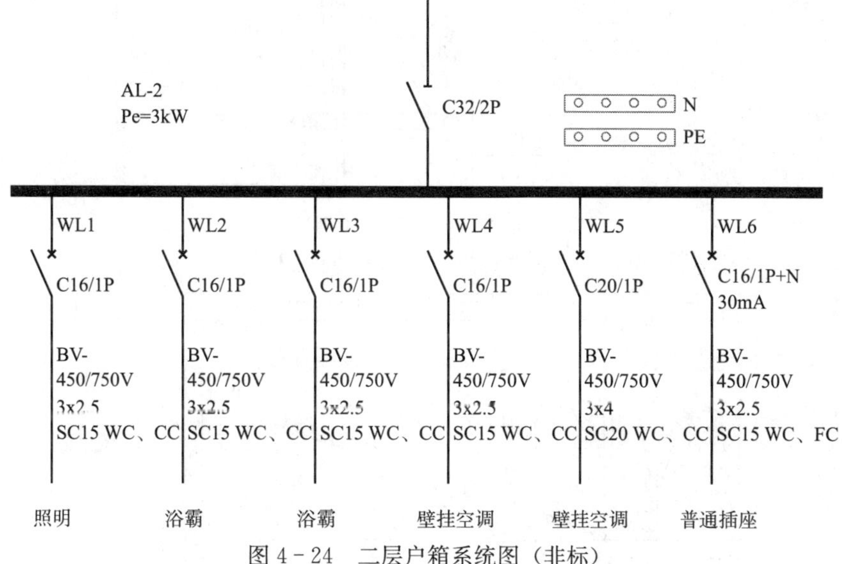

图 4-24　二层户箱系统图（非标）

4.7.5　长春典型村镇住宅电气系统设计

1. 设计概况

该工程为长春地区新农村建设中的一种典型的二层建筑，建筑高度为 6.8m。设计包括住宅强电和弱电设计两部分。强电部分的设计内容主要包括：变配电系统、电力和照明系统、防雷接地系统等；弱电部分的设计内容主要包括：电话、电视、消防和楼宇自控等内容。

2. 长春地区典型村镇住宅电气系统设计图①

相关设计图如图 4-25～图 4-32 所示。

① 设计图由中广国际建筑设计研究院提供。

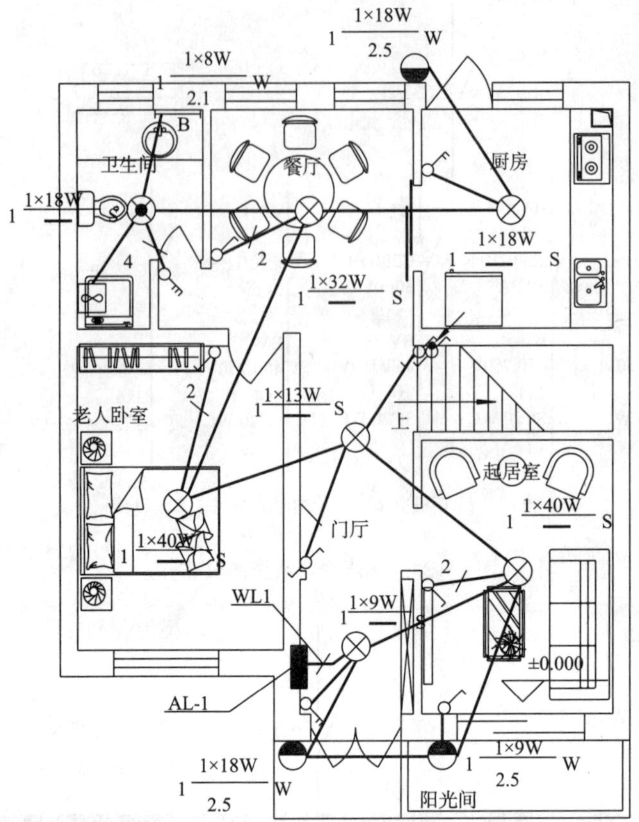

图 4－25　一层照明平面图

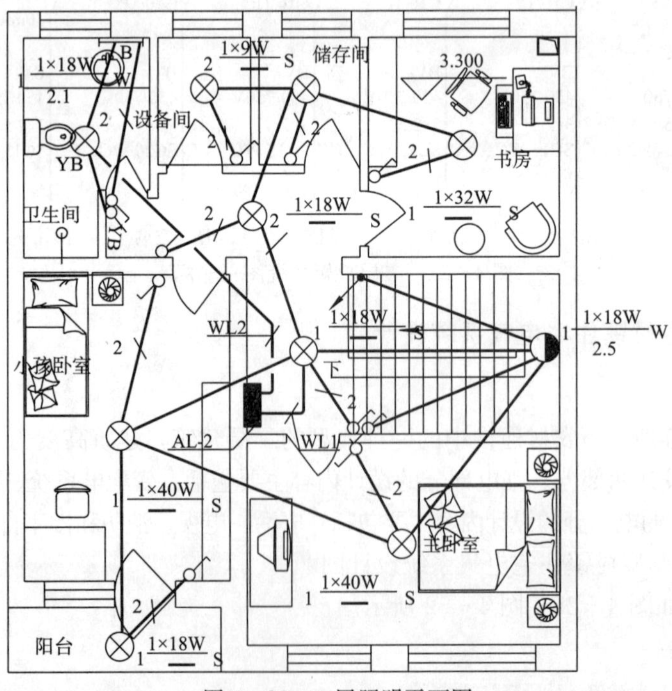

图 4－26　二层照明平面图

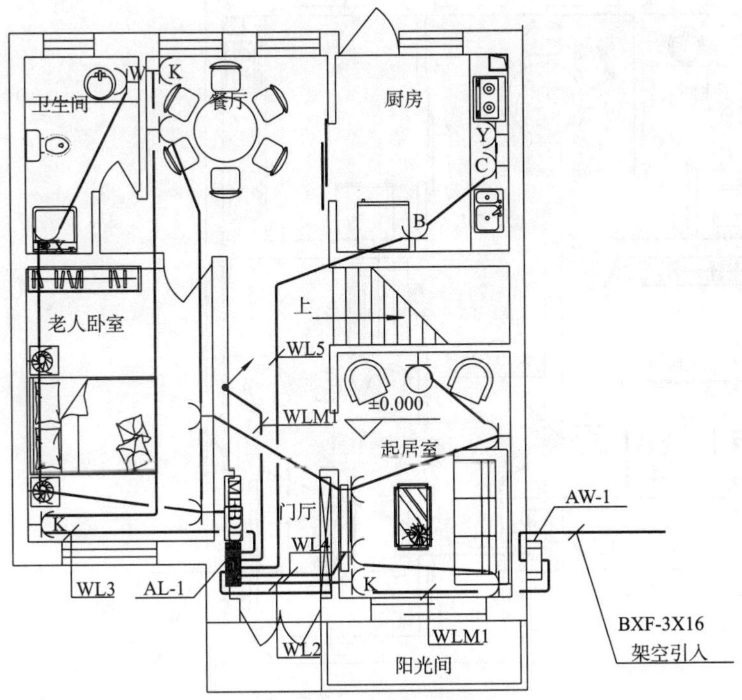

图 4 - 27　一层电力平面图

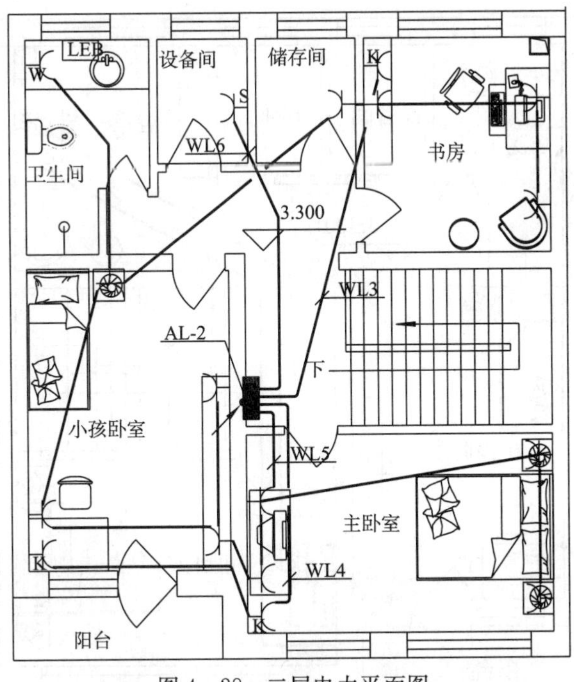

图 4 - 28　二层电力平面图

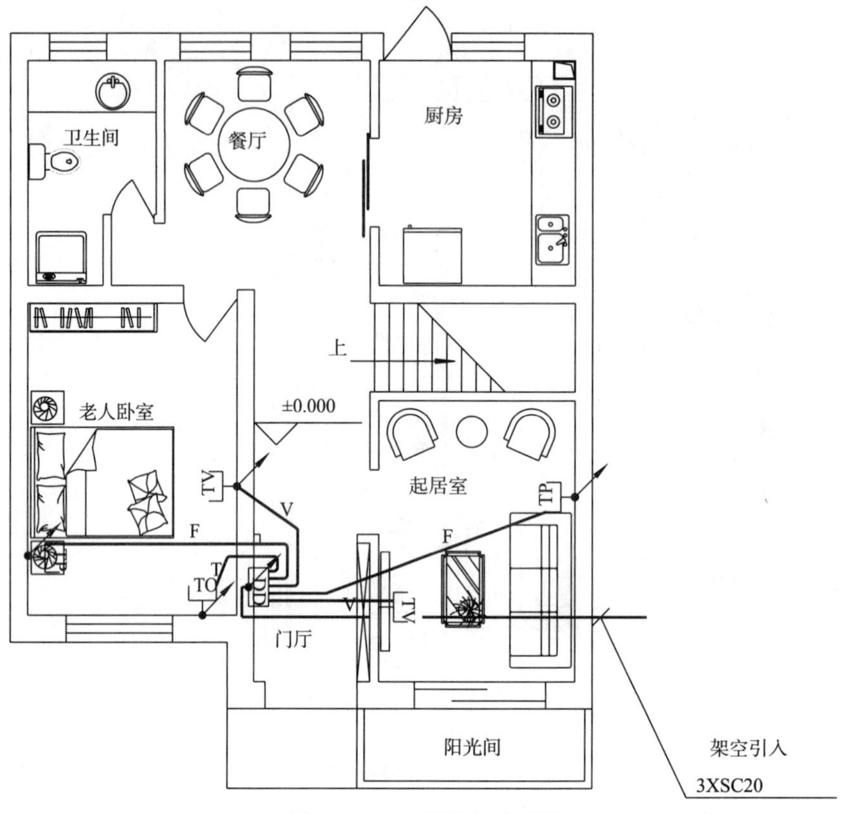

图 4－29　一层弱电平面图

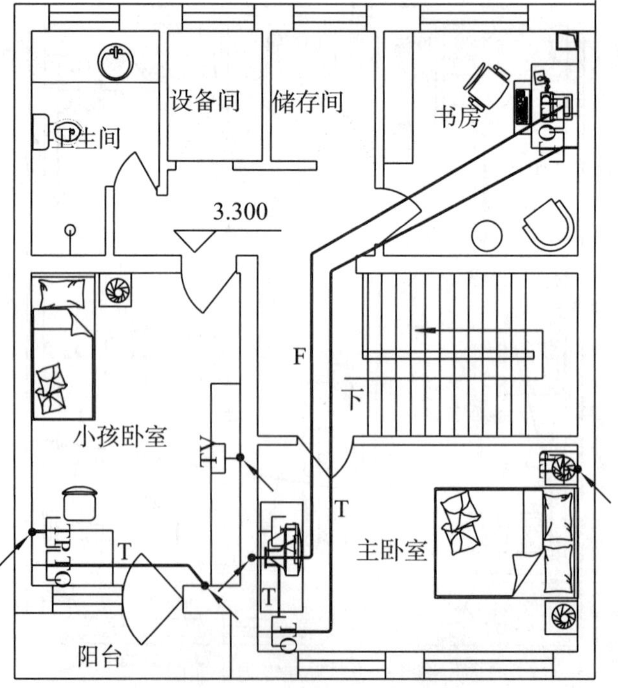

图 4－30　二层弱电平面图

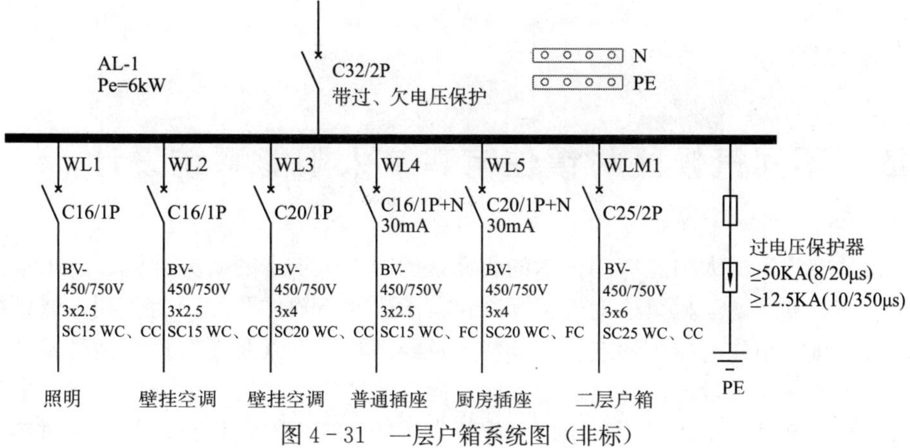

图 4-31 一层户箱系统图（非标）

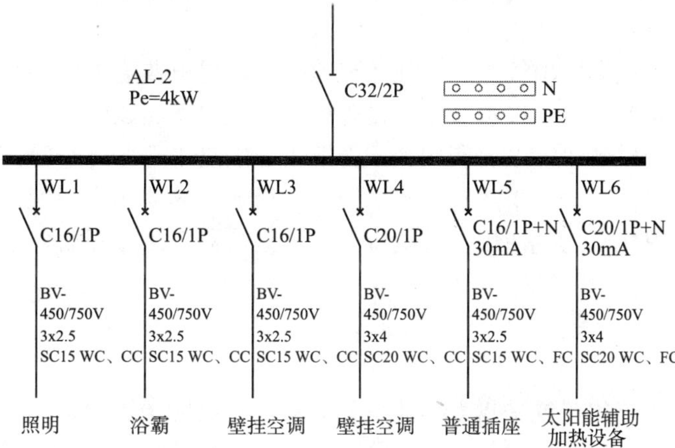

图 4-32 二层户箱系统图（非标）

第 5 章　不同气候区村镇住宅建筑太阳能系统设计

对村镇住宅建筑的太阳能应用技术的研究是国内外多年来的研究课题。以国家“十一五”科技支撑计划课题“村镇住宅设备标准化技术研究与软件开发”为依托，课题组重点研究了结合我国村镇住宅建筑形式、气候特点及经济状况，以及具有代表性气候区的村镇住宅太阳能模块化应用设计，探讨适合我国不同气候区住宅建筑的太阳能热水及采暖系统设计模式。在此基础上，研发了村镇住宅建筑太阳能系统标准化设计软件，并对典型村镇住宅进行了示范设计，为改善村镇居民的生活水平、提高农村地区住宅设备设计水平提供理论依据与技术支撑。

如第 1 章所述，鉴于中国气候区、住宅建筑特点，村镇住宅太阳能利用与建筑物本身构造外观、太阳能设备类型、设备布置方式等因素有关。不同建筑物与太阳能设备的结合方式有所差异。对于村镇住宅主要利用太阳能解决卫生热水、冬季采暖问题。下面结合应用较为普及的全玻璃真空管式集热器热水系统及平板式集热器热水系统进行论述。对于单户式、独立用户村镇住宅建筑使用全玻璃真空管式集热器自然循环居多。

5.1　村镇单户式太阳能设备布置形式

单户式太阳能系统的布置是指太阳能设备如集热器放置于阳台、南立面、坡屋面等地方，通过工质的被动循环，将集热单元吸收太阳光而得到的热量传输到贮水箱，从而得到热水（热量）的系统。主要包含部件有：集热器、贮水箱、控制系统、管道系统等。分体式太阳能热水器是一种可直接进入建筑中各住户的新型产品，其集热器直接悬挂在南墙或南向阳台的外侧，贮水箱与集热器分离，置于室内或自家阳台顶部，用铝塑管将两者连接，并将贮水箱中的热水引入室内。由于分体式热水器暴露在外面的只有集热板或集热管，这样，集热器就有可能与建筑结合设计，将其放在坡屋面上、墙面上、阳台上，或作为雨罩、遮阳板等放在建筑适当的部位，如同建筑的其他构件一样，与建筑整合设计，从而达到与建筑整体的完美结合。

单户式太阳能系统对于独栋建筑使用，管理与维护方便，不影响其他用户的使用。单户式建筑对热水器形式的选择，从专业角度及建筑整体考虑，由于直插式热水器有个不可分离的水箱，使得热水器放在建筑的任何部位都会影响甚至破坏建筑的整体形象，因此这种形式的热水器很难做到与建筑一体化设计。现实的安装状况也说明了这一点，常规的直插式太阳能热水器大多安装在屋顶上，在平屋顶上零散或满铺安装，在坡屋顶上装这种热水器，由于有水箱直插，集热管（或集热板）不能顺坡屋面安放，还需附加构件，有的甚至安装在屋脊上，不仅对抗风不利，还大大影响了建筑的外观。

运行原理：集热器、换热器和循环管路中的泵构成温差循环管路。当集热器与贮水箱的温度差达到控制系统设定值时，泵启动，抽动管路中的工作介质流动，工作介质通过换热器将热量输入到贮水箱，当集热器与贮水箱的温度到达设定值时泵停止；如此往复，将贮水箱内的水加热（见图 5－1）。电加热构成辅助热源部分，用于太阳能不足或对水温要求较高时的热量补充。贮水箱、泵和室内管道部分组成室内管道定温循环系统（此项可根据用户需求定制），当室内管道温度降到控制系统设定的最低温度时，泵自动启动；将管道中的冷水打到贮水箱，贮水箱中的热水进入管道，实现即开即热。

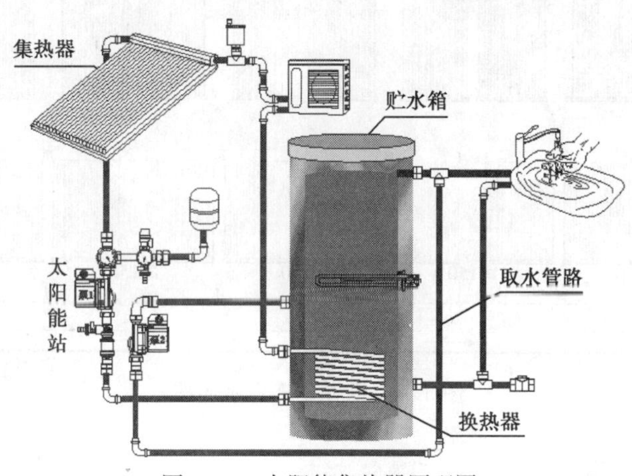

图 5－1　太阳能集热器原理图

5.1.1　坡屋面顺坡式

1. 集热器布置说明

（1）分体式太阳能集热器顺坡安装在坡屋面上的布置示例如图 5－2 所示，太阳能集热器的安装坡度与屋面坡度相同。分体式水箱放置在建筑物的阁楼或者距离集热器较近位置。

图 5－2　太阳能应用实例

（2）图 5－3 中所注 A 为集热器宽度，B 为集热器长度，不同企业生产的集热器系统参数有所区别。

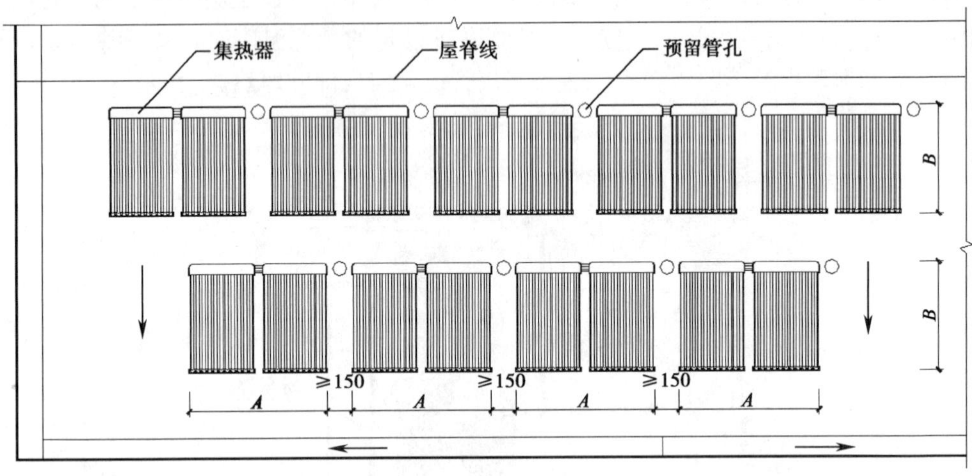

图 5－3　集热器布置平面图

2. 集热器安装说明

（1）图 5－4 所示屋面结构为钢筋混凝土屋面板，预埋件的定位尺寸按所选太阳能集热器的产品规格确定。图中所注 LA 为预埋件间的横向间距，LB 为预埋件间的纵向间距，LC 为相邻两台集热器预埋件间的横向间距，施工时要确保预埋件的定位准确无误。所有预埋件及固定件均应按规范所确定的使用年限做好防腐处理。

（2）若屋面结构为檩条等其他形式，其集热器的固定方法应结合所选产品的规格与厂家共同确定。

（3）预留管孔的直径为 150mm，内埋钢套管，其具体位置根据所选集热器的规格确定，预埋的钢套管应在屋面防水层施工前埋设完毕，并做好防水处理。

（4）集热器安装完毕后，要按照屋面构件防水的相应措施做好屋面防水。

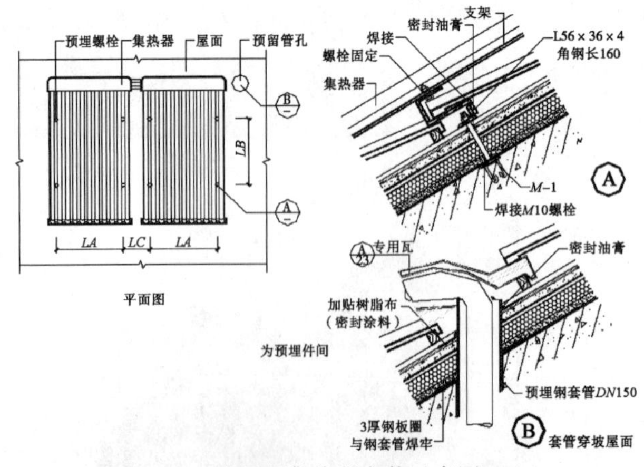

图 5－4　坡屋顶集热器安装示意图（一）

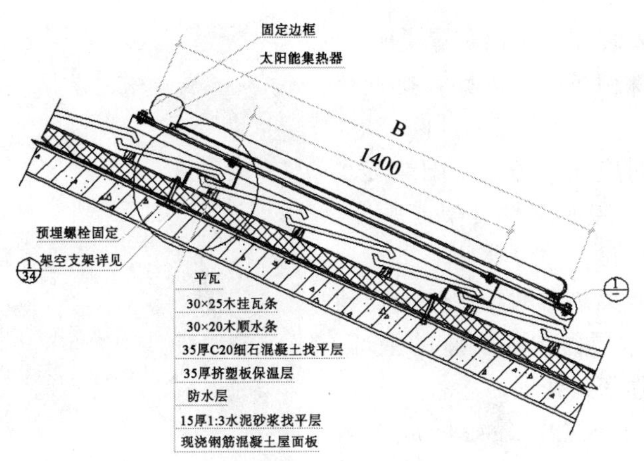

图 5－4　坡屋顶集热器安装示意图（二）

3. 室内管道连接及预留说明

（1）图 5－5 中所注管径均为公称直径。

（2）给水管道宜采用耐温型塑料管或铝塑复合管，热媒管道均为铜管。

（3）水箱放置在阁楼或离集热器较近位置，以便于集热器温差循环，减少因集热循环管道过长而造成的热损失。

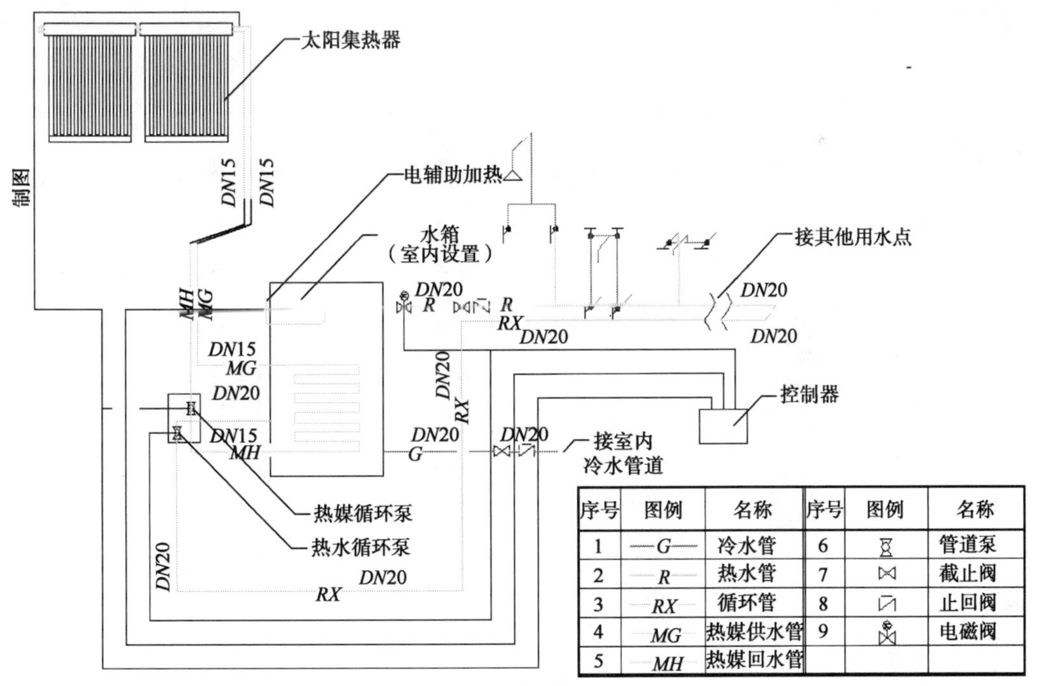

序号	图例	名称	序号	图例	名称
1	—G—	冷水管	6	⌛	管道泵
2	R	热水管	7	⋈	截止阀
3	RX	循环管	8	⊿	止回阀
4	MG	热媒供水管	9	⊗	电磁阀
5	MH	热媒回水管			

图 5－5　太阳能系统原理图

5.1.2　平屋顶式

平屋顶式太阳能集热器使用与安装类似于坡面屋顶太阳能安装与设置情况（见图 5－6），详见上节说明。

太阳能集热器安装在平屋顶布置说明：

（1）不遮挡，保留足够的间距，排列整齐有序。

（2）屋面设计时应充分考虑太阳能热水系统所增加的荷载，屋面应设支架或基座，使之与建筑物锚固牢靠。

（3）固定太阳能集热器的预埋件应与建筑结构层相连，防水层需包到支座的上部，地脚螺栓周围要加强密封处理。

（4）屋面设置上人孔，最好做成上人屋面。

图 5-6　平屋顶式太阳能集热器

（5）管线穿屋面时，应预埋防水套管，做好防水构造处理。

5.1.3　墙面式（横管）

1. 集热器布置说明

图 5-7 所示为太阳能集热器在建筑物南立面外墙上的布置示例，分体式水箱布置在室内靠近集热器位置。在实际工程中，设计者可根据具体情况，结合建筑立面造型设计，太阳能集热器的型号根据实际工程情况确定。

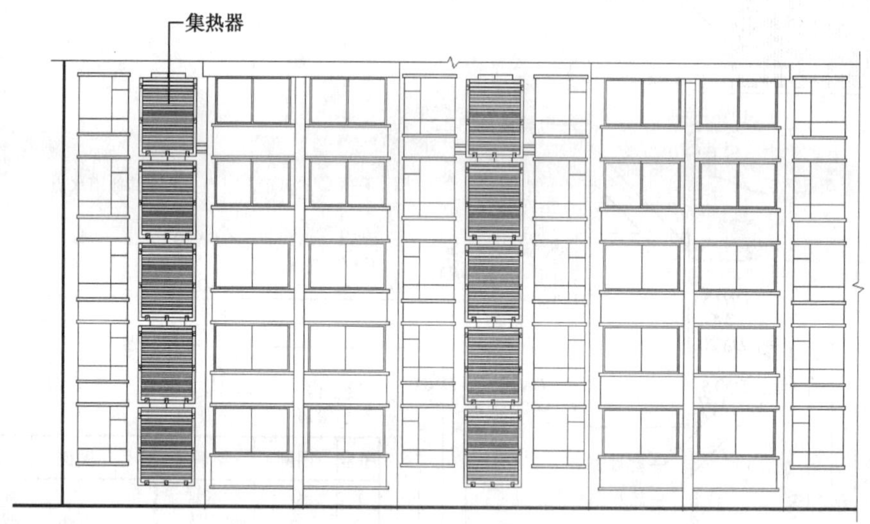

图 5-7　集热器布置平面图

2. 集热器安装说明

（1）图 5-8 中所注 A 为集热器宽度，B 为集热器长度，LA 为预埋件间的横向间距，LB 为预埋件间的纵向间距。施工时要确保预埋件的定位准确无误。所有预埋件及固定件均应按规范所确定的使用年限做好防腐处理。

（2）预留管孔的直径为 150mm，内埋钢套管位置在集热器出水孔下面（参考图 5-8），其具体位置根据所选集热器的规格确定。

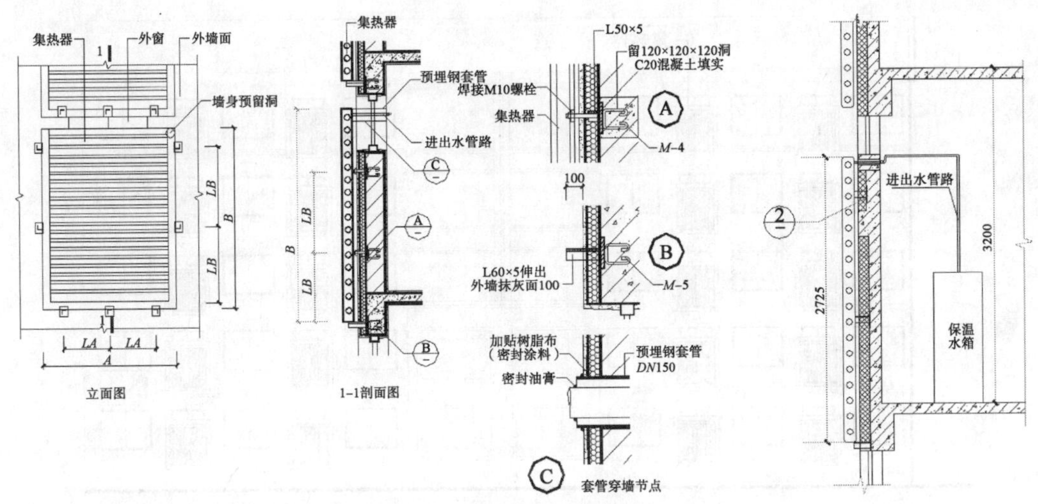

图 5-8 竖立面集热器安装示意图

3. 室内管道连接及预留说明

与坡屋面顺坡式分体系统相同，此处不再进行详细说明（见图 5-9）。

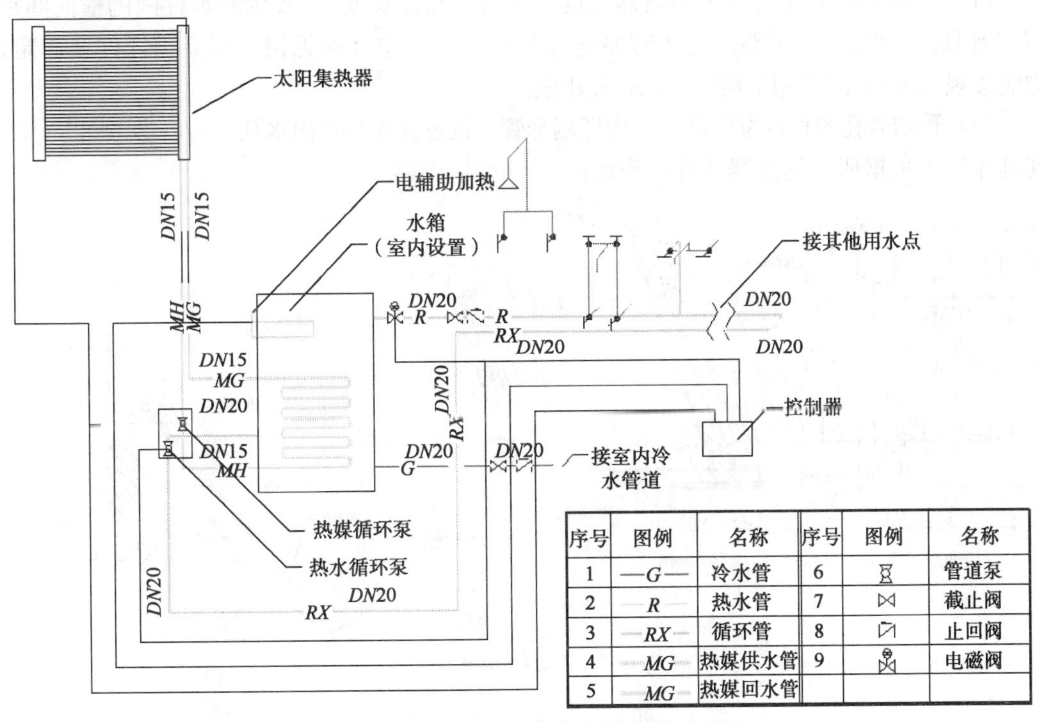

序号	图例	名称	序号	图例	名称
1	—G—	冷水管	6		管道泵
2	R	热水管	7		截止阀
3	RX	循环管	8		止回阀
4	MG	热媒供水管	9		电磁阀
5	MG	热媒回水管			

图 5-9 平屋顶太阳能集热器应用原理图

5.1.4 墙面式（竖管）

1. 集热器布置说明

集热器安装在建筑物的南立面外墙上，分体式水箱布置在室内靠近集热器位置（见图 5-10）。集热器安装后成一定角度，丰富了建筑物的立面。在实际工程中，设计者可根据具体情况，结合建筑立面造型设计，太阳能集热器的型号根据实际工程情况确定。

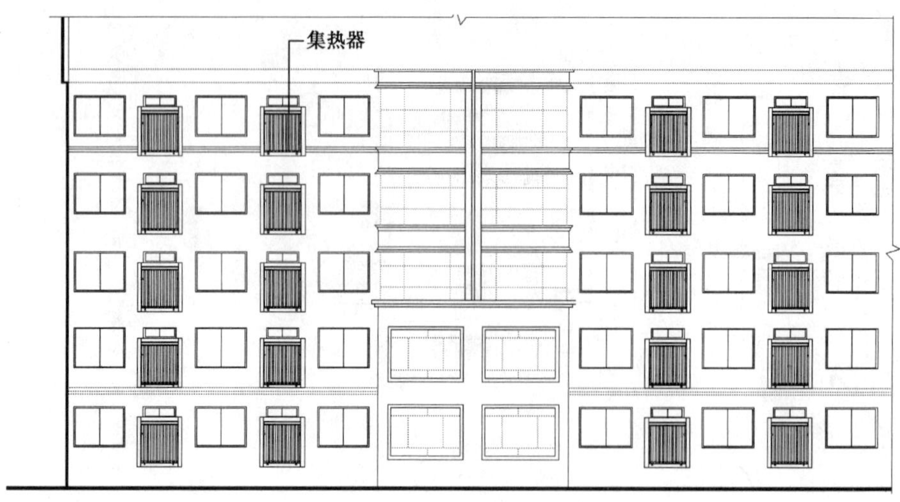

图 5－10　集热器布置图

2. 集热器安装说明

（1）图 5－11 中所注 A 为集热器宽度，B 为集热器长度，LA 为预埋件间的横向间距，LB 为预埋件间的纵向间距。施工时要确保预埋件的定位准确无误。所有预埋件及固定件均应按规范所确定的使用年限做好防腐处理。

（2）预留管孔的直径为 150mm，内埋钢套管，位置在集热器出水孔下面（参考图 5－11），其具体位置根据所选集热器的规格确定。

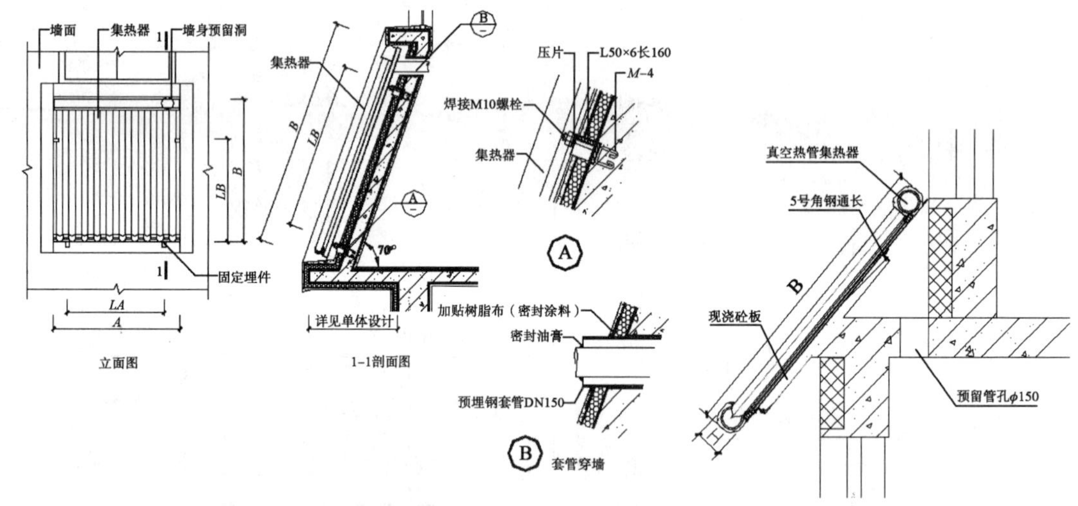

图 5－11　集热器安装详图

3. 室内管道连接及预留说明

与坡屋面顺坡式分体系统相同，此处不再进行详细说明。

5.1.5　女儿墙式

1. 集热器布置说明

集热器顺坡安装在屋面斜檐上，与斜檐平行，分体式水箱布置在室内靠近集热器位置（见图 5－12）。集热器安装后成一定角度，丰富了建筑物的立面。在实际工程中，设计者可根据具体情况，结合建筑立面造型设计，太阳能集热器的型号根据实际工程情况确定。

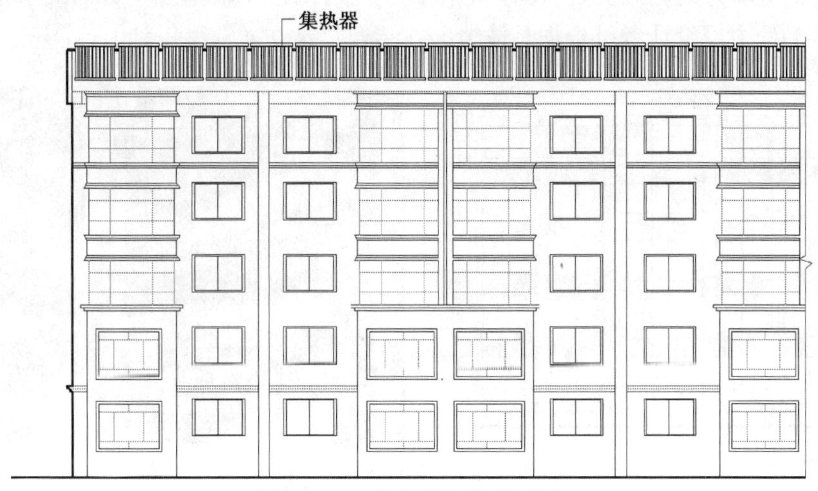

图 5－12　集热器布置平面图

2. 集热器安装说明

（1）图 5－13 中所注 A 为集热器宽度，B 为集热器长度，LA 为预埋件间的横向间距，LB 为预埋件间的纵向间距，LC 为相邻两台集热器预埋件间的横向间距。施工时要确保预埋件的定位准确无误。所有预埋件及固定件均应按规范所确定的使用年限做好防腐处理。

（2）管道井位置根据建筑结构确定。

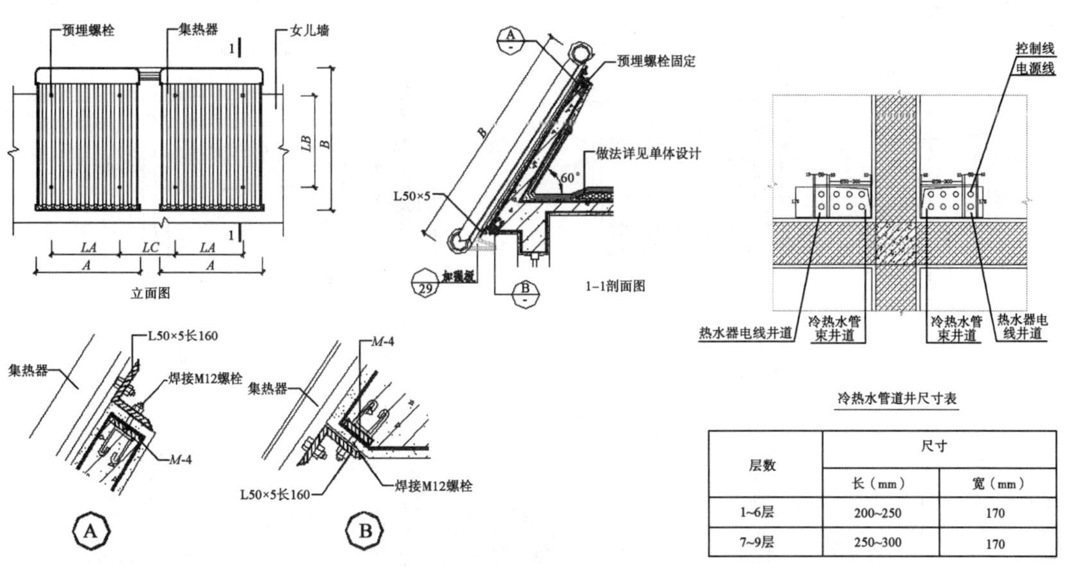

冷热水管道井尺寸表

层数	尺寸	
	长（mm）	宽（mm）
1~6层	200~250	170
7~9层	250~300	170

图 5－13　集热器安装详图

3. 室内管道连接及预留说明

与坡屋面顺坡式分体系统相同，此处不再进行详细说明。

5.1.6 阳台式

1. 集热器布置说明

图 5－14 所示为集热器安装在南立面阳台上，与阳台栏板平行，分体式水箱布置在阳台。在实际工程中，设计者可根据具体情况，结合建筑立面造型设计。

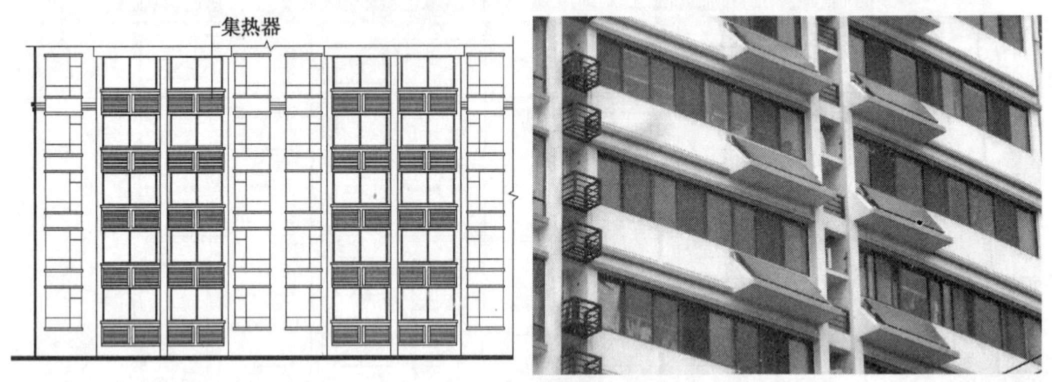

图 5－14 集热器布置图

2. 集热器安装说明

（1）图 5－15 中所注 A 为集热器宽度，B 为集热器长度，LA 为预埋件间的横向间距，LB 为预埋件间的纵向间距。施工时要确保预埋件的定位准确无误。所有预埋件及固定件均应按规范所确定的使用年限做好防腐处理。

（2）预留管孔的直径为 150mm，内埋钢套管，位置可以在两台集热器出水孔之间下面或者侧面（参考图 5－15），其具体位置根据所选集热器的规格确定。

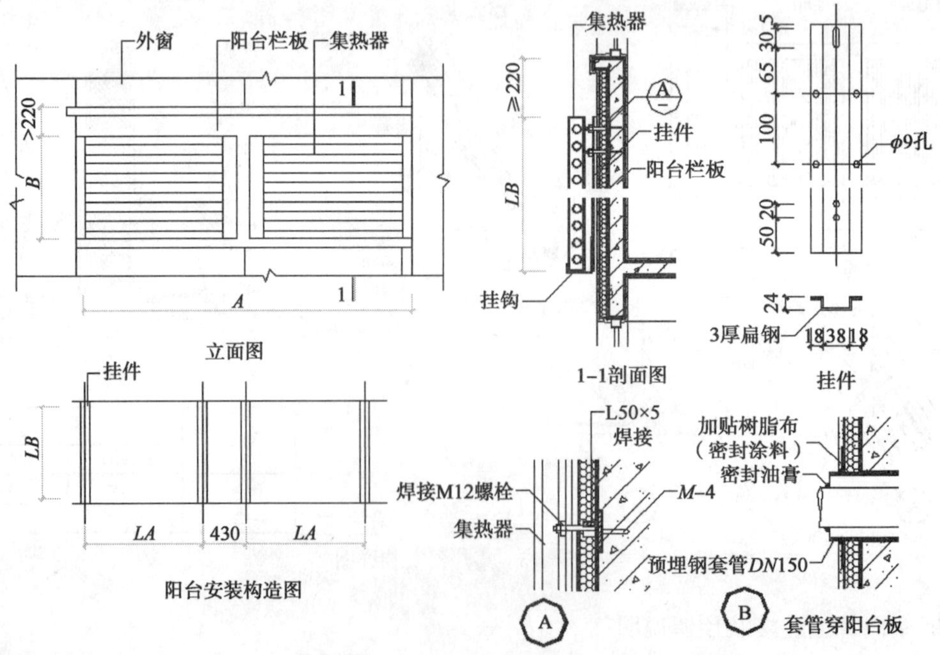

图 5－15 集热器安装示意图

3. 室内管道连接及预留说明

与坡屋面顺坡式分体系统相同，此处不再进行详细说明。

5.1.7 屋脊式热水器

此类热水器一般为整体式，即水箱和真空管在一起，依靠水内部的对流进行加热（见图5-16）。这种热水器是目前比较成熟的产品，结构简单，安装方便，无需外界辅助（循环泵）即可加热。根据建筑的形式不同也就产生了多种结合方式。

图5-16 屋脊式太阳能热水器

1. 单管整体运行

运行原理（见图5-17）：

（1）自动上水：热水器通过手动无级调节阀进行上水，当水箱内无水时把无级调节阀调节到上面，自动开始补水，当水满后，艾思维自动阀就会自动关闭阀门，无需监控水箱何时满或者是否溢流。

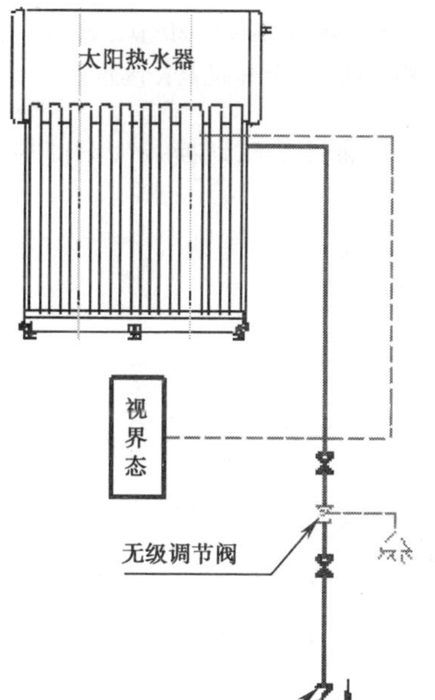

图5-17 单管整体运行原理图
（适用于多层建筑）

（2）水温显示：通过视界芯可以直观地显示水箱内温度，了解水箱温度，避免烫伤；了解阴雨天气水箱温度，避免造成冷水浪费（根据客户要求，可选用）。

（3）取水：取水时通过调节无级调节阀来实现冷热水之间的调兑，选择出适合自己洗浴的温度，无级调节阀有二级调节功能，兑水更加灵活，洗浴更加舒适。

2. 无需减压也不用考虑管道冷水

运行原理（见图5-18）：

（1）自动上水：热水器通过温控仪控制上水，并且安装有常闭电磁阀，当水位探头探测到的水位信号低于设定的水位时，常闭电磁阀打开上水，系统水满以后，电磁阀关闭，停止上水。

（2）水温水位显示：水箱内温度显示、水位显示，以及水位设置等功能。

（3）电加热：当遇阴雨天气或者其他情况下水温不能满足需要时，手动打开电加热，当水箱温度达到洗浴要求时（一般达到45℃即可）关闭电加热电源。

（4）因为高层一般采用分区供水，低楼层的用户冷水打不到楼顶，故采用双管道方式，通过电磁阀和控制系统利用顶层的上水管道集中给每户的太阳能供水，每户冷水管道安装水表进行计量。

3. 需减压和考虑管道冷水

运行原理（见图5-19）：

（1）自动上水：热水器通过温控仪控制上水，并且安装有常闭电磁阀，当水位探头探测到的水位信号低于设定的水位时，常闭电磁阀打开上水，系统水满以后，电磁阀关闭，停止上水。

（2）温度显示：水箱内温度显示、水位显示以及水位设置等功能。

（3）电加热：当遇阴雨天气或者其他情况下水温不能满足需要时，手动打开电加热，当水箱温度达到洗浴要求时（一般达到45℃即可）关闭电加热电源。可以洗浴（也可以使用小厨宝进行加热）。

（4）因为高层一般采用分区供水，低楼层的用户冷水打不到楼顶，故采用双管道方式，通过电磁阀和控制系统利用顶层的上水管道集中给每户的太阳能供水，每户冷水管道安装水表进行计量（见图5－20）。

（5）用水时，打开热水阀门，太阳能热水器中的热水进入小厨宝，将小厨宝中的水顶出，供用户使用。在使用时，小厨宝设置成恒温状态，恒温温度的设定值为50℃。水的温度低于设定温度时，小厨宝自动启动电加热系统，到达设定温度，自动停止加热；水的温度高于或等于设定的温度的时候，通过手动切换，太阳能热水不经过小厨宝而通过旁路直接供应洗浴。

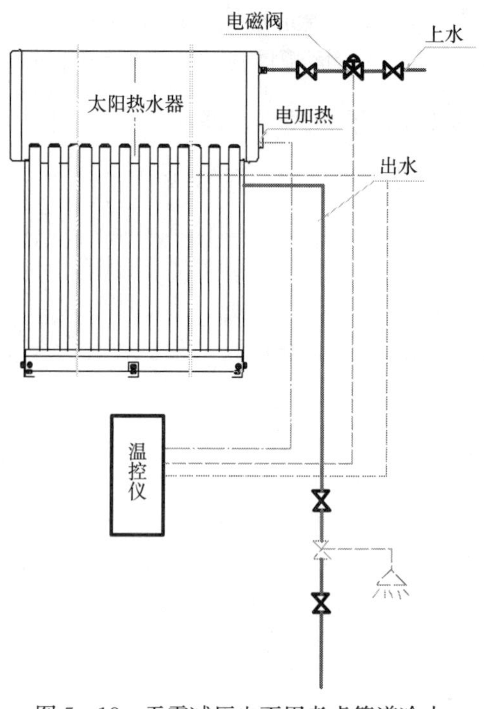

图5－18　无需减压也不用考虑管道冷水（适用于高层建筑中的高楼区）

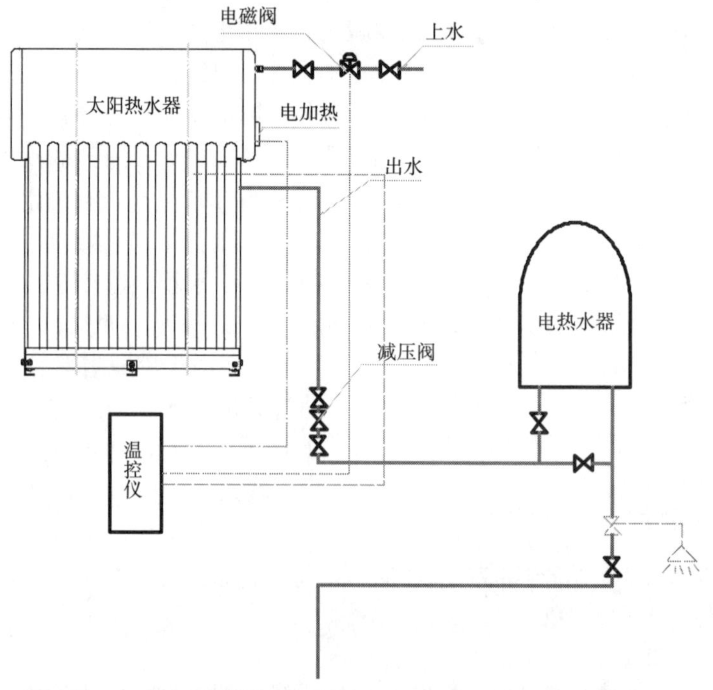

图5－19　需减压和考虑管道冷水（适用于高层建筑中的低楼区）

(6) 考虑到低楼层的用户会因为管道落差大，影响系统的寿命和性能，系统增加减压阀，缓解取水点的压力。

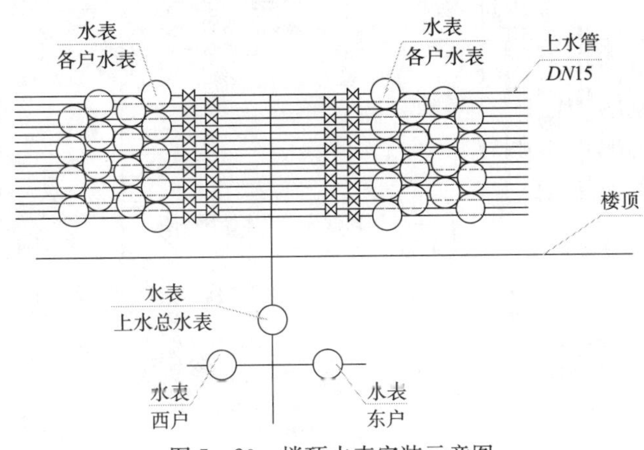

图 5-20 楼顶水表安装示意图

注：每台热水器的预埋管道在通往室内减少接头，采用一管到底方式，避免出现漏水现象，难以维修。

5.1.8 叠檐式

1. 热水器布置说明

(1) 图 5-21 所示为太阳能热水器顺坡安装在叠檐屋面上的布置示例，太阳能集热器的安装坡度与屋面坡度相同。

(2) 图 5-22 中所注 A 为热水器宽度，B 为热水器长度，LC 为相邻两台热水器预埋件间的横向间距。

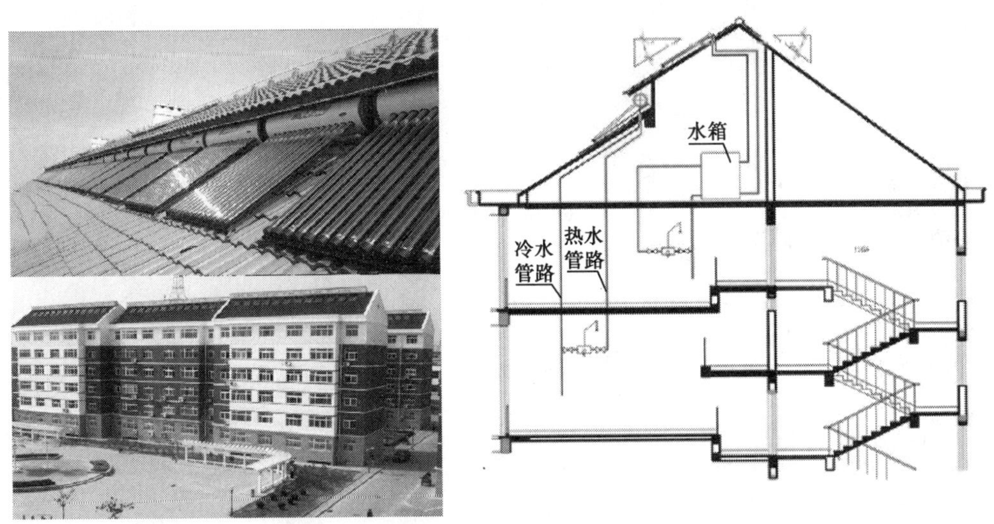

图 5-21 集热器布置图

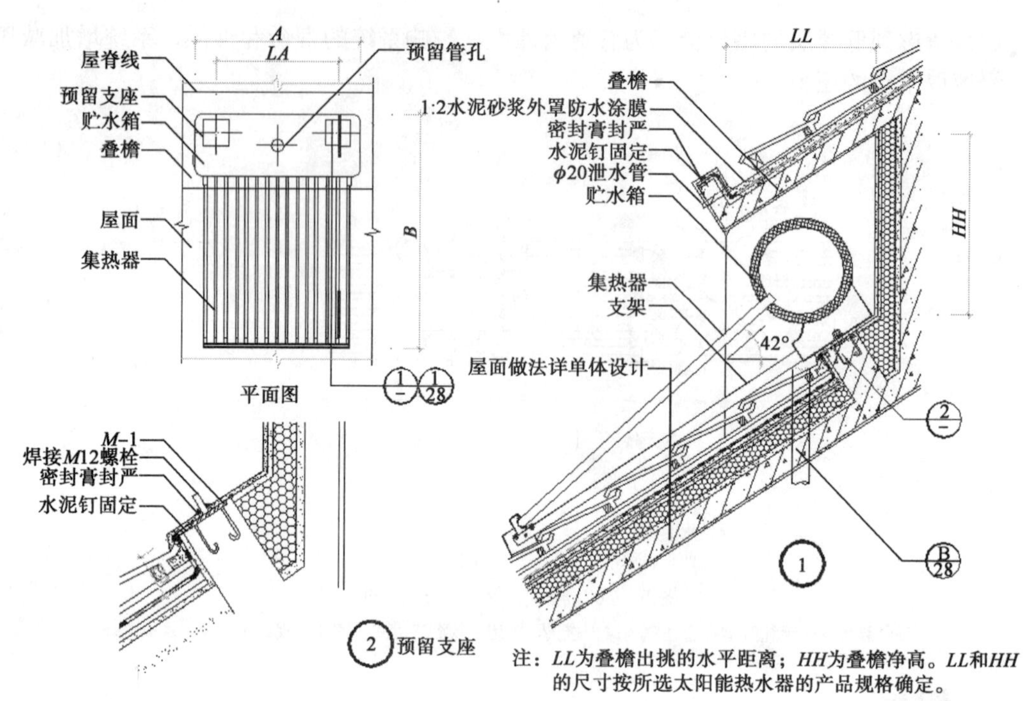

注：LL为叠檐出挑的水平距离；HH为叠檐净高。LL和HH的尺寸按所选太阳能热水器的产品规格确定。

图 5-22 热水器安装示意详图（一）

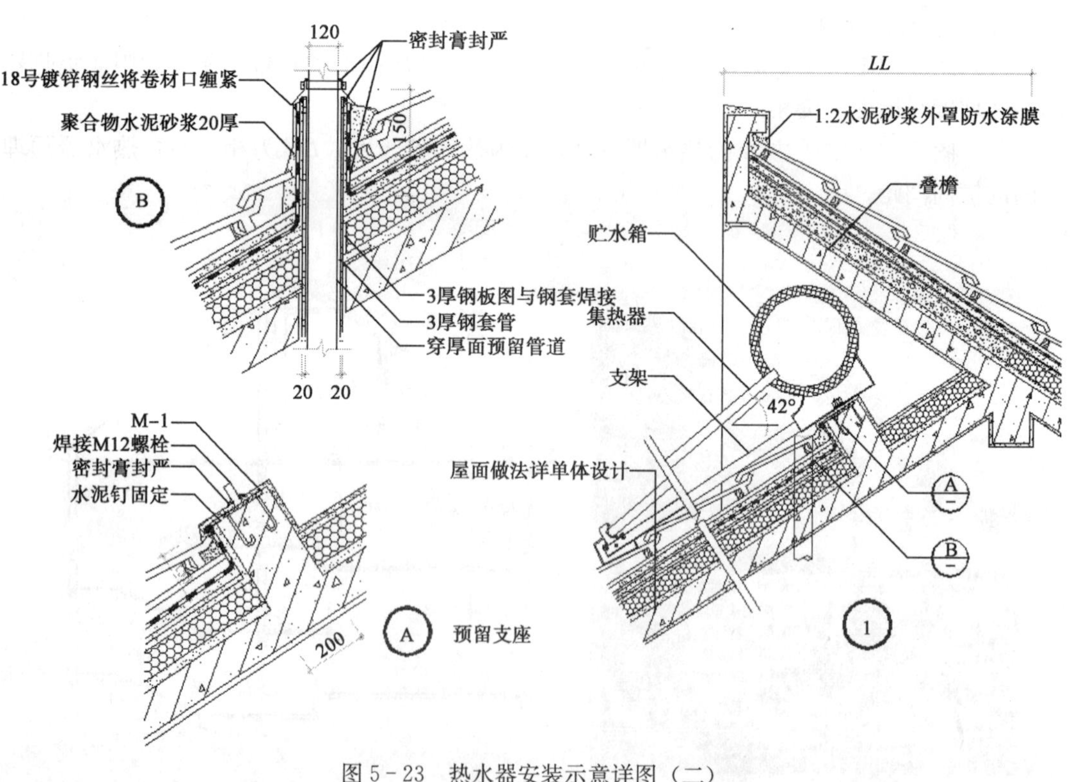

图 5-23 热水器安装示意详图（二）

2. 热水器安装说明

（1）图 5-22 和图 5-23 所示屋面结构为钢筋混凝土屋面板，预埋件的定位尺寸按所选太阳能热水器的产品规格确定。图中所注 LA 为预埋件间的横向间距，LB 为预埋件间的纵向间距，LC 为相邻两台热水器预埋件间的横向间距。施工时要确保预埋件的定位准确无误，所有预埋件及固定件均应按规范所确定的使用年限做好防腐处理。

(2) 若屋面结构为檩条等其他形式，其热水器的固定方法应结合所选产品的规格与厂家共同确定。

(3) 预留管孔的直径为 150mm，内埋钢套管，其具体位置根据所选热水器的规格确定，预埋的钢套管应在屋面防水层施工前埋设完毕，并做好防水处理。

(4) 热水器安装完毕后，要按照屋面构件防水的相应措施做好屋面防水。

3. 室内管道连接及预留说明

给水管道宜采用耐温型塑料管或铝塑复合管，管径与坡屋面顺坡式分体系统相同，此处不再进行详细说明。

5.2 村镇建筑规模化太阳能应用的布置形式

大规模太阳能设备使用可以节省太阳能集热器的面积，相应的配套设备可以减少，更节能环保。模块化的太阳能集热器在屋顶安装，整体性与建筑结合良好，放置屋顶美观，且有利于建筑一体化。用户之间的水力较容易达到平衡，大规模的太阳能设备使用可以采用分户计量收取热水使用费用，便于管理。

集中供水就是采用同一供水的方式，不再单独给每户设太阳能了，也称为太阳能系统。将所有的集热器集合起来，贮水箱之间通过强制循环的方式进行集热，集热器放置于楼顶平台上或者造型上面，通过被动循环将集热单元吸收太阳光而得到的热量传输到贮水箱，从而得到热水（热量）的大型集中系统（见图 5-24）。

图 5-24 村镇太阳能应用实例

5.2.1 系统主要部件

系统主要部件有：集热器（见图 5-25）、贮水箱、控制系统（见图 5-26）、管道系统等（组成部分类似于分体系统）。

图 5-25　联集管集热器

图 5-26　控制柜

5.2.2　系统运行原理及说明

运行原理（见图 5-27）：

（1）采用 2 个水箱：一个作为集热水箱，一个作为恒温供水水箱。置于楼顶承重位置，24h 供应热水。

（2）自动补水：系统采用电磁阀自动补水，当水箱 B 内水位低于设定水位时打开电磁阀进行补水。

（3）集热温差循环：在贮水箱 A 与集热器之间进行。当集热器内水的温度 T_1 比贮水箱 A 内水的温度 T_2 高 5℃以上，集热循环水泵 P1 自动启动；当二者之间的温差小于 2℃时，P1 停止运行。

（4）管道定温循环：当室内用水管道上的探测温度 T_4 低于 35℃时，循环泵 P2 打开，循环泵 P2 将管道中的冷水打入水箱；当 T_4 达到 40℃时，循环泵 P2 关闭。

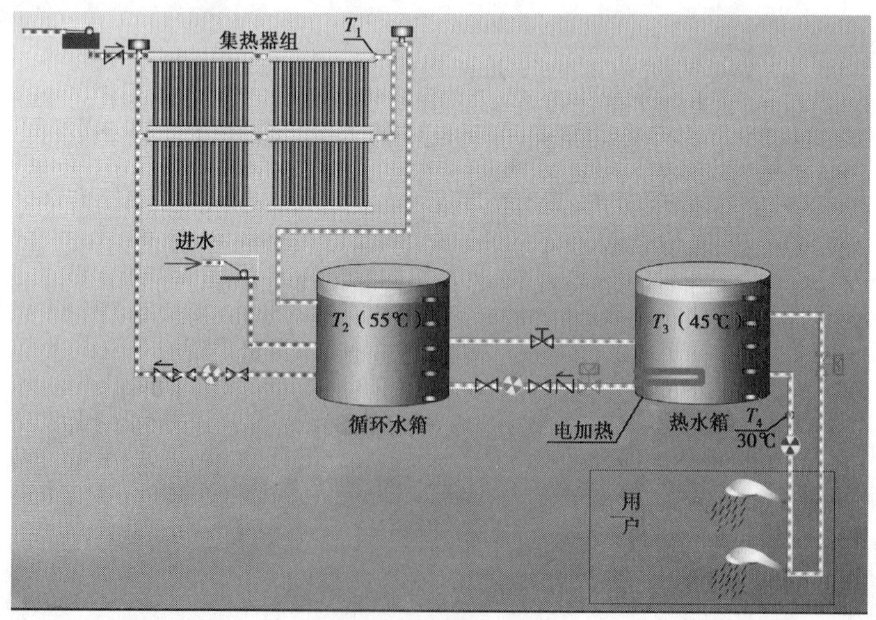

图 5-27　运行原理图

(5) 辅助加热：控制柜有3次定时加热和智慧加热，当贮水箱B温度低于40℃时，启动电加热，达到50℃时停止，满足用水温度。

(6) 供水计量方式可以采用热水表或者IC卡的形式进行计量，还可以通过远程监控方式（见图5－28），直接对系统现场情况进行监控，以保证系统的正常运行。

图5－28 太阳能远程控制中心

5.3 太阳能热水与采暖系统的建筑平面及空间布局设计要点

5.3.1 一般规定

太阳能热水系统的民用建筑规划设计，除需综合考虑场地条件、建筑功能、周围环境等因素外，在确定建筑布局、朝向、间距、群体组合和空间环境时，还应结合建设地点的地理、气候条件，满足太阳能热水系统设计和安装的技术要求。

应用太阳能热水系统的民用建筑，太阳能热水系统类型的选择应根据建筑物的使用功能、热水供应方式、集热器安装位置和系统运行方式等因素，经综合技术经济比较后确定。

太阳能集热器安装在建筑屋面、阳台、墙面或建筑其他部位，不得影响该部位的建筑功能，并应与建筑协调一致，保持建筑统一和谐的外观。

建筑设计应为太阳能热水系统的安装、使用、维护、保养等提供必要的条件。

太阳能热水系统的管线不得穿越其他用户的室内空间。

5.3.2 规划设计

安装太阳能热水系统的建筑单体或建筑群体，主要朝向宜为南向。

建筑体型及空间组合应与太阳能热水系统紧密结合，并为接收较多的太阳能创造条件。

建筑物周围的环境景观与绿化种植，应避免对投射到太阳能集热器上的阳光造成遮挡。

5.3.3 建筑设计

太阳能热水系统的建筑设计应合理确定太阳能热水系统各组成部分在建筑中的位置，并满足所在部位的防水、排水和系统检修的要求。

建筑的体型和空间组合应避免安装太阳能集热器部位受建筑自身及周围设施和绿化树木的遮挡，并满足太阳能集热器有不少于4h日照时数的要求。

在安装太阳能集热器的建筑部位应设置防止太阳能集热器损坏后部件坠落伤人的安全防护设施。

直接以太阳能集热器构成围护结构时，太阳能集热器除与建筑整体有机结合，并与建筑周围环境相协调外，还应满足所在部位的结构安全和建筑防护功能要求。

太阳能集热器不应跨越建筑变形缝设置。

1. 设置太阳能集热器的平屋面应符合下列要求：

(1) 太阳能集热器支架与屋面预埋件固定牢固，并应在地脚螺栓周围作密封处理。

(2) 在屋面防水层上放置集热器时，屋面防水层应包到基座上部，并基座下部应加设附加防水层。

(3) 集热器周围屋面、检修通道、屋面出入口和集热器之间的人行通道上部应铺设保护层。

(4) 太阳能集热器与贮水箱相连的管线需穿过屋面时，应在屋面预埋防水套管，并对其与穿屋面相接处进行防水密封处理。防水套管应在屋面防水层施工前埋设完毕。

2. 设置太阳能集热器的坡屋面应符合下列要求：

(1) 屋面的坡度宜结合太阳能集热器接受阳光的最佳倾角即当地纬度±10°。

(2) 坡屋面上的集热器宜采用顺坡镶嵌设置或顺坡架空设置。

(3) 设置在坡屋面的太阳能集热器的支架应与埋设在屋面板上的预埋件牢固连接，并采取防水构造措施。

(4) 太阳能集热器与坡屋面结合处雨水的排放应通畅。

(5) 镶嵌在坡屋面上的太阳能集热器与周围屋面材料连接部位应做好防水构造处理。

(6) 太阳能集热器顺坡镶嵌在坡屋面上，不得降低屋面整体的保温、隔热、防水功能。

(7) 顺坡架空在坡屋面上的太阳能集热器与屋面间空隙不宜大于100mm。

(8) 坡屋面上太阳能集热器与贮水箱相连的管线需穿过坡屋面时，应预埋相应的防水套管，并在屋面防水施工前埋设完毕。

3. 设置太阳能集热器的阳台应符合下列要求：

(1) 设置在阳台栏板上的太阳能集热器支架应与阳台栏板上的预埋件牢固连接。

(2) 由太阳能集热器构成阳台栏板的阳台，应满足刚度、强度及防护功能要求。

4. 设置太阳能集热器的墙面应符合下列要求：

(1) 低纬度地区设置在墙面上的太阳能集热器宜有适当的倾角。

(2) 设置太阳能集热器的外墙除应承受集热器的荷载外，还应对安装部位可能造成的墙体变形、裂缝等不利因素采取必要的技术措施。

(3) 设置在墙面的集热器支架应与墙面上的预埋件牢固锚固，必要时在预埋件处增设混凝土构造柱，并应满足防腐要求。

(4) 设置在墙面的集热器与贮水箱相连的管线需穿过墙面时，应预埋防水套管；穿墙管线不宜在结构柱处穿管。

(5) 太阳能集热器镶嵌在墙面时，墙面装饰材料色彩，分格宜与集热器协调一致。

(6) 建筑设计应为集热器的安装、维护，局部更换提供安全便利的条件。

5. 贮水箱的设置应符合下列要求：

(1) 贮水箱宜布置在室内。

(2) 设置贮水箱的位置应具有相应的排水、防水措施。

(3) 贮水箱上方及周围应有安装检修空间，净空不宜小于 600mm。

5.3.4 结构设计

建筑的主体结构或结构构件，应能够承受太阳能热水系统传递的荷载和作用。太阳能热水系统结构设计应为太阳能热水系统安装埋设预埋件或其他连接件。连接件与主体结构的锚固承载力设计值应大于连接件本身的承载力设计值。

安装在屋面、阳台、墙面的太阳能集热器与建筑主体结构通过预埋件连接，预埋件应在主体结构施工时埋入，预埋件的位置应准确；当没有条件采用预埋件连接时，应采用其他可靠的连接措施，并通过试验确定其承载力。轻质填充墙不应作为太阳能集热器的支承结构。

太阳能热水系统与主体结构采用后加锚栓连接时，应符合下列规定：

(1) 锚栓产品应有出厂合格证；碳素钢锚栓应经过防腐处理；应进行承载力现场试验，必要时应进行极限拉拔试验；每个连接节点不应少于 2 个锚栓；锚栓直径应通过承载力计算确定，并不应小于 10mm。

(2) 不宜在与化学锚栓接触的连接件上进行焊接操作；锚栓承载力设计值不应大于其极限承载力的 50%。

(3) 太阳能热水系统结构设计应计算非抗震设计时，应计算重力荷载和风荷载效应；抗震设计时，应计算重力荷载，风荷载和地震作用效应。

5.3.5 给水排水设计

太阳能热水系统的给水排水系统设计应符合现行国家标准《建筑给水排水设计规范》GB 50015 的规定。太阳能集热器面积应根据热水用量、建筑允许的安装面积、当地的气象条件、供水水温等因素综合确定。

太阳能热水系统的给水应对超过有关标准的进水作水质软化处理。当使用生活饮用水箱作为给集热器的一次水补水时，生活饮用水水箱的位置应满足集热器一次水补水所需水压的要求。

热水设计水温的选择，应充分考虑太阳能热水系统的特殊性，宜按现行国家标准《建筑给水排水设计规范》GB 50015 中推荐温度中选用下限温度。

太阳能热水系统管道及附件的安装设置按现行国家标准《建筑给水排水设计规范》GB 50015 中有关规定执行。

太阳能热水系统的管线应有组织布置，做到安全、隐蔽、易于检修。新建工程竖向管线宜布置在竖向管道井中，在既有建筑上增设太阳能热水系统或改造太阳能热水系统应尽量做到走向合理，不影响建筑使用功能及外观。太阳能集热器安装处的附近宜设置清洁用给水点。

5.4 不同气候区住宅太阳能热利用设计模式

太阳能光热利用包括太阳能热水器，还有太阳房、太阳灶、太阳能温室、太阳能干燥系统、太阳能土壤消毒杀菌技术等。当前开发太阳能的主要方式是传统的曝晒干燥和采暖方法与现代的通过各式集热器取暖、热水、发电等。

太阳房在全世界有近 40 个国家从事研建工作，如美国将其列在太阳能开发项目的前位，多种隔热、保温、透光、蓄热材料已商品化，但尚限于低层建筑，至 1986 年底，新建单户住宅采用被动太阳房设计的已占 25%左右。日本的阳光计划也将其列为发展项目之一。到 21 世纪末，大部分新建房屋都将有利于太阳能的设备。

太阳灶在国外利用的兴盛时期是 20 世纪 50 年代，但由于使用不方便，未能推广，现只在发展中国家某些地区应用。我国约有 10 万台，居世界首位。近年又受到较高评价，在缺少动力和薪柴地区有推广价值，以及可作野外作业和旅游之用。

太阳能温室由于经济效益显著，在一些国家拥有量较大，如日本已建 3.2 万 hm^2，其中 80%供栽培蔬菜之用。但玻璃温室造价较高，限制其普及。如今，价廉简便的塑料大棚兴起，对农业生产起推动作用，因此有加快发展趋势。

太阳能干燥器（室）在国外早已用来加工谷物、茶叶、烟叶和其他农副产品。物料干燥在生产中能耗较大，在有的国家所占比例高达 25%。美国、日本、俄罗斯、意大利、印度等都在积极从事利用太阳能干燥装置的研究。

太阳能蒸馏器现有 100 多个大型装置处于示范试验阶段，美国，希腊、澳大利亚、俄罗斯等十几个国家都在从事研究开发。这类装置主要用于海水淡化，印度等国已试验用其来淡化咸水和苦水，有的国家还用来处理污水。

太阳热发电目前处于不同规模的试验示范阶段，全世界现已有 9 座兆瓦级太阳热电站在运行。目前最大的是美国加利福尼亚州巴斯托“太阳 1 号”兆瓦集中型塔式电站，定日镜总面积近 7.3 万 m^2。

被动式太阳房是利用太阳能对房间进行采暖调温的房子。我国传统的民宅几乎都是采用与太阳房相似的结构形式。世界各地已建成数以万计的各类型的“太阳能采暖房”（简称太阳房）。被动式太阳能建筑主要通过建筑物的布置、内外造型、构造及材料选择有效地采集、储存和分配太阳能，使建筑物具有温暖、明亮的环境。

太阳墙的原理是最大限度地利用了太阳能，将其转换成热能，以热空气的形式传递到室内。太阳墙技术的突出优点在于：造价低廉，无需维修；低能耗，从而降低了运行费用；可提供新鲜空气，改善居民的室内环境，预防疾病。目前，太阳墙技术已广泛使用于加拿大、美国、欧洲及日本的住宅、厂房、学校、办公楼等不同用途的建筑上，并且在国内建筑业的使用也已初显端倪：2005 年 3 月，太阳墙技术应用在中国内地的典型工程“山东建工学院梅园一号学生公寓”，已被建设部评为国家科技示范工程；2005 年 9 月，太阳墙系统在北京奥运村实验房上安装完毕，并投入使用，得到了奥运村项目业主国奥投资有限公司的高度重视，将在奥运设施建设上大规模推开。

5.5 太阳能热水供热采暖

利用太阳能加热的系统，既可以为用户提供生活热水，又可以为住宅供热。实际上，太阳能采暖系统和太阳能热水系统的基本构成是相似的，因此国外太阳能界已经将太阳能采暖和太阳能热水建成同一套系统——“太阳能组合系统”。它不同于由太阳能光热和太阳能光电组成的“太阳能联合系统”，更不同于由太阳能和其他可再生能源组成的“混合系统”[41]。

早在20世纪80年代中期，法国就着手研究太阳能组合系统，并推出一种称为“直接太阳能地板”的系统。到20世纪90年代，奥地利、丹麦、芬兰、德国、瑞典、瑞士、荷兰等国相继设计出各种形式的太阳能组合系统。目前，欧洲标准化委员会太阳能热利用技术委员会（CEN/TC312）正在组织制定有关太阳能组合系统的欧洲标准。在一些欧洲国家，太阳能组合系统在安装的全部太阳能热利用系统中已达到相当高的比例[43]。

在我国严寒、寒冷、夏热冬冷等气候区三类太阳能资源的7个典型地区的两种热水供热采暖模式模块化设计。

1. 严寒地区

太阳能资源Ⅲ类地区——长春市村镇住宅太阳能供热采暖系统设计；

太阳能资源Ⅱ类地区——乌鲁木齐市村镇住宅太阳能供热采暖系统设计；

太阳能资源Ⅰ类地区——那曲市村镇住宅太阳能供热采暖系统设计。

2. 寒冷地区

太阳能资源Ⅲ类地区——西安市村镇住宅太阳能供热采暖系统设计；

太阳能资源Ⅱ类地区——北京市村镇住宅太阳能供热采暖系统设计；

太阳能资源Ⅰ类地区——拉萨市村镇住宅太阳能供热采暖系统设计。

3. 夏热冬冷地区

太阳能资源Ⅲ类地区——上海市村镇住宅太阳能供热采暖系统设计。

4. 严寒气候地区——长春地区太阳能模块化设计。

（1）建筑基本概况

平面图如图5-29所示。长春地区村镇建筑为4户联排式形式，每户两层，平屋顶。每户的建筑面积为138.94m²，厨房、卫生间、走廊不考虑采暖，则采暖面积为53.76m²。建筑围护结构基本信息如表5-1所示。

建筑围护结构基本信息[2] 表5-1

维护结构名称	材料	传热系数 w/(m²·k)
外墙	20mm外饰面+70mm聚苯乙烯板+240mm红砖砌体+20mm混合砂浆抹面	0.42
屋顶	10mm防水层+20mm水泥砂浆找平层+50mm找坡层+150mm聚苯乙烯板保温层+20mm水泥砂浆找平层+120mm预制混凝土空心面板+20mm混合砂浆抹面	0.30

太阳能供热采暖系统图如图5-30～图5-32所示。

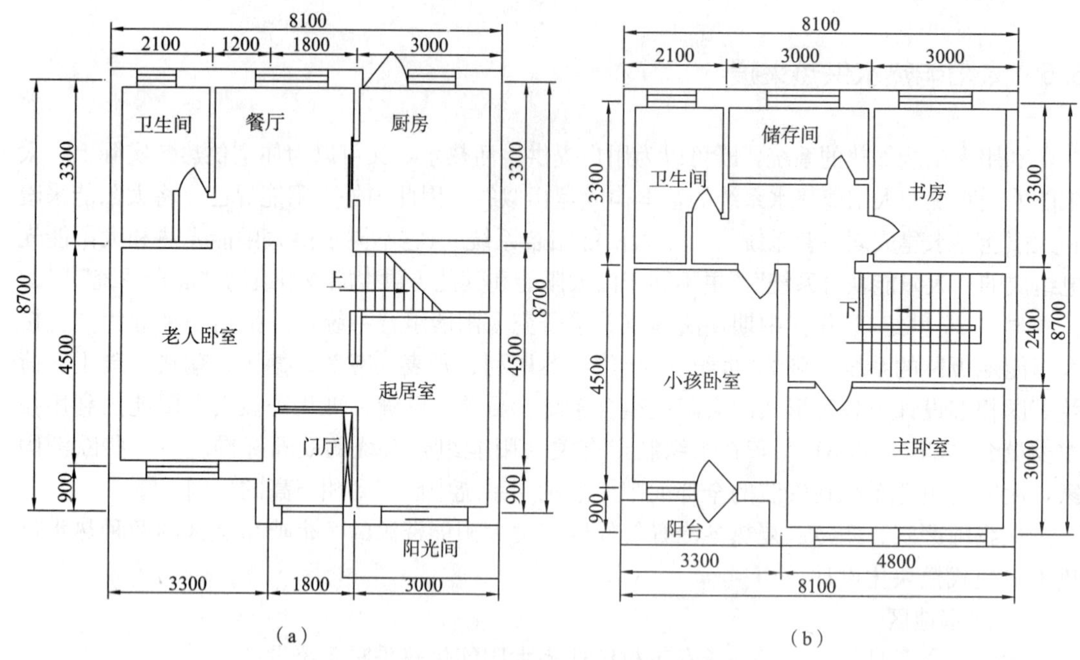

图 5-29 长春市村镇住宅平面图

(a) 一层平面图；(b) 二层平面图

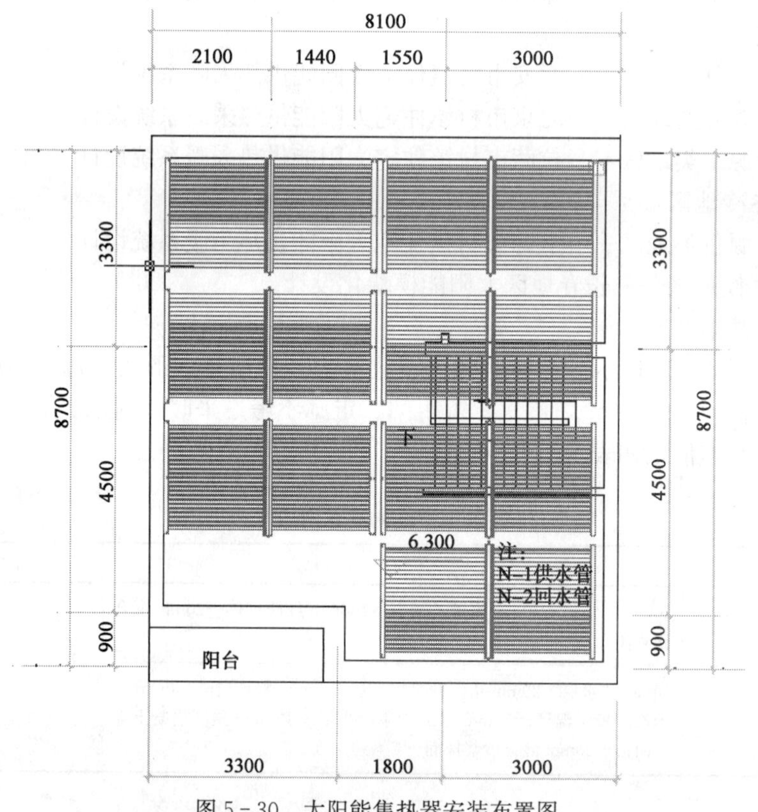

图 5-30 太阳能集热器安装布置图

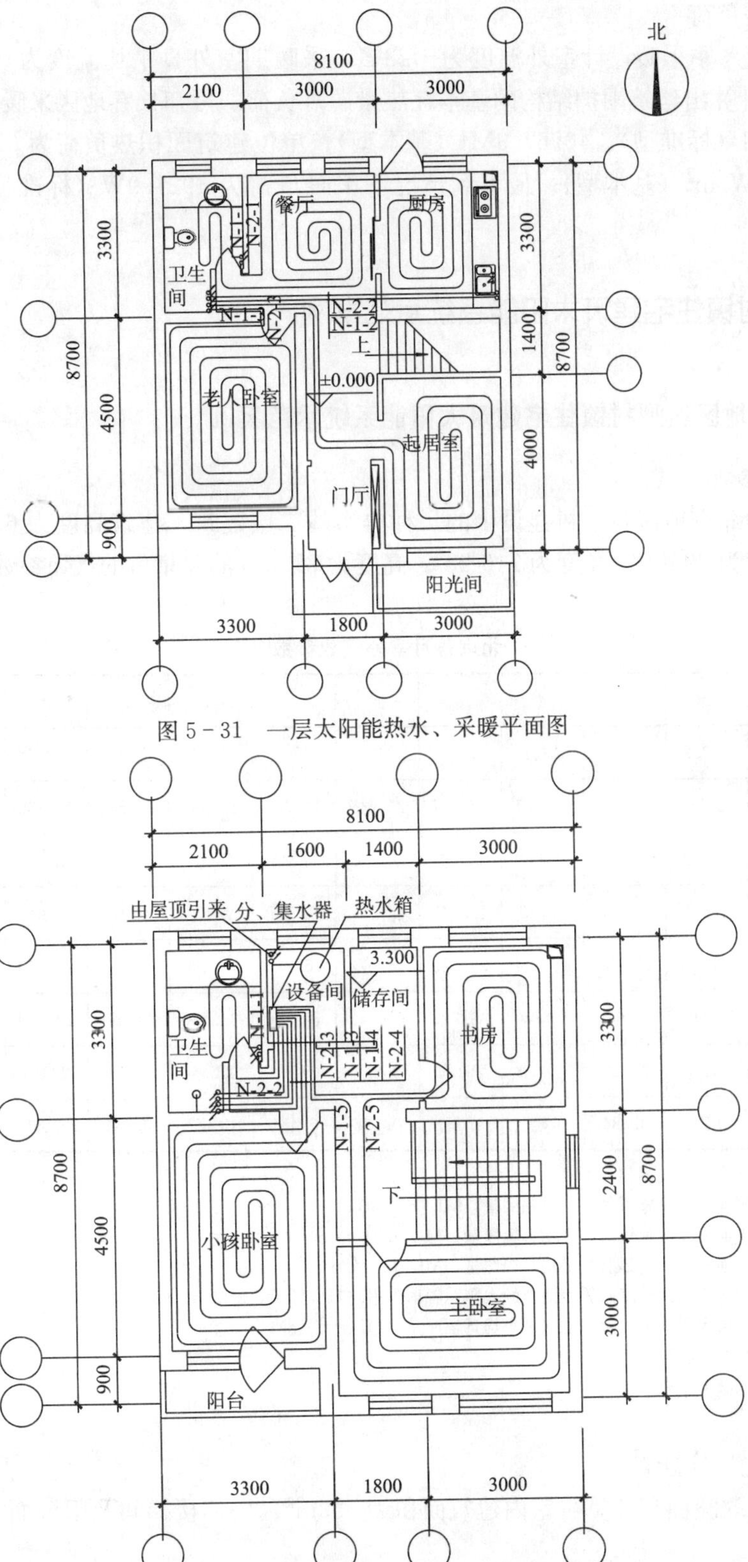

图 5－31　一层太阳能热水、采暖平面图

图 5－32　二层太阳能热水、采暖平面图

（2）采暖负荷

长春地区冬季采暖设计室外温度为－23℃，采暖期室外日平均温度为－8.0℃，采暖期为167d。计算出建筑围护结构的基本耗热量、月负荷。可知长春地区采暖期内的总负荷为52272.7MJ（标准型）、40967.3MJ（基本型）；单位建筑面积热负荷为67.8W/m²（标准型）、52.9W/m²（基本型）；最不利情况下采暖负荷为4921.9W（标准型）、4204.6W（基本型）。

5.6 典型村镇住宅建筑太阳能系统示范案例

5.6.1 北京地区典型村镇住宅建筑太阳能系统示范案例

1. 气象参数

该工程为北京地区新农村建设中的一种典型的二层建筑，建筑高度为6.8m。表5－2给出位于纬度为39°48′、经度为116°28′、高度为31.3m的北京市的气象参数。

北京各月室外气象参数[41]　　表5－2

月份	1	2	3	4	5	6	7	8	9	10	11	12
T_a	－4.6	－2.2	4.5	13.1	19.8	24.0	25.8	24.4	19.4	12.4	4.1	－2.7
H_t	9.143	12.185	16.126	18.787	22.297	22.049	18.701	17.365	16.542	12.730	9.206	7.889
H_d	3.936	5.253	7.152	9.114	9.952	9.192	9.346	8.086	6.362	4.926	4.004	3.515
H_b	5.208	6.931	8.974	9.673	12.345	12.856	9.336	9.279	10.180	7.805	5.201	4.347
H	15.081	17.141	19.155	18.714	20.175	18.672	16.215	16.430	18.686	17.510	15.112	13.709
H_o	15.422	20.464	27.604	34.740	39.725	41.742	40.596	36.420	29.881	22.478	16.508	13.857
S_m	200.8	201.5	239.7	259.9	291.8	268.8	217.9	227.8	239.9	229.5	191.2	186.7
K_t	0.593	0.595	0.584	0.541	0.561	0.528	0.461	0.477	0.554	0.566	0.558	0.569

注：T_a——月平均室外气温，℃；
H_t——水平面太阳总辐射月平均日辐照量，MJ/(m²·d)；
H_d——水平面太阳散射辐射月平均日辐照量，MJ/(m²·d)；
H_b——水平面太阳直射辐射月平均日辐照量，MJ/(m²·d)；
H——倾角等于当地纬度倾斜表面上的太阳总辐射月平均日辐照量，MJ/(m²·d)；
H_o——大气层上界面上太阳总辐射月平均日辐照量，MJ/(m²·d)；
S_m——月日照小时数；
K_t——大气晴朗指数。

2. 太阳能设计计算

（1）室内取暖面积计算：室内建筑面积为150m²，去掉楼梯间及阳台面积，室内采暖面积为140m²。

（2）北京地区冬季月均太阳能辐射量为9.6MJ，9.6÷3.6＝2.67kW。

（3）经计算北京地区冬季每平方米太阳能辐射量为 2.67kW，每平方米集热器按 50%计算：2.67×50%=1.34kW。

则每平方米集热器可产出 1.34kW 热量，每组集热器集热面积为 6.5m²，每组集热器的产热量为：1.34×6.5=8.71kW。

（4）每组集热器可产热量 8.71kW，采暖每天消耗总热量：室内采暖耗热量按建筑面积每平方米 60W/h 计算：140m²×60W/h×12h/1000=100.8kW。

（5）洗浴用热水量按每户 3 人，每人 50L/d，热水温度按 50℃，冷水温度按 12℃计算，每天用热水量为 150L。洗浴每天消耗总热量为：

$$150\times4.187\times103\times(50-12)/1000/3600=6.63\text{kW}$$

（6）每户每天所需总热量为：100.8+6.63=107.43kW，所需集热器数量：107.43/8.71=13 组。

3. 系统设计运行原理

该太阳能系统由太阳能集热器、保温水箱、水泵组、辅助能源、分水器及集水器和控制柜等组成（见图 5-35），分为三个循环系统：

（1）集热器与保温水箱循环控制

集热器与保温水箱循环采用温差循环方式。在集热器处放置温度传感器 T_1，保温水箱内放置温度传感器 T_2。当 $T_1-T_2\geqslant10$℃时，水泵 1 开启将保温水箱内的水强制循环进集热器内，将集热器内的水顶入保温水箱内，从而实现热交换；当 $T_1-T_2\leqslant3$℃时，表明集热器与保温水箱内的水已充分进行热交换，水泵 1 停止工作。

（2）地热盘管与保温水箱循环控制

保温水箱通过集水器与分水器与地热盘管形成一个循环。每隔 40min 开启水泵循环换热一次，在循环回路上装有温度传感器 T_3，用于测回水温度。当 $T_3\geqslant50$℃时，水泵 2 停止运行；当 $T_3<50$℃时，水泵 2 继续工作。

（3）地热盘管恒温供水控制

在分水器与水泵 2 之间的管路上安装水温自动调节阀，在地热盘管回水管路上安装水泵 3 与地热盘管供水管路上的水温自动调节阀相连接，当水箱中的温度高于 55℃时，水泵 2 开启的同时开启水泵 3。

（4）生活用热水供水控制

自来水经过换热盘管与保温水箱进行换热，实现洗浴用水即开即热。

（5）辅助热源控制

当光照不充足时，太阳能不能吸收足够热量，可使用锅炉、柴灶、沼气或电加作为辅助热源。若用电加热作为辅助热源，则当 $T_2\leqslant40$℃时电加热开启，$T_2\geqslant50$℃时停止。

（6）补水控制

当保温水箱内水位由浮球阀控制，始终保持在满水位。

4. 北京地区典型村镇住宅建筑太阳能系统设计图

相关设计图如图 5-33～图 5-37 所示。

9900
3300
2700
3900
热水箱
北
花坛
分、集水器
N-1-6
N-2-6
N-2
N-1
N-1-1
N-2-1
N-1-2
N-2-2
N-2-3
N-1-3
设备间
餐厅
厨房
上
卫生间
N-1-4
N-1-5
N-2-5
N-2-4
由二层引来
±0.000
±0.000
老人卧室
起居室
侧院
花坛
前院
车库
农具室
660
880
1520
2100
9300
4200
600
2100
3300
2700
3900
9900

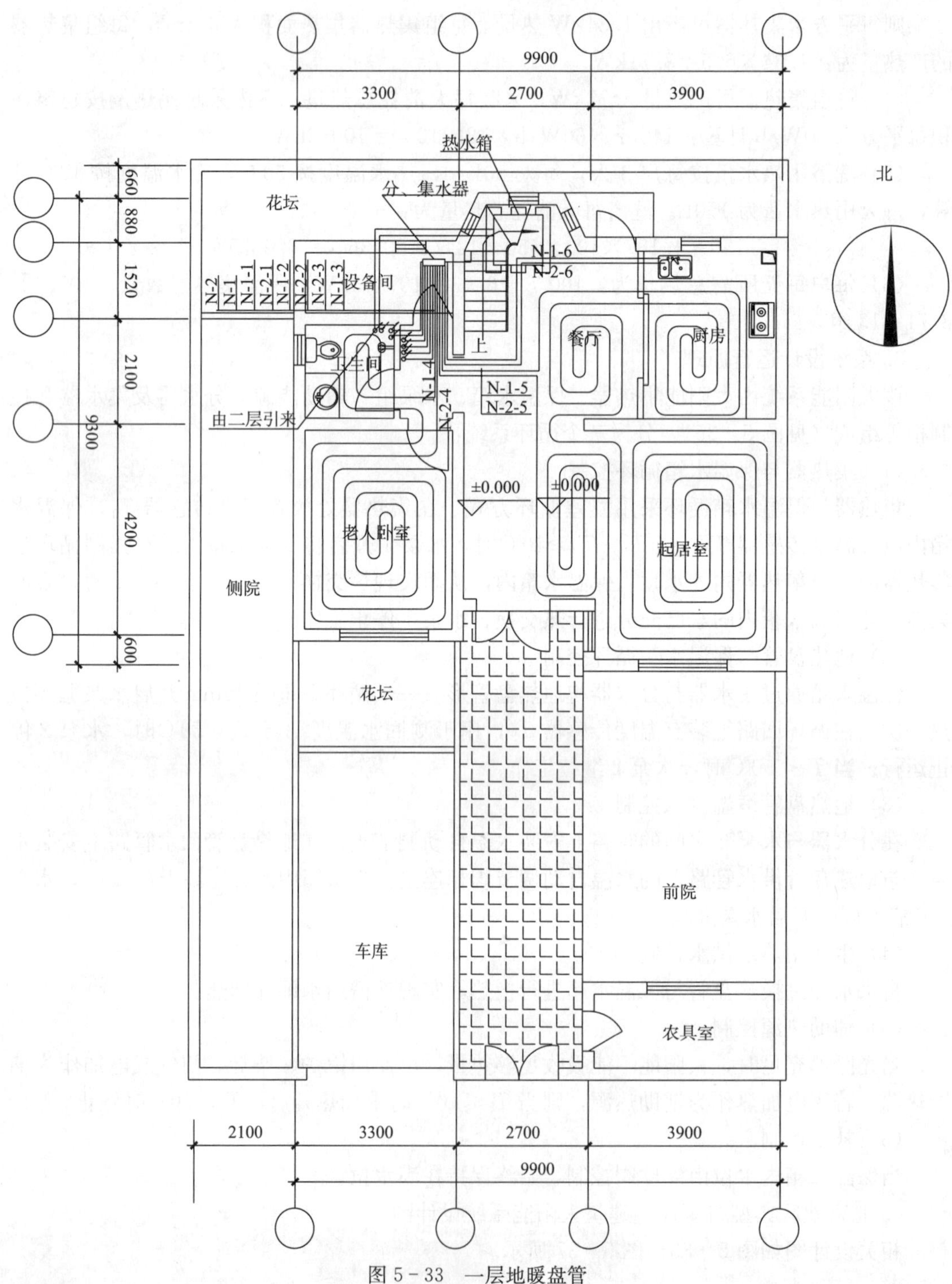

图 5-33　一层地暖盘管

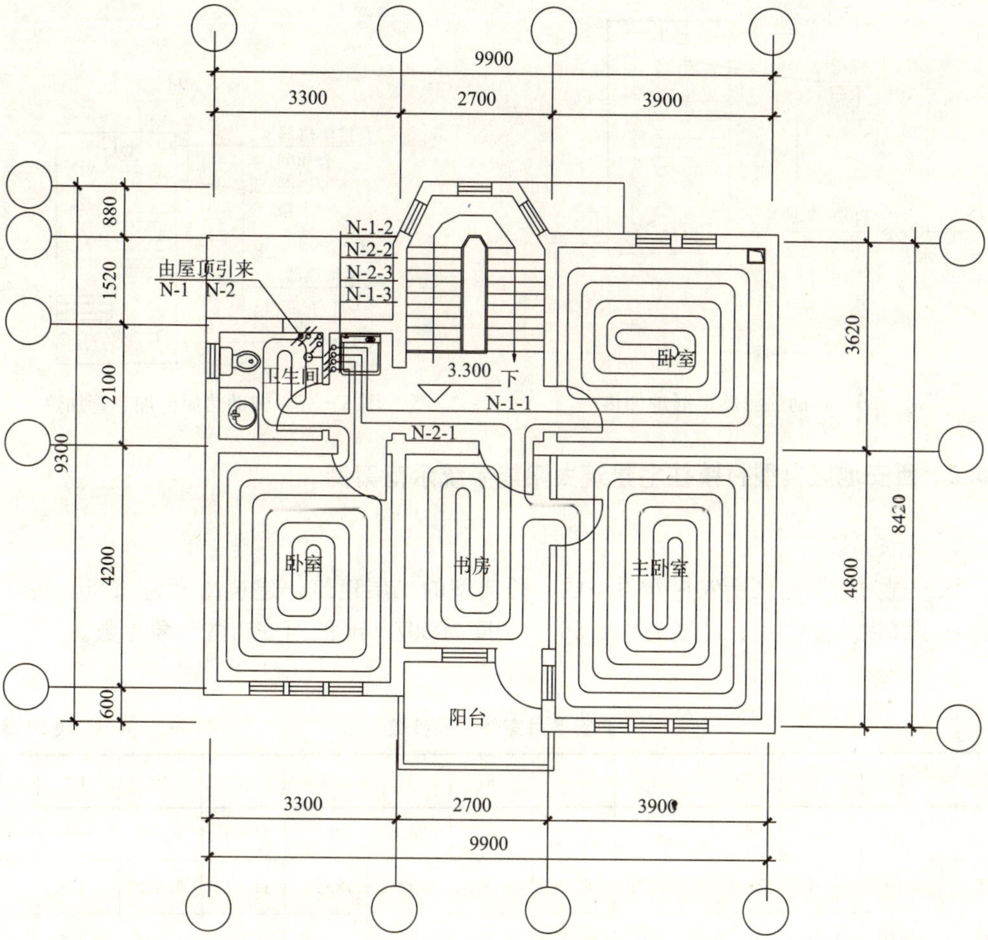

图 5-34　二层地暖盘管

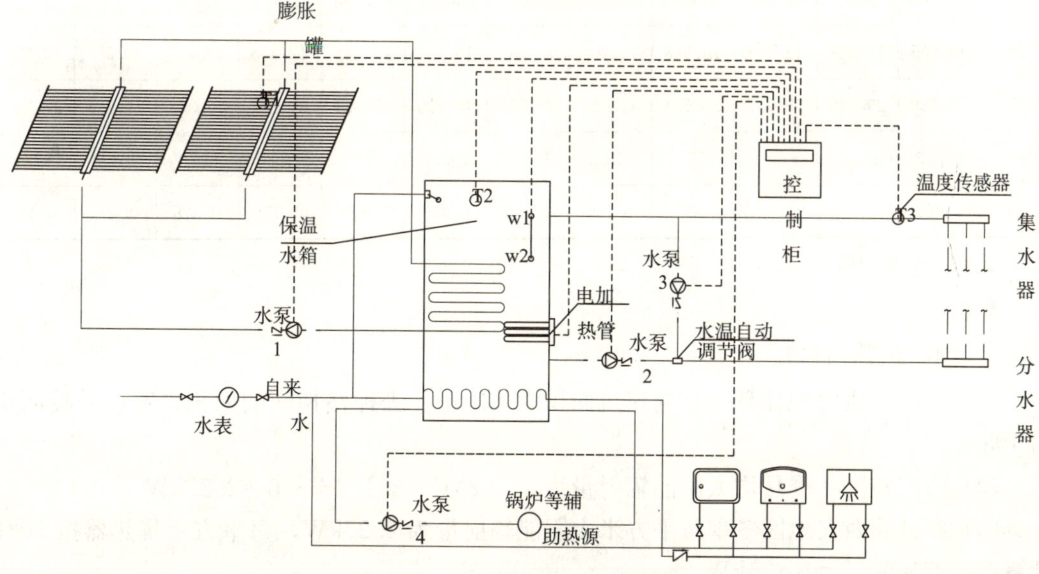

图 5-35　太阳能系统运行原理图

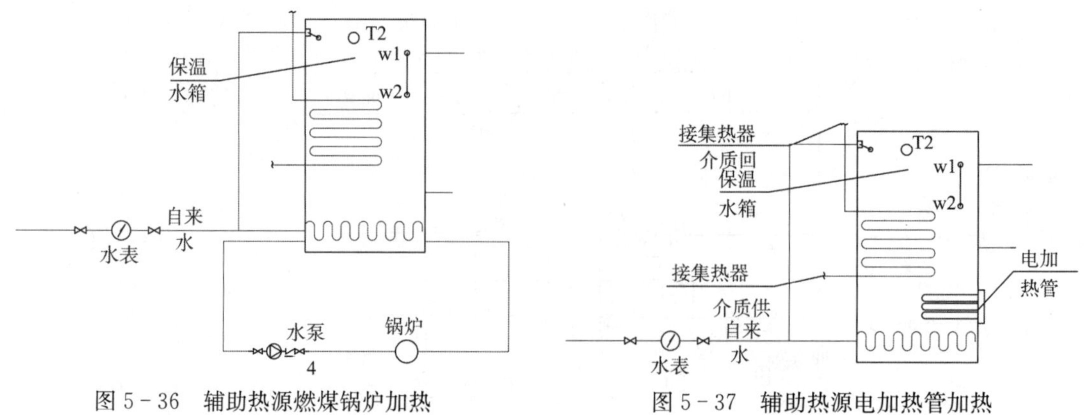

图 5－36　辅助热源燃煤锅炉加热　　图 5－37　辅助热源电加热管加热

5.6.2　西安地区典型村镇住宅建筑太阳能系统示范案例

1. 气象参数

该工程为西安地区新农村建设中的一种典型的二层建筑，建筑高度为 6.8m。表 5－3 给出位于纬度为 34°18′、经度为 108°56′、高度为 397.5m 的西安市的气象参数。

西安各月室外气象参数[41]　　表 5－3

月份	1	2	3	4	5	6	7	8	9	10	11	12
T_a	−1.0	2.1	8.1	14.1	19.1	25.2	26.6	25.5	19.4	13.7	6.6	0.7
T_t	7.884	9.513	11.796	14.359	16.756	19.363	18.232	18.213	11.816	9.822	8.075	7.214
H_d	4.585	5.734	7.352	8.743	9.011	9.315	8.573	7.628	6.137	5.201	4.527	4.199
H_b	3.299	3.823	4.454	5.616	7.744	10.048	9.659	10.593	5.686	4.643	3.548	3.021
H	10.605	11.541	12.612	13.928	15.209	16.980	16.167	17.345	12.458	11.693	10.587	10.200
H_o	18.788	23.546	29.987	36.054	41.010	41.504	40.600	37.321	31.874	25.333	19.795	17.260
S_m	105.3	107.5	125.5	153.8	178.1	192.0	198.7	202.3	132.0	115.7	102.8	97.4
K_t	0.420	0.404	0.393	0.398	0.419	0.466	0.449	0.488	0.371	0.388	0.408	0.418

注：表中符号意义同表 5－2。

2. 太阳能设计计算

（1）室内取暖面积计算：室内建筑面积为 123m^2，去掉楼梯间的面积，室内采暖面积为 108m^2。

（2）西安地区冬季月均太阳能辐射量为 8.172MJ，8.172÷3.6＝2.27kW。

（3）经计算西安地区冬季每平方米太阳能辐射量为 2.27kW，每平方米集热器按 50％计算：2.27×50％＝1.135kW。

则每平方米集热器可产出 1.135kW 热量，每组集热器集热面积为 6.5m^2，每组集热器的产热量为：1.135×6.5=7.38kW。

（4）每组集热器可产热量7.38kW，采暖每天消耗总热量：室内采暖耗热量按建筑面积每平方米50W/h计算：$108m^2$×50W/h×12h/1000=64.8kW。

（5）洗浴用热水量按每户3人，每人50L/d，热水温度按50℃，冷水温度按15℃计算，每天用热水量为150L。洗浴每天消耗总热量为：

150L×4.187×103×(50−15)/1000/3600=6.11kW

（6）每户每天所需总热量为：64.8+6.11=70.91kW，所需集热器数量：70.91/7.38=10组

3. 系统设计运行原理

该太阳能系统由太阳能集热器、保温水箱、水泵组、辅助能源、分水器及集水器和控制柜等组成，分为三个循环系统：

（1）集热器与保温水箱循环控制

集热器与保温水箱循环采用温差循环方式。在集热器处放置温度传感器 T_1（见图5-27），保温水箱内放置温度传感器 T_2。当 $T_1-T_2\geqslant10$℃时，水泵1开启将保温水箱内的水强制循环进集热器内，将集热器内的水顶入保温水箱内，从而实现热交换；当 $T_1-T_2\leqslant3$℃时，表明集热器与保温水箱内的水已充分进行热交换，水泵1停止工作（见图5-40）。

（2）地热盘管与保温水箱循环控制

保温水箱通过集水器与分水器与地热盘管形成一个循环。每隔40min开启水泵循环换热一次，在循环回路上装有温度传感器 T_3，用于测回水温度。当 $T_3\geqslant50$℃时，水泵2停止运行；当 $T_3<50$℃时，水泵2继续工作。

（3）地热盘管恒温供水控制

在分水器与水泵2之间的管路上安装水温自动调节阀，在地热盘管回水管路上安装水泵3与地热盘管供水管路上的水温自动调节阀相连接，当水箱中的温度高于55℃时，水泵2开启的同时开启水泵3。

（4）生活用热水供水控制

自来水经过换热盘管与保温水箱进行换热，实现洗浴用水即开即热。

（5）辅助热源控制

当光照不充足时，太阳能不能吸收足够热量，可使用锅炉、柴灶、沼气或电加作为辅助热源。若用电加热作为辅助热源，则当 $T_2\leqslant40$℃时电加热开启，$T_2\geqslant50$℃时停止。

（6）补水控制

当保温水箱内水位由浮球阀控制，始终保持在满水位。

4. 西安地区典型村镇住宅建筑太阳能系统设计图

相关设计图如图5-38～图5-42所示。

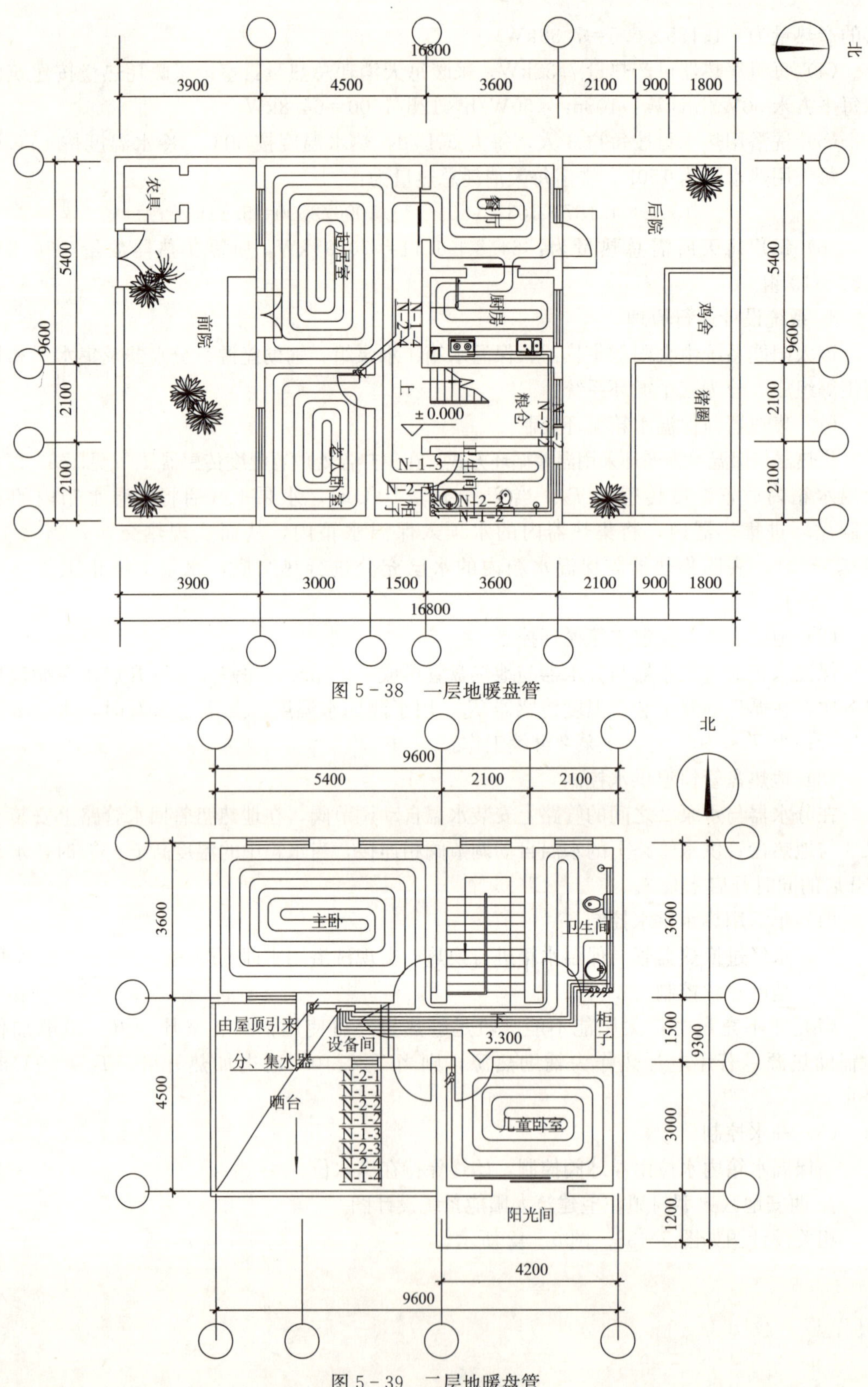

图 5－38　一层地暖盘管

图 5－39　二层地暖盘管

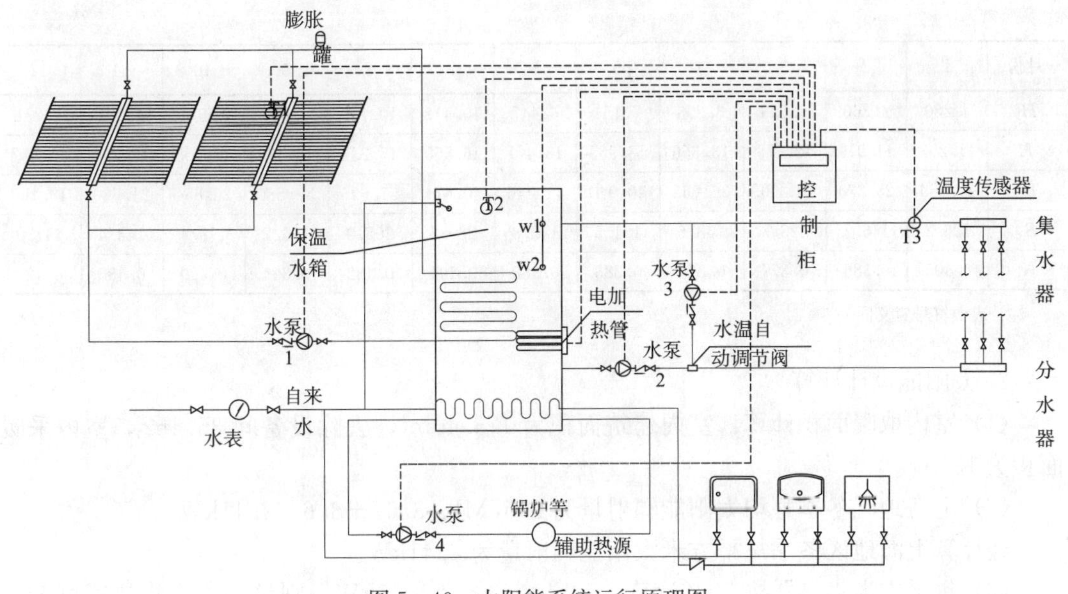

图 5-40　太阳能系统运行原理图

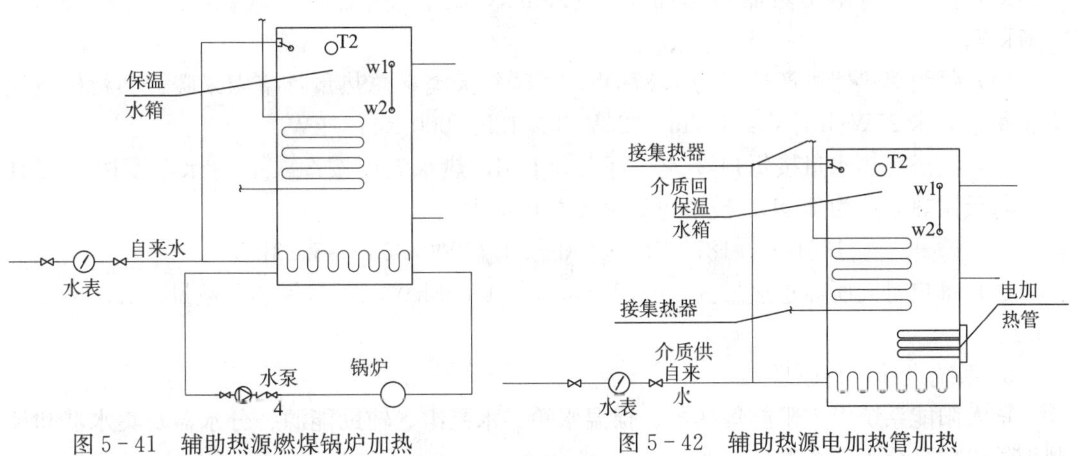

图 5-41　辅助热源燃煤锅炉加热　　　图 5-42　辅助热源电加热管加热

5.6.3　上海地区典型村镇住宅建筑太阳能系统示范案例

1. 气象参数

该工程为上海地区新农村建设中的一种典型的二层建筑，建筑高度为 6.8m。表 5-4 给出位于纬度为 31°24′、经度为 121°29′、高度为 6m 的上海市的气象参数。

上海各月室外气象参数[41]　　　表 5-4

月份	1	2	3	4	5	6	7	8	9	10	11	12
T_a	3.5	4.6	8.3	14.0	18.8	23.3	27.8	27.7	23.6	18.0	12.3	6.2
T_t	8.371	9.730	11.772	13.725	15.335	15.111	18.673	18.180	12.963	11.518	9.411	8.047
H_d	4.091	4.869	6.179	7.372	8.197	8.664	8.262	7.450	6.883	5.544	4.509	3.776

续表

月份	1	2	3	4	5	6	7	8	9	10	11	12
H_b	4.280	4.860	5.593	6.353	7.154	6.447	10.412	10.730	6.080	5.974	4.903	4.271
H	11.293	11.919	12.775	13.356	13.965	13.471	16.550	17.236	13.479	13.555	12.330	11.437
H_0	20.669	25.220	31.222	36.663	40.040	41.246	40.474	37.696	32.880	26.854	21.620	19.180
S_m	126.2	146.7	123.3	163.6	191.5	148.8	220.5	205.9	196.2	179.4	148.4	147.0
K_t	0.405	0.386	0.377	0.374	0.383	0.366	0.461	0.482	0.394	0.429	0.435	0.420

注：表中符号意义同表 5-2。

2. 太阳能设计计算

（1）室内取暖面积计算：室内建筑面积为 173.40m²，去除设备间 36.4m²，室内采暖面积为 137m²。

（2）上海地区冬季月均太阳能辐射量为 8.67MJ，8.67÷3.6＝2.41kW。

经计算上海地区冬季每平方米太阳能辐射量为 2.41kW。

（3）每平方米集热器按 50%计算：2.41×50%＝1.21kW，则每平方米集热器可产出 1.21kW 热量，每组集热器集热面积为 6.5m²，每组集热器的产热量为：1.21×6.5＝7.87kW。

（4）每组集热器可产热量为 7.87kW，采暖每天消耗总热量：室内采暖耗热量按建筑面积每平方米 25W/h 计算：137m²×25W/h×12h/1000＝41.1kW。

（5）洗浴用热水量按每户 3 人，每人 50L/d，热水温度按 50℃，冷水温度按 20℃计算，每天用热水量为 150L。洗浴每天消耗总热量为：

$$150L\times4.187\times10^3\times(50-20)/1000/3600=5.23kW$$

（6）每户每天所需总热量为：41.1＋5.23＝46.33kW，所需集热器数量：46.33/7.87＝6 组

3. 系统设计运行原理

该太阳能系统由太阳能集热器、保温水箱、水泵组、辅助能源、分水器及集水器和控制柜等组成，分为三个循环系统：

（1）集热器与保温水箱循环控制

集热器与保温水箱循环采用温差循环方式。在集热器处放置温度传感器 T_1（见图 5-27），保温水箱内放置温度传感器 T_2。当 $T_1-T_2\geqslant10$℃时，水泵 1 开启将保温水箱内的水强制循环进集热器内，将集热器内的水顶入保温水箱内，从而实现热交换；当 $T_1-T_2\leqslant3$℃时，表明集热器与保温水箱内的水已充分进行热交换，水泵 1 停止工作（见图 5-45）。

（2）地热盘管与保温水箱循环控制

保温水箱通过集水器与分水器与地热盘管形成一个循环。每隔 40min 开启水泵循环换热一次，在循环回路上装有温度传感器 T_3，用于测回水温度。当 $T_3\geqslant50$℃时，水泵 2 停止运行；当 $T_3<50$℃时，水泵 2 继续工作。

（3）地热盘管恒温供水控制

在分水器与水泵 2 之间的管路上安装水温自动调节阀，在地热盘管回水管路上安装水

泵 3 与地热盘管供水管路上的水温自动调节阀相连接，当水箱中的温度高于 55℃时，水泵 2 开启的同时开启水泵 3。

(4) 生活用热水供水控制

自来水经过换热盘管与保温水箱进行换热，实现洗浴用水即开即热。

(5) 辅助热源控制

当光照不充足时，太阳能不能吸收足够热量，可使用锅炉、柴灶、沼气或电加作为辅助热源。若用电加热作为辅助热源，则当 $T_2 \leqslant 40$℃时电加热开启，$T_2 \geqslant 50$℃时停止。

(6) 补水控制

当保温水箱内水位由浮球阀控制，始终保持在满水位。

4. 上海地区典型村镇住宅建筑太阳能系统设计图

相关设计图如图 5-43～图 5-47 所示。

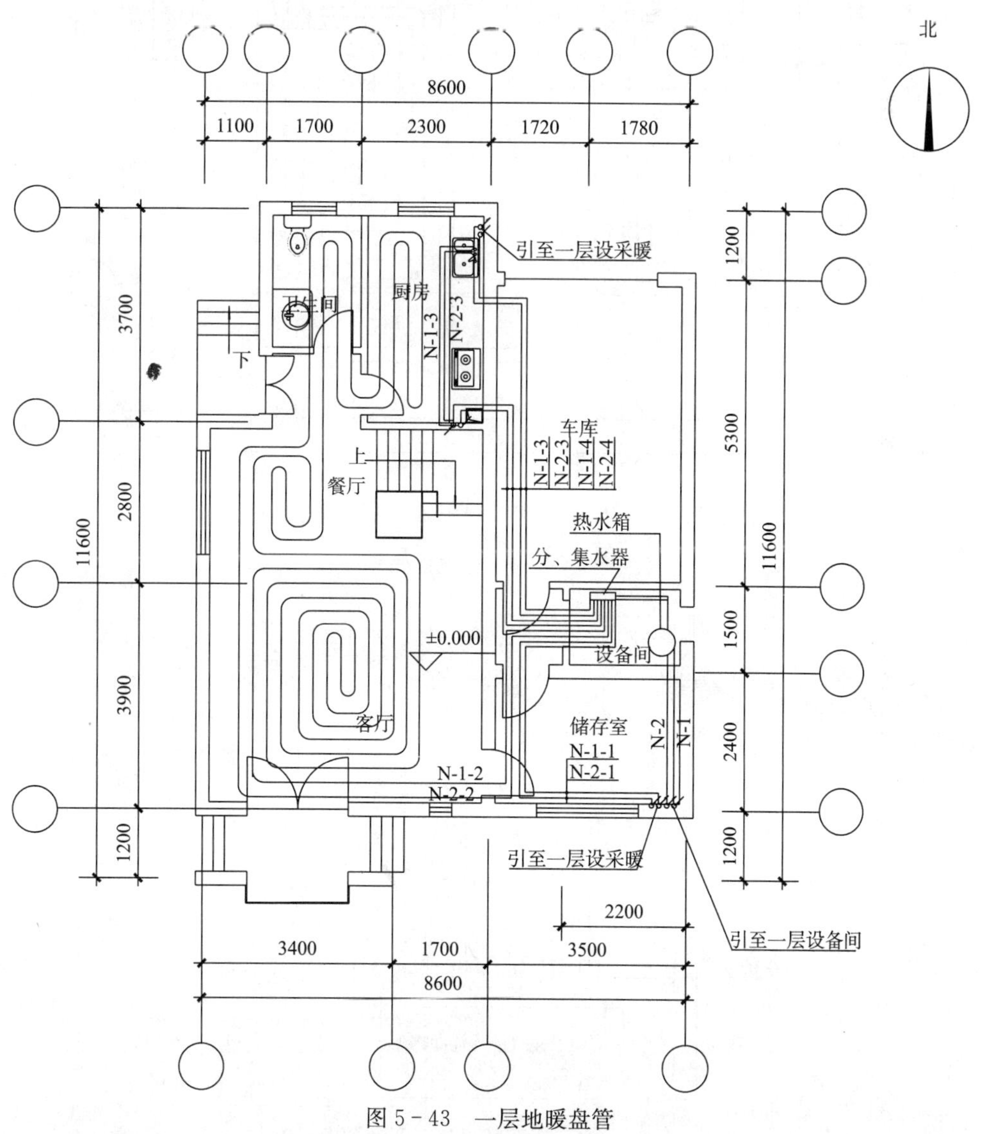

图 5-43 一层地暖盘管

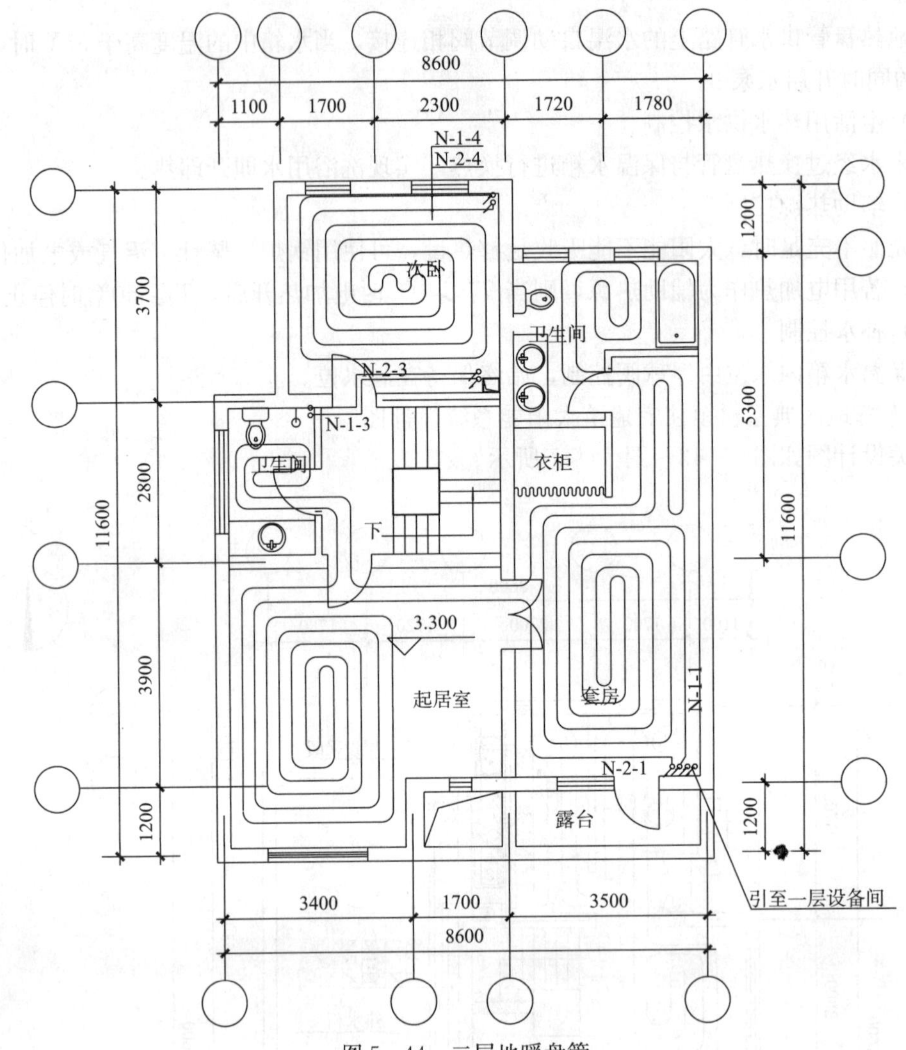

图 5－44　二层地暖盘管

图 5－45　太阳能系统运行原理图

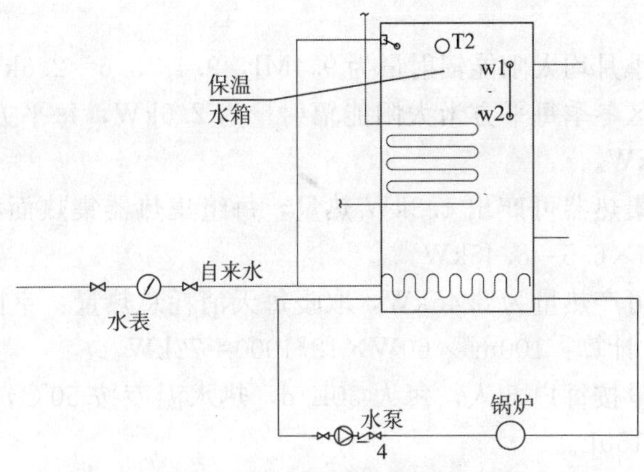

图 5-46 辅助热源燃煤锅炉加热

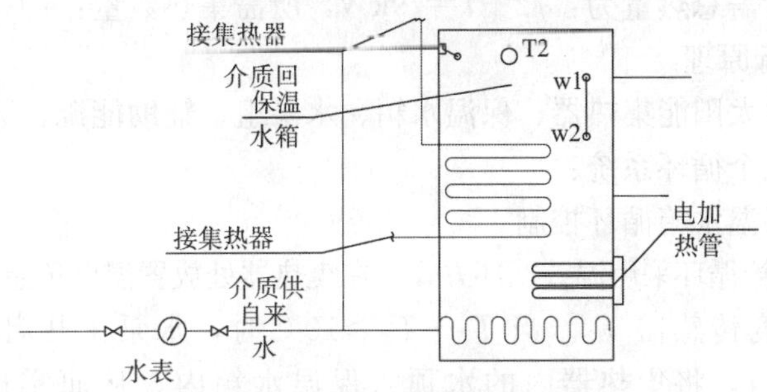

图 5-47 辅助热源电加热管加热

5.6.4 长春地区典型村镇住宅建筑太阳能系统示范案例

1. 气象参数

该工程为长春地区新农村建设中的一种典型的二层建筑，建筑高度为 6.8m。表 5-5 给出位于纬度为 43°54′、经度为 125°13′、高度为 236.8m 的长春市的气象参数。

长春各月室外气象参数[41] 表 5-5

月份	1	2	3	4	5	6	7	8	9	10	11	12
T_a	−16.4	−12.7	−3.5	6.7	15.0	20.1	23.0	21.3	15.0	6.8	−3.8	−12.8
T_t	7.558	10.911	14.762	17.265	19.527	19.855	17.032	15.936	15.202	11.004	7.623	6.112
H_d	2.980	4.172	5.558	7.310	8.287	8.990	8.492	7.133	5.392	3.916	2.890	2.543
H_b	4.578	6.739	9.026	9.955	11.276	10.829	8.540	8.804	9.810	7.088	4.734	3.569
H	14.890	17.342	18.683	17.707	17.340	16.863	14.761	15.255	17.995	16.753	13.985	13.166
H_o	12.891	18.071	25.662	33.564	39.329	41.753	40.420	35.556	28.215	20.229	14.016	11.326
S_m	195.5	202.5	247.8	249.8	270.3	256.1	227.6	242.9	243.1	222.1	180.9	170.6
K_t	0.586	0.604	0.575	0.514	0.497	0.476	0.421	0.488	0.539	0.544	0.544	0.540

注：表中符号意义同表 5-2。

2. 太阳能设计计算

(1) 室内取暖面积计算：室内建筑面积为 140m^2，去掉楼梯间及走廊的面积，室内采

暖面积为 $100m^2$。

(2) 长春地区冬季月均太阳能辐射量为 9.4MJ，9.4÷3.6＝2.6kW。

经计算，长春地区冬季每平方米太阳能辐射量为 2.6kW，每平方米集热器按 50%计算：2.6×50%＝1.3kW。

(3) 则每平方米集热器可产出 1.3kW 热量，每组集热器集热面积为 $6.5m^2$，每组集热器的产热量为：1.3×6.5＝8.45kW。

(4) 每组集热器可产热量为 8.45kW，取暖每天消耗总热量：室内采暖耗热量按建筑面积每平方米 60W/h 计算：$100m^2$×60W×12/1000＝72kW。

(5) 洗浴用热水量按每户 5 人，每人 30L/d，热水温度按 50℃，冷水温度按 10℃计算，每天用热水量为 150L。

洗浴每天消耗总热量为：150L×4187×(50－10)/3600＝7kW。

(6) 每户每天所需总热量为：72＋7＝79kW，所需集热数量：79/8.45＝9 组。

3. 系统设计运行原理

该太阳能系统由太阳能集热器、保温水箱、水泵组、辅助能源、分水器及集水器和控制柜等组成，分为三个循环系统：

(1) 集热器与保温水箱循环控制

集热器与保温水箱循环采用温差循环方式。在集热器处放置温度传感器 T_1（见图 5－27)，保温水箱内放置温度传感器 T_2。当 $T_1-T_2\geqslant$10℃时，水泵 1 开启将保温水箱内的水强制循环进集热器内，将集热器内的水顶入保温水箱内，从而实现热交换；当 $T_1-T_2\leqslant$3℃时，表明集热器与保温水箱内的水已充分进行热交换，水泵 1 停止工作（见图 5－51)。

(2) 地热盘管与保温水箱循环控制

保温水箱通过集水器与分水器与地热盘管形成一个循环。每隔 40min 开启水泵循环换热一次，在循环回路上装有温度传感器 T_3，用于测回水温度。当 $T_3\geqslant$50℃时，水泵 2 停止运行；当 $T_3<$50℃时，水泵 2 继续工作。

(3) 地热盘管恒温供水控制

在分水器与水泵 2 之间的管路上安装水温自动调节阀，在地热盘管回水管路上安装水泵 3 与地热盘管供水管路上的水温自动调节阀相连接，当水箱中的温度高于 55℃时，水泵 2 开启的同时开启水泵 3。

(4) 生活用热水供水控制

自来水经过换热盘管与保温水箱进行换热，实现洗浴用水即开即热。

(5) 辅助热源控制

当光照不充足时，太阳能不能吸收足够热量，可使用锅炉、柴灶、沼气或电加作为辅助热源。若用电加热作为辅助热源，则当 $T_2\leqslant$40℃时电加热开启，$T_2\geqslant$50℃时停止。

(6) 补水控制

当保温水箱内水位由浮球阀控制，始终保持在满水位。

4. 长春地区典型村镇住宅建筑太阳能系统设计图

相关设计图如图 5－48～图 5－52 所示。

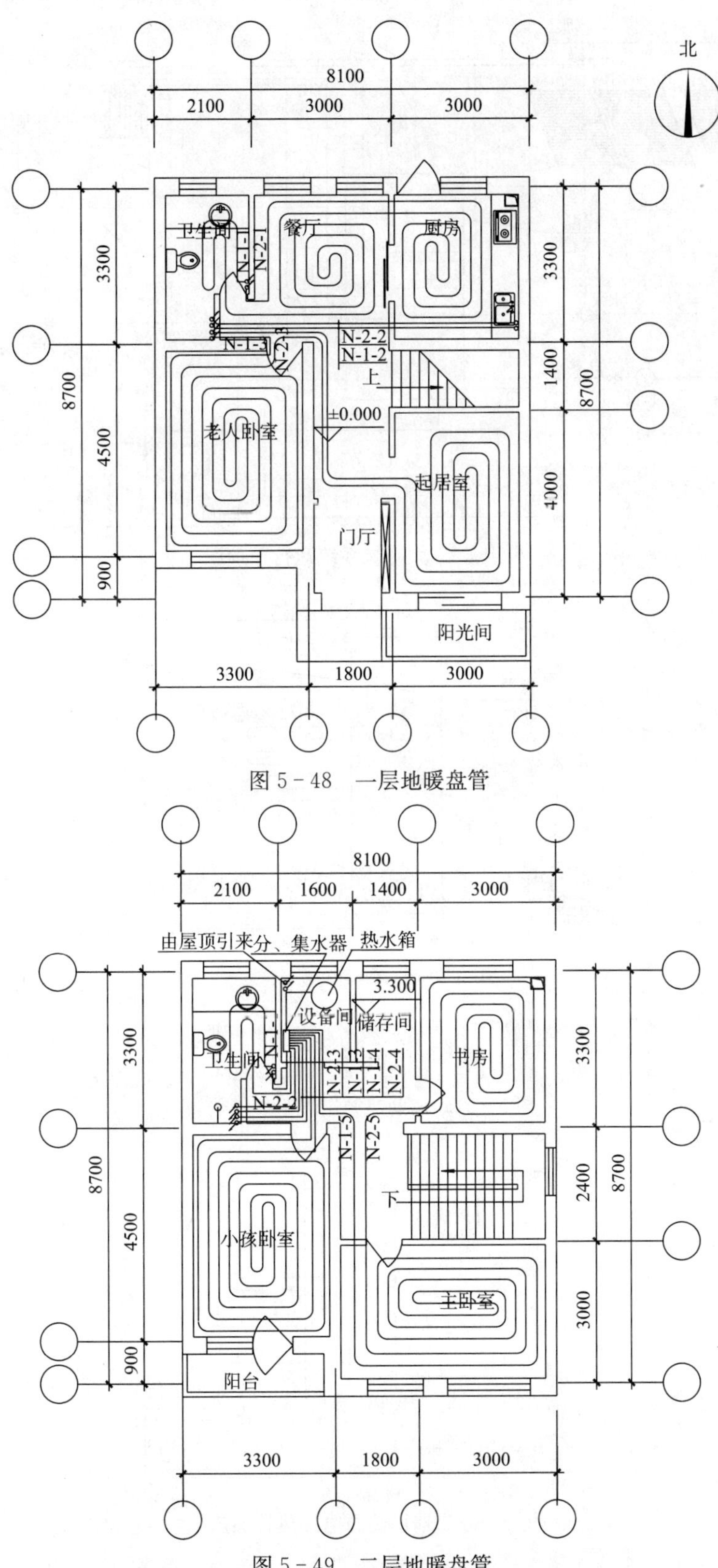

图 5-48　一层地暖盘管

图 5-49　二层地暖盘管

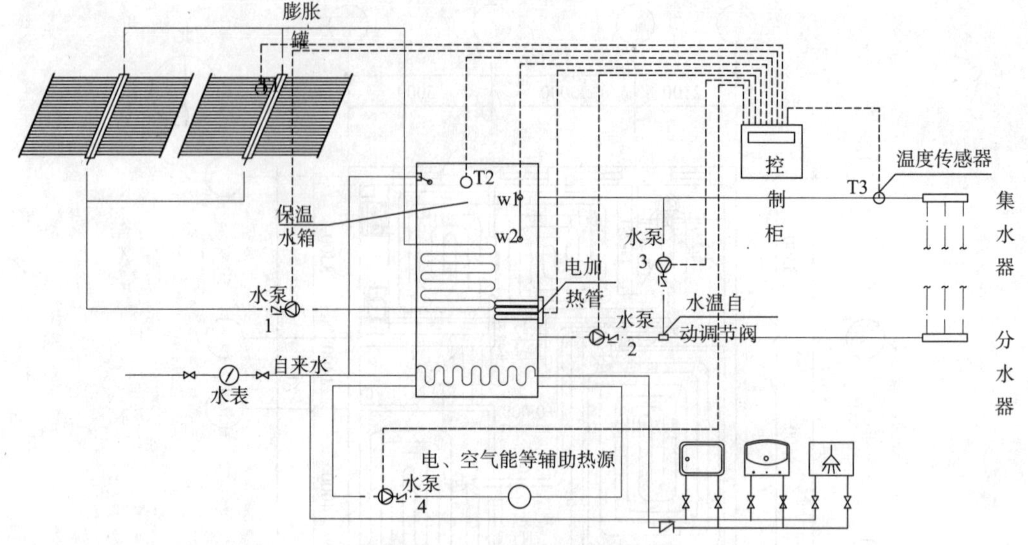

图 5-50　太阳能系统运行原理图

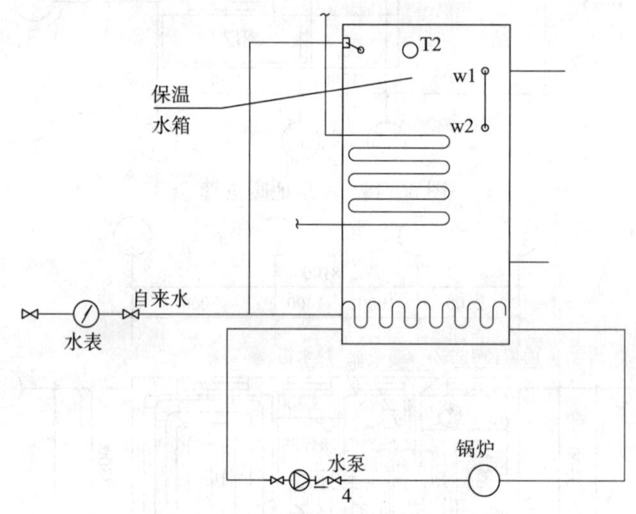

图 5-51　辅助热源燃煤锅炉加热

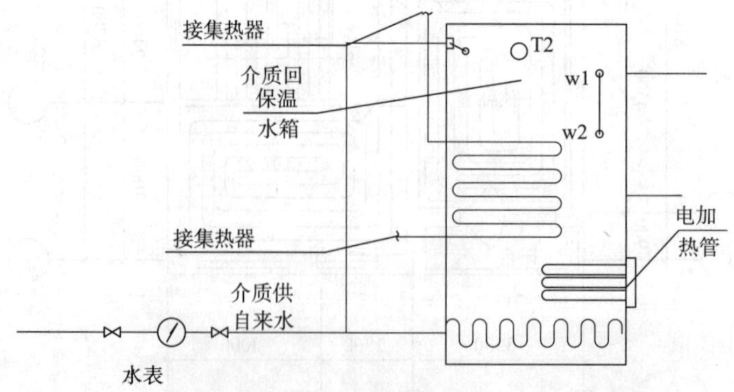

图 5-52　辅助热源电加热管加热

第6章　住宅建筑的太阳能供热采暖系统设计

住宅太阳能供热系统主要是利用太阳能集热器收集太阳能并结合辅助能源满足采暖和生活热水的需求。太阳能供热系统的选择、设备布置是系统设计的重要组成部分，直接涉及太阳能供热系统的运行质量、性能保证、节能收益和工作寿命。本章主要介绍住宅建筑的太阳能供热系统设计、辅助设备布置方式，并针对设计过程中的各部分主要问题作了阐述，为合理地进行太阳能供热系统设计提供依据。

6.1　太阳能供热采暖系统装置技术要求

太阳能供热技术是利用太阳能资源作为供热系统的热源，使用太阳能集热装置将太阳能转换成热能，用于建筑物冬季采暖或全年其他用热。太阳能采暖方式可分为主动式和被动式两种方式。被动式太阳能采暖主要是通过对建筑的朝向与周围环境的合理布置，内部空间与外部形体的巧妙处理以及建筑材料和结构构造的恰当选择，使建筑物在冬季能充分收集、存储和分配太阳辐射热。主动式太阳能采暖系统主要由太阳能集热系统、蓄热系统、末端采暖系统、自动控制系统和其他能源辅助加热、换热设备集合构成，相比于被动式太阳能采暖，主动式太阳能采暖供热工况更加稳定，但同时投资费用也增大，系统较为复杂，也是太阳能供热设计技术难点之一。在既有建筑上增设或改造太阳能供热采暖系统，必须经建筑结构安全复核，并应满足建筑结构及其他相应的安全性要求。

太阳能供热采暖系统类型的选择，应根据所在地区气候、太阳能资源条件、建筑物类型、使用功能、业主要求、投资规模、安装条件等因素综合确定。太阳能供热采暖系统设计应充分考虑施工安装、操作使用、运行管理、部件更换和维护等要求，做到安全、可靠、适用、经济、美观。

太阳能供热采暖系统应根据不同地区和使用条件采取防冻、防结露、防过热、防雷、防雹、抗风、抗震和保证电气安全等技术措施。

太阳能供热采暖系统应设置其他能源辅助加热/换热设备，辅助热源应根据当地条件，选择城市热网、电、燃气、燃油、工业余热或生物质燃料等，加热/换热设备选择各类锅炉、换热器和热泵等，做到因地制宜、经济适用。

太阳能供热采暖系统中所采用的设备和产品，正常使用寿命不应少于15年。

建筑屋面或建筑旁能够摆放相应面积的太阳能集热器。安装太阳能采暖系统的建筑，主要朝向宜为南向。建筑的体形和空间组合避免安装太阳能集热器部位受建筑自身及周围设施和绿化树木的遮挡，并应满足太阳能集热器有不少于4h日照射数的要求。

建筑的主体结构或结构构件，应能够承受太阳能热水系统的荷载。建筑外墙要有保温，建筑的玻璃是节能玻璃。

6.2 太阳能供热采暖系统的分类、特点及适用性

太阳能供热采暖系统可由太阳能集热系统、蓄热系统、末端供热采暖系统、自动控制系统和其他能源辅助加热/换热设备集合构成。《太阳能供热采暖工程技术规范》GB 50495－2009 中对太阳能供热采暖系统分别按集热器类型、集热系统运行方式、末端类型、蓄热能力进行了分类：

(1) 按所使用的太阳能集热器类型，可分为下列两种系统：

1) 空气集热器太阳能供热采暖系统；

2) 液体工质集热器太阳能供热采暖系统。

(2) 按集热系统的运行方式，可分为下列两种系统：

1) 直接式太阳能供热采暖系统；

2) 间接式太阳能供热采暖系统。

(3) 按所使用的末端供暖系统类型，可分为下列 4 种系统：

1) 低温热水地板辐射太阳能供暖系统；

2) 水—空气处理设备太阳能供暖系统；

3) 散热器太阳能供暖系统；

4) 热风采暖太阳能供暖系统。

(4) 按蓄热能力，可分为下列两种系统：

1) 短期蓄热太阳能供热采暖系统；

2) 季节蓄热太阳能供热采暖系统。

在选择太阳能供热采暖系统类型时，宜根据建筑的类型及当地的气候条件进行选择，不建筑气候区及不同建筑类型的系统形式可参照表 6－1 进行选择。

太阳能供热采暖系统选型 表 6－1

建筑气候分区			严寒地区			寒冷地区			夏热冬冷、温和地区		
建筑类型			底层	多层	高层	底层	多层	高层	底层	多层	高层
太阳能供热采暖系统类型	太阳能集热器	空气集热器	●	—	—	●	—	—	●	—	—
		液体工质集热器	●	●	●	●	●	●	●	●	●
	末端供暖系统	低温热水地板辐射	●	●	●	●	●	●	●	●	●
		水-空气处理设备	—	—	—	—	—	—	●	●	●
		散热器	—	—	—	●	●	●	●	●	●
		热风采暖	●	—	—	●	—	—	●	—	—
	系统蓄热能力	短期蓄热	●	●	●	●	●	●	●	●	●
		季节蓄热	●	●	●	●	●	●	—	—	—
	集热系统运行方式	直接系统	—	—	—	—	—	—	●	●	●
		间接系统	●	●	●	●	●	—	—	—	—

注：表中“●”代表可用；“—”表示不可采用。

6.3 系统负荷计算：系统日耗热量、设计小时耗热量

太阳能系统的负荷计算主要有以下两种用途：第一是为了确定太阳能集热器的面积；第二是为了选择辅助热源及管路管径的计算。太阳能供热采暖系统的负荷包括两部分：采暖负荷和生活热水负荷。系统设计负荷的确定是根据对采暖热负荷及生活热水负荷分别进行计算后选择两者中较大的负荷作为太阳能供热采暖系统的设计负荷，且太阳能供热采暖系统的设计负荷应由太阳能集热系统和其他辅助热源共同负担。

6.3.1 采暖负荷的计算

根据《太阳能供热采暖工程技术规范》GB 50495－2009 的规定，太阳能集热系统负担的采暖热负荷是在计算采暖期室外平均气温条件下的建筑物耗热量。建筑物耗热量、围护结构传热耗热量、空气渗透耗热量的计算按下列公式进行计算。

1. 建筑物耗热量

$$Q_{H}=Q_{HT}+Q_{INF}-Q_{IH} \qquad (6-1)$$

式中 Q_{H}——建筑物耗热量，W；

Q_{HT}——通过围护结构的传热耗热量，W；

Q_{INF}——空气渗透耗热量，W；

Q_{IH}——建筑物内部得热量（包括照明、电器、炊事和人体散热等），W。

2. 通过围护结构的传热耗热量

$$Q_{HT}=(t_{i}-t_{e})(\sum \varepsilon KF) \qquad (6-2)$$

式中 Q_{HT}——通过围护结构的传热耗热量，W；

t_{i}——室内空气计算温度，按《采暖通风与空气调节设计规范》GB 50019 中的规定范围的低限选取，℃；

t_{e}——采暖期室外平均温度，℃；

ε——各围护结构传热系数的修正系数，参照相关的建筑节能设计行业标准选取；

K——各围护结构的传热系数，W/(m^2·℃)；

F——各围护结构的面积，m^2。

3. 空气渗透耗热量

$$Q_{INF}=(t_{i}-t_{e})(c_{P}\rho NV) \qquad (6-3)$$

式中 Q_{INF}——空气渗透耗热量，W；

c_{P}——空气比热容，取 0.28W·h/(kg·℃)；

ρ——空气密度，取 t_{e} 条件下的值，kg/m^3；

N——换气次数，h^{-1}；

V——换气体积，m^3。

6.3.2 热水负荷的计算

太阳能集热系统负担的热水供应负荷为建筑物的生活热水日均耗热量，按下式进行计算：

$$Q_W = mq_r c_W \rho_W (t_r - t_i)/86400 \tag{6-4}$$

式中 Q_W——生活热水日平均耗热量，W；

m——用水计算单位数，人数或床位数；

q_r——热水用水定额，根据《建筑给水排水设计规范》GB 50015 的规定，按热水最高日用水定额的下限取值，L/(人・d) 或 L/(床・d)；

c_W——水的比热容，取 4187J/(kg・℃)；

ρ_W——热水密度，kg/L；

t_r——设计热水温度,℃；

t_i——设计冷水温度,℃。

6.4 集热设备及系统设计

6.4.1 太阳能集热器的分类

太阳能集热器虽然不是直接面向消费者的终端产品，但是太阳能集热器是组成各种太阳能热利用系统的关键部件。无论是太阳能热水器、太阳灶、主动式太阳房、太阳能温室还是太阳能干燥、太阳能工业加热、太阳能热发电等都离不开太阳能集热器，都是以太阳能集热器作为系统的动力或者核心部件的。在太阳能的热利用中，关键是将太阳的辐射能转换为热能。由于太阳能比较分散，必须设法把它集中起来，所以，集热器是各种利用太阳能装置的关键部分。由于用途不同，集热器及其匹配的系统类型分为许多种，名称也不同，如用于炊事的太阳灶、用于产生热水的太阳能热水器、用于干燥物品的太阳能干燥器、用于熔炼金属的太阳能熔炉，以及太阳房、太阳能热电站、太阳能海水淡化器等。常见的有平板型、真空管型和聚光型太阳能集热器等。集热器主要有以下几种[26]：

(1) 按集热器的传热工质类型分：液体集热器、空气集热器；

(2) 按进入采光口的太阳辐射是否改变方向分：聚光型集热器、非聚光型集热器；

(3) 按集热器是否跟踪太阳分：跟踪集热器、非跟踪集热器；

(4) 按集热器内是否有真空空间分：平板型集热器、真空管集热器；

(5) 按集热器的工作温度范围分：低温集热器、中温集热器、高温集热器。

村镇住宅使用太阳能集热器主要有：平板型集热器、真空管集热器。

1. 平板型集热器

平板型太阳能集热器由透明盖板、吸热体、保温层及绝热外壳体等组成，如图 6-1 所示。

(1) 透明盖板。集热器的透明盖板可以使得太阳光透射进集热器内，阻挡吸热板芯透过盖板向外界空气的散热。透明盖板的主要作用就是阻碍吸热板表面的辐射与对流热损失，保持集热器内部热量不散失。同时，透明盖板的重要作用就是保护集热器主体不受损坏，作为保护内部吸热板与排管的保护伞，并可以防止冰雹等物体损坏表面。透明盖板应具有高透射率、抗老化、坚固耐用及隔热性能优良等特征。集热器透明盖板的材料应首先便于加工，集热器透明盖板所选用的材料一般有：普通玻璃、钢化玻璃、抗老化玻璃及透明塑料板等。普通玻璃材质价钱便宜，容易加工，缺点是易破损，不耐用，不能抵抗冰雹

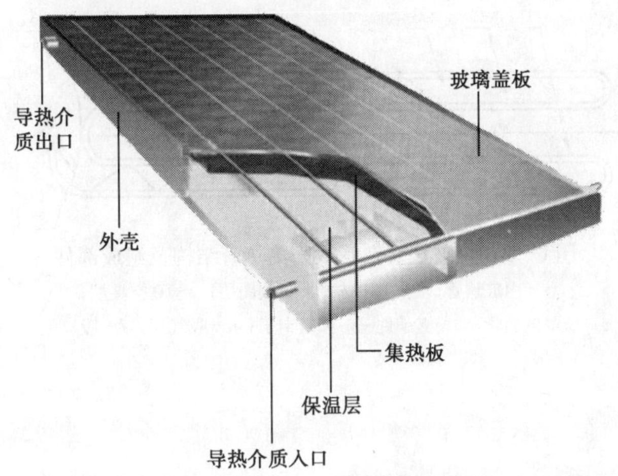

图 6-1　平板型太阳能集热器的组成

等恶劣天气；钢化玻璃使用比较普遍，国内许多产品都在使用。普通条件下透明盖板使用层数为一层，只有在寒冷气候条件下，室外温度较低（如我国东北地区），使用双层玻璃盖板提高即热效率。平板型集热器钢化玻璃表面加聚碳酸酯薄膜，提高透明盖板效率。在经济条件允许时，可以考虑使用双层透明盖板，并在透明盖板下加蜂窝状结构材料。

（2）吸热板。吸热板（吸热板芯）吸收透射过透明盖板的太阳能，然后将吸收的热量传导给排管中的水，是集热器中最重要的部件。吸热板的结构有：管板式、扁盒式与扁管式等。吸热板的材料一般采用铜、铝、钢材、镀锌板或者不锈钢等金属材料，金属材料导热性能良好，可以更好地传递热量给排管中的工质。选择性涂料可以吸收更多的太阳能短波辐射，同时具有较低的长波热辐射率。国内外平板集热器生产企业目前主要采用磁控溅射制作选择性涂料。吸收率可达到 0.93～0.95，发射率为 0.12～0.04。

（3）保温层。平板型集热器吸热板、集管与排管的底部与四壁是由保温材料组成的保温层。保温材料减少集管、排管中工质向外散发热量，阻挡吸热板的散热。保温材料要求耐重、耐高温、坚固不易变形、价格便宜、安装便利。保温材料一般采用的是岩棉、膨胀珍珠岩、聚氨酯、聚苯乙烯等导热系数小、耐一定高温、价格便宜、方便易得的材料。

（4）绝热外壳。集热器的绝热外壳就集合吸热板、透明盖板与保温材料于一体的外壳体。集热器的外壳需要美观、坚固耐用、抗变形、易加工且价格便宜。集热器外壳采用金属材料，常用的材料有钢板、铝型板、不锈钢板等。

2. 真空管集热器

真空管集热器是在玻璃壁与吸热体之间抽成一定的真空度，以抑制空气的对流和传导热损。吸热体表面镀上一种特殊的涂层代替黑色的吸热板。真空管集热器按照真空太阳能集热管结构形式分类可以分为三类：

（1）全玻璃真空管型集热器。若干支全玻璃真空太阳能集热管一定规则排成阵列与联集管、尾架和反射器等组装成太阳能集热器（见图 6-2 和图 6-3）。

（2）金属—玻璃结构真空管型集热器。玻璃—金属封接在真空状态下的热管，并通过热管传递热量的管状太阳能集热器件。

（3）热管式真空管型集热器。

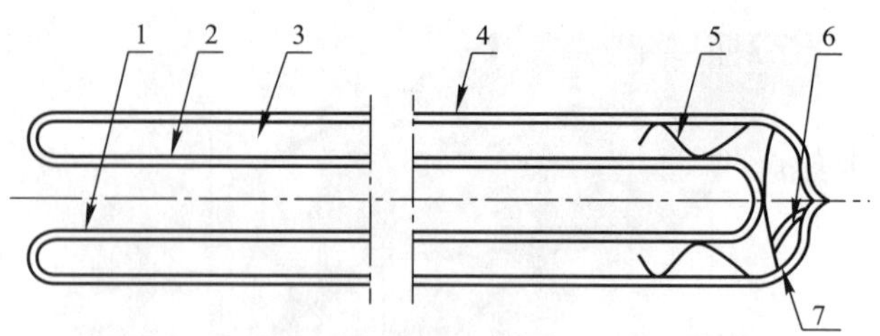

图 6-2　全玻璃真空管太阳集热管结构及组成部件

1—内玻璃管；2—太阳选择性吸收图层；3—真空夹层；
4—罩玻璃管；5—支承件——弹簧卡子；6—吸气剂；7—吸气膜

图 6-3　全玻璃真空管集热器

6.4.2　太阳能集热器的性能

太阳能供热采暖系统中的太阳能集热器应符合《太阳能集热器热性能试验方法》GB/T 4271、《平板型太阳能集热器技术条件》GB/T 6424、《真空管型太阳能集热器》GB/T 17581-2007 中规定的性能要求，其余组成设备和部件的质量应符合国家相关产品标准的规定。

6.4.3　集热器面积的确定

太阳能集热器的面积是太阳能热水系统中的一个重要参数，它与系统的太阳能保证率及项目的初投资有密切关系。太阳能供热采暖系统一般主要是满足采暖季的供热负荷需求，太阳能系统集热器面积的确定主要依据为采暖季的供热负荷。

1. 直接系统集热器总面积的确定

直接系统集热器总面积的确定根据集热器性能、当地的辐照条件、热水的需求工况等参数按下式进行确定：

$$A_c=\frac{86400Q_H f}{J_T\eta_{cd}(1-\eta_L)} \tag{6-5}$$

式中 A_c——集热器面积，m^2；

Q_H——日平均采暖负荷，W；

J_T——系统的使用期内当地集热平面上的平均日太阳能辐照量，J/m^2；

f——太阳能保证率，应根据系统使用期内的太阳能辐照条件、系统经济性及用户要求等因素综合考虑后确定，一般取 0.3～0.8，可参考表 6-2 进行选取；

η_{cd}——使用期内系统的集热效率，一般取 0.25～0.50，或根据集热器实测的效率方程计算；

η_L——热水系统的管路热损失，一般取 0.2～0.3。

不同地区供热采暖系统太阳能保证率的推荐选用值[45] 表 6-2

资源区划	短期蓄热系统太阳能保证率	季节蓄热系统太阳能保证率
Ⅰ资源丰富区	≥50%	≥60%
Ⅱ资源较丰富区	30%～50%	40%～60%
Ⅲ资源一般区	10%～30%	20%～40%
Ⅳ资源贫乏区	5%～10%	10%～20%

2. 间接系统集热器总面积的确定

间接系统与直接系统相比，由于换热器换热温差存在，使得保证系统同样加热能力时，太阳集热器平均工作温度高于直接式太阳能系统，造成集热效率降低。获得相同热水，间接系统的集热器面积应大于直接系统。间接系统集热器总面积可按下式计算：

$$A_{IN}=A_c\left(1+\frac{F_R U_L A_c}{U_{hx} A_{hx}}\right) \tag{6-6}$$

式中 A_{IN}——间接系统集热器总面积，m^2；

A_c——直接系统集热器总面积，m^2；

$F_R U_L$——集热器总损失系数，W/(m²·℃)；

U_{hx}——换热器传热系数，W/(m²·℃)；

A_{hx}——间接系统换热器换热面积，m^2。

3. 主要参数的确定

(1) 参数 Q_W、Q_H、t_r、t_l 的确定

生活热水的日均耗热量 Q_W 通常与生活水平、生活习惯和气候条件等因素密切相关，在目前缺乏实际调研数据的情况下，设计人员可根据当地情况取规范规定的最高日用水定额的某一百分数作为太阳能集热系统的计算依据。在没有具体数据的情况下，可以初步选取规范规定的最高日用水定额的 50%～60%进行计算。日平均采暖负荷 Q_H 根据选用的末端采暖系统不同，计算的热负荷也不相同，本书推荐选用低温地板辐射采暖系统，该系统比常规系统的设计温度低，负荷相对降低，并且该系统要求的供水温度在 40℃左右，有利于太阳能集热系统的高效率工作。贮水箱内水的终止设计温度 t_r 和初始温度 t_l 分别为热水用水温度和自来水上水温度，可按照当地条件和用户要求参照表 6-3 和表 6-4 进行选取。

盥洗用、沐浴用和洗涤用的热水水温 表 6-3

用水对象	热水水温（℃）
盥洗用（包括洗脸盆、盥洗槽、洗手盆用水）	30～35
洗浴用（包括浴盆、淋浴器用水）	37～40
洗涤用（包括洗涤盆、洗涤池用水）	约 50

冷水计算温度 表 6-4

地　　区	地面水温度（℃）	地下水温度（℃）
黑龙江，吉林，内蒙古全部，辽宁的大部分，河北、山西和陕西的偏北部分，宁夏偏东部分	4	6～10
北京、天津、山东、河北、山西和陕西的大部分，河南北部，甘肃、宁夏和辽宁的南部，青海偏东和江苏偏北的一小部分	4	10～15
上海，浙江的全部，江西、安徽、江苏的大部分，福建北部，湖南、湖北的东部，河南南部	5	15～20
广东、台湾的全部，广西的大部分，福建和云南的南部	10～15	20
贵州的全部，四川，云南的大部分，湖南，湖北的西部，陕西和甘肃在秦岭以南的地区	7	15～20

（2）集热器平均集热效率的确定

太阳能集热器瞬时效率的图形应利用最小二乘法进行曲线拟合得出，有下列两式获得瞬时效率曲线：

$$\eta=\eta_0-a_1T^*-a_2G(T^*)^2$$

$$\eta=\eta_0-UT^* \tag{6-7}$$

其中，$T^*=(t_i-t_a)/G$

式中 η_0——$T^*=0$ 时的 η；

U——以 T^* 为参考的集热器总热损系数，W/m^2；

a_1、a_2——集热器效率方程常数；

G——太阳总辐射辐照度，W/m^2；

T^*——归一化温差；

t_i——集热器进口工质温度；

t_a——环境温度。

由于太阳能系统在不同季节和不同时间运行，太阳能辐照、集热器进口温度和环境温度均不同。为了评价太阳能集热器全年或某月的性能，计算集热器平均集热效率 η_{cd} 的相关参数按以下原则选用。

对全年运行太阳能热水系统，t_a 取全年环境温度平均值，G 和 t_i 按以下方法计算：

$$G=\frac{J_T}{3600S_Y} \tag{6-8}$$

$$t_i=\frac{t_L}{3}+\frac{2f(t_{end}-t_L)}{3} \tag{6-9}$$

式中 J_T——太阳能系统安装倾斜面的年平均每日辐照量，$MJ/(m^2\cdot d)$；

S_Y——年平均每日的日照时间，h；

t_L——年平均冷水温度，℃；

t_{end}——贮水箱中水的终止设计温度,℃；

f——太阳能保证率。

对太阳能供热采暖系统，t_a 取 12 月的环境温度平均值；直接系统 t_i 取采暖系统的回水温度，间接系统取采暖系统的回水温度加换热器的换热温差；G 按下式计算：

$$G=\frac{J_{12}}{3600S_{12}} \tag{6-10}$$

式中 J_{12}——12 月份集热器采光面上的太阳辐射的平均日辐照量，MJ/(m^2·d)；

S_{12}——12 月份平均每日的日照时间，h。

6.4.4 集热器的定位

在太阳能系统设计时，集热器面积计算公式涉及一个很关键的参数——集热器安装倾斜面的年平均日辐照量。集热器安装倾斜面的年平均日辐照量除与安装地点的太阳能资源有关外，还与集热器安装倾斜面的倾角和方位角有关。为了使太阳能集热器获得最高收益，应尽量减小集热器之间和集热器与周围物体之间的太阳辐照的遮挡。

1. 集热器安装方位和倾角

太阳能集热器宜朝向正南，或南偏东、偏西 30°的朝向范围内设置；安装倾角宜选择在当地纬度－10°～＋20°的范围内。此外，还应根据当地实际条件，进行面积的补偿，合理增加集热器面积，并进行经济效益分析。对于冬季运行为主的太阳能采暖系统，安装倾角应选择较大值，这样有利于提高冬季系统得热量。

在确定太阳能集热器安装位置时，应考虑集热器安装倾角和方位对太阳辐射能量收集的影响，选用可遵循以下原则：

(1) 太阳能系统集热器安装位置的选择，应根据建筑物类型、使用要求、安装条件等因素综合确定，一般安装在屋顶、阳台或朝南方向外墙等建筑围护结构上。

(2) 在计算得到系统集热器的总面积后，在建筑围护结构表面不够安装时，可按围护结构表面最大容许安装面积确定系统集热器总面积。

(3) 太阳能集热器设置在坡屋面上，集热器可设置在南向、南偏东、南偏西或朝东、朝西建筑坡屋面上，坡屋面上的集热器宜采用顺坡嵌入设置或顺坡架空设置。

(4) 太阳能集热器设置在墙面上，在高纬度地区，集热器可设置在建筑的朝南、南偏东、南偏西或朝东、朝西墙面上，或直接构成建筑墙面。

(5) 嵌入建筑屋面、阳台、墙面或建筑其他部位的太阳能集热器，应满足建筑围护结构的承载、保温、隔热、隔声、防水、防护等功能。架空在建筑屋面和附着在阳台或墙面上的太阳能集热器，应具有相应的承载能力、刚度、稳定性和相对主体结构的位移能力。

2. 集热器前后排间距

集热器遮挡问题可分为两类：一类是在集热器前方有建筑物，在某个时刻的建筑物遮挡投射到集热器的阳光，即集热器在建筑物的阴影中；另一类是平行安装的集热器列阵，前排对后排的遮挡（见图 6-4）。前一类，由于建筑物相对于集热器方位和建筑物宽度对遮挡均有影响，因此很难用简单的公式描述相互关系，可以利用软件进行日照遮挡分析。当建筑物与集热器平行，且其宽度较大时，可以类同于第二类遮挡问题处理，以下只分析第二类遮挡问题。

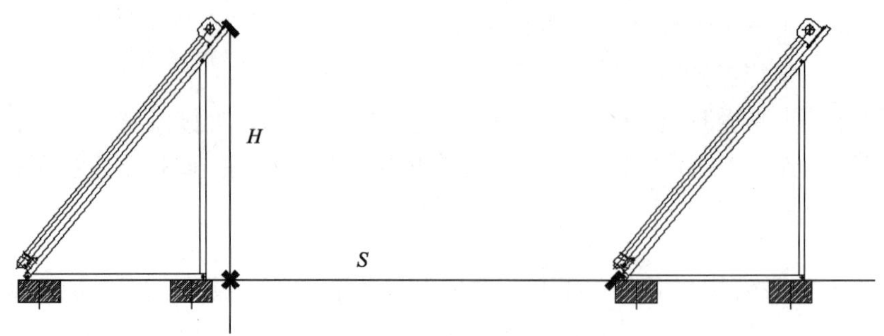

图 6-4　集热器布置示意图

分析遮挡问题，首先需建立相互不遮挡的判别原则，通常判别条件如下：

(1) 全年运行的太阳能系统，要求在春分/秋分日（此时赤纬角为 0°）中午前后 6h 不遮挡；

(2) 主要在春、夏、秋三季运行的系统，要求在春分/秋分日（此时赤纬角为 0°）中午前后 8h 不遮挡；

(3) 主要在冬季运行的系统，要求在冬至日（此时赤纬角为－23°57′）的中午前后 4h 不遮挡。

根据以上准则中计算时刻的太阳能高度角和集热器安装方位，符合遮挡要求的集热器安装最小间距可按下式计算：

$$S = H\coth\cos\gamma_0 \tag{6-11}$$

式中　S——集热器满足不遮挡条件最小安装距离，m；

H——前排集热器最高点与后排集热器最低点的垂直高差，m；

h——计算时刻的太阳能高度角；

γ_0——计算时刻的太阳光线在水平面上的投影线与集热器表面法线在水平面的投影线之间的夹角。

当集热器表面法线偏离南向时，应比较中午前后的两个计算时刻的夹角最小值。按下式计算：

$$\gamma_0 = \min[|a+\gamma|, \| a-\gamma \|] \tag{6-12}$$

式中　a——计算时刻的太阳方位角，上午取负值；

γ——集热器的方位角。

6.4.5　集热器的连接方式

对于大型太阳能系统，集热部分由多块集热器连接构成一个太阳能集热器列阵，集热器连接方式对太阳能系统中各个集热器的流量分配和换热均有影响。为了保证太阳能系统的高效运行，系统设计需关注集热器列阵的连接组合方式。

集热器的连接方式如图 6-5 所示：

串联：一台集热器出口与另一台集热器的入口相连；

并联：一台集热器的出口、入口与另一台集热器的出、入口相连；

混联：若干集热器并联，各并联集热器组之间再串联，这种混联称并—串联；或若干

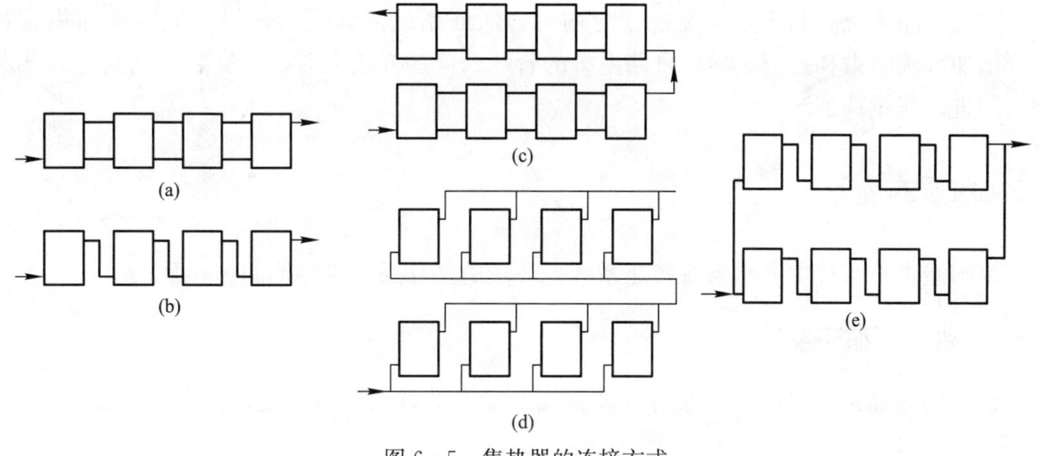

图 6-5　集热器的连接方式

(a) 并联；(b) 串联；(c) 并—串联；(d) 并—串联；(e) 串—并联

集热器串联，各串联集热器组之间再并联，这种混联称串—并联。

并联连接方式的系统流动阻力小，适宜用于自然循环系统，但并联的组数不宜过多，否则会造成集热器之间流量不平衡。强制循环太阳能系统，动力压头较大，可根据安装需要灵活采用串并联或并串联的连接方式。

集热器组中集热器的连接尽可能采用并联，串联的集热器数目应尽可能少。根据工程经验，平板型集热器每排并联数目不宜超过 16 个；热管真空管集热器串联时，集热器的联箱总长度不宜超过 20m；全玻璃真空管东西向放置的集热器，在同一斜面上多层布置时，串联的集热器的联箱总长度不宜超过 6m。对于自然循环系统，每个系统全部集热器的数目不宜超过 24 个，大面积自然循环系统，可以分成若干个子系统。

除集热器连接对系统运行有影响外，管路的集管布置对太阳能系统效率也有较大影响。系统的集管布置有很多方式，常用的管路布置有以下两种：

同程管路系统：系统中每个集热器的进出口到系统进出口的集管长度之和相同（见图 6-6）。

异程管路系统：系统中每个集热器的进出口到系统进出口的集管长度之和不相同（见图 6-7）。

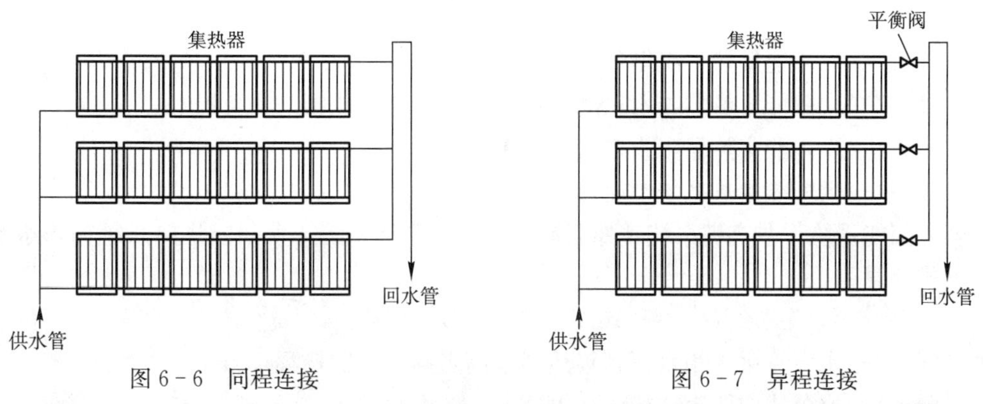

图 6-6　同程连接　　　　图 6-7　异程连接

同程管路系统有利于系统流量分配均匀，保证系统高效运行，但一般会增加集管长度，增加系统阻力和投资。异程管路系统的管线长度差异较大时，应安装平衡阀等其他调剂阀门进行流量调节。

6.5 水泵的选型

太阳能供热系统主要水泵有集热系统循环用的循环泵和供热侧的循环泵。

6.5.1 供热侧循环泵

供热侧循环泵的选用应根据用水设施或采暖末端特点参考《建筑给水排水设计规范》GB 5015 选用。

循环水泵流量：初步设计阶段按设计小时流量的 25%估算。

循环水泵扬程 H_b 按下式进行计算：

$$H_b=1.1(H_1+H_2+H_3) \tag{6-13}$$

式中 H_b——循环水泵扬程，kPa；

H_1——管路水头损失，kPa；

H_2——末端设备（用水器具、地板采暖管路或风机盘管等）阻力损失，kPa；

H_3——首端设备（贮热水箱、换热器等）内部阻力损失，kPa。

管路水头损失 H_1 按下式计算：

$$H_1=R(L+L') \tag{6-14}$$

式中 L——储水箱至末端设备最不利点的供水管长，m；

L'——末端设备最不利点至贮水箱的回水管长，m；

R——为单位长度的水头损失，kPa/m，可按 $R=0.1\sim0.5$kPa/m 估算，工质为防冻液时，与以水为工质的系统相比阻力要增加 20%～30%。

6.5.2 太阳能集热系统循环泵

太阳能集热系统的循环泵流量按表 6-5 的推荐值选用。

若太阳能系统为充满系统，太阳能集热系统循环水泵扬程按下式进行计算：

$$H'_b=1.1(H'_1+H'_2+H'_3) \tag{6-15}$$

式中 H'_b——太阳能集热系统循环泵的扬程，kPa；

H'_1——太阳能集热器与水箱间的供、回水管路水头损失和，kPa；

H'_2——太阳能集热器阻力损失，kPa；

H'_3——太阳能集热系统中储热水箱、换热器等阻力损失，kPa。

若太阳能系统为非充满系统，如回流或排空太阳能系统，太阳能集热系统循环水泵扬程按下式计算：

$$H'_b=1.1\max[(H'_1+H'_2+H'_3),H'_4] \tag{6-16}$$

式中 H'_4——水泵克服水箱水面到集热器最高点高差所需扬程，kPa；

max——取公式中两表达式中最大值。

6.6 贮水箱的设计

贮水箱是影响太阳能系统性能的重要因素之一，其容积应根据集热器规模、系统太阳能保证率、辅助热源的特点、用热水习惯或采暖特点确定。

贮热水箱在设计时应注意以下事项：在确定贮水箱容积时应由设计人员按工程要求计算确定，水箱的形状由设计人员根据安装条件和水箱布置位置方式确定，水箱结构由设计人员根据水箱大小、运输条件、安装位置以及所需要费用等因素综合考虑。水箱的机构应设计合理，满足太阳能热水系统的安全、稳定供应要求。

贮热水箱是用来贮存被太阳能加热的热水，其容积大小是影响太阳能系统性能的一个重要参数。容积大，系统可存贮的热量多，但热损失大，尤其在不利天气条件下散热快，而且增加系统的造价；容积过小，则存贮的热水量小，在太阳辐射较强的时节水箱内的水温过高甚至沸腾，影响水箱的使用寿命。因此，在设计贮热水箱的容积时需综合考虑集热器规模、太阳能保证率、辅助热源的特点、用水习性及采暖特点。目前主要依据太阳能集热面积选择，太阳能热水系统贮热水箱与集热器的配比可按表 6-5 选择。

太阳能热水系统贮热水箱与集热器配比的推荐选用值 **表 6-5**

系统类型	太阳能热水系统	短期蓄热太阳能供热采暖系统	季节性蓄热太阳能供热采暖系统
每平方米太阳能集热器贮热水箱容积（L/m^2）	40～100	50～150	1400～2100

由于太阳能集热系统、生活热水系统和采暖系统对热水温度的要求不同，因此在设计时需考虑水箱内温度分层的问题，一般采用垂直分层水箱。这样对水温要求高的生活热水可从水箱的上部取水，而对热水温度要求低的采暖系统可从下部取水，但在该系统中不能破坏水箱内水温的垂直分层，因此在设计时需考虑系统的水流速度，或改进系统的设计。

对于低温地板辐射采暖系统，可选用表 6-6 推荐的最低值，由于地板具有一定的蓄热作用，其容积可适当减少，甚至取消。

6.7 辅助热源的设计

由于太阳能受天气影响，具有很大不确定性，为了保证太阳能热水系统可靠供应热水，系统应设置其他能源辅助加热/换热设备。太阳能热水系统常用的辅助热源种类主要有：蒸汽或热水、燃油或燃气、电、热泵，加热/换热设备选择各类锅炉、换热器和热泵等，做到因地制宜、经济适用。

6.7.1 辅助加热量计算

辅助热源按照太阳能热水系统的最恶劣工况选用，一般不考虑太阳能提供的份额，依据热水供应负荷计算。辅助热源应在设计时间内向系统提供热水所需供热量。

辅助热源的设计小时供热量应根据日热水用量小时变化曲线、加热方式及加热设备的工作制度经积分曲线计算确定，或根据国家标准《建筑给水排水设计规范》GB 50015 推荐的公式依据系统设计小时耗热量等参数进行计算。无条件时，可以按下式进行估算：

$$P=\frac{24Q_d}{\eta_a(1-\eta_L)T} \tag{6-17}$$

式中 P——辅助热源加热功率，W；

Q_d——日均热水负荷，W；

η_a——辅热热源加热设备热效率，%；

η_L——管道及贮水箱热损失率，一般取 0.05～0.1；

T——设计辅助热源的每日加热时间。

6.7.2 辅助热源介绍

辅助热源包括：燃油锅炉、燃气炉、生物质锅炉、燃煤锅炉、电加热、(水箱内置电加热或外置电加热器)、热泵。燃煤锅炉启停时间长，出力调整较困难，较难实现自控或无人值守，有环境污染问题；燃油、燃气锅炉控制方便，便于调节，可方便实现自控运行，但设备间需要满足消防要求；热泵使用费用低，控制方便，但设备初投资高，此外北方地区采用空气源热泵在冬季使用能效比很低；电加热设备易安装，控制方便，是太阳能热水系统最常用的辅助热源，但运行费用较高，有时因需电力增容太大提高系统投资。

在选择辅助热源时，要综合考虑各项因素。

1. 热泵

热泵是以冷凝器放出的热量来供热的设备。热泵利用高位能使热量从低位热源流向高位热源，把不能直接利用的低位热源（如空气、土壤、水中所含的热能，太阳能，工业废热等）转换为可以利用的高位热能。采用热泵装置可以节约高位能。目前市场上热泵热水器种类很多，主要有太阳能热泵、水源热泵和空气源热泵三种。

太阳能热泵是热泵与太阳能技术结合使用的一种热泵技术，是利用太阳能作为蒸发器热源的热泵系统。根据太阳能集热器与热泵蒸发器的组合形式，可分为直膨式和非直膨式。在直膨式系统中，太阳能集热器与热泵蒸发器合二为一，即制冷工质直接在太阳能集热器中吸收太阳辐射能而得到蒸发。在非直膨式系统中，太阳能集热器与热泵蒸发器分立，通过集热介质（一般采用水、空气防冻溶液）在集热器中吸收太阳能，并在蒸发器中将热量传递给制冷剂，或者直接通过换热器将热量传递给需要预热的空气或水。热泵也可以作为供热设备，可作为太阳能系统的辅助热源。

空气源热泵以室外大气作为低品位热源，其能效比与水源热泵相比较低，COP 一般为 3 左右，温度较低时供热效率下降，结霜严重，主要用于长江流域及长江以南地区。由于受压缩机压缩比和冷凝压力的限制，用空气源热泵供应生活热水时，热水制备温度应尽量降低，应选用冷凝器工作温度高的工质。由于北方地区冬季环境温度低，且太阳能辐照低，因此不宜选用空气源热泵作为太阳能系统的辅助热源。

水源热泵的蒸发器工作温度受室外环境影响较小，工作情况变化小，热泵工作效率高，COP 一般为 5 左右。在供水温度要求不高时，可以作为太阳能热水系统辅助热源。

2. 常压燃油、燃气热水锅炉/热水器

常压燃油、燃气热水锅炉/热水器通过燃料的燃烧，直接加热通过其炉管内的水。燃油燃气耗量按下式计算：

$$G=3.6k\frac{Q_g}{Q\eta} \tag{6-18}$$

式中 G——热源耗量，kg/h，m^3 标准/h；

k——热媒管道热损失附加系数，$k=1.05\sim1.10$；

Q_g——水加热器设计供热量，W；

Q——热源发热量，kJ/kg，kJ/标准 m^3，按表 6-7 选用；

η——水加热设备的热效率，按表 6-6 选用。

热源发热量及加热装置热效率 表 6-6

热源种类	热源发热量 Q	加热设备热效率 η（%）	备注
轻柴油	41800～44000kJ/kg	约 85	η 为热水机组的设备热效率，η 栏中括号内为热水机组，括号外为局部加热的 η
重油	38520～46050kJ/kg		
天然气	34400～35600kJ/m^3 标准	65～75（85）	
城市煤气	14653kJ/m^3 标准	65～75（85）	
液化石油气	46055kJ/m^3 标准	65～75（85）	

3. 电热水锅炉/电加热器

电热水器耗电量按下式计算：

$$W=\frac{Q_h}{1000\eta} \tag{6-19}$$

式中 W——耗电量，kW；

Q_h——设计小时耗热量，W；

1000——单位换算系数；

η——水加热设备的热效率，95%～97%。

电作为辅助热源时，虽然电加热设备的效率很高，但由于电是二次能源，要通过煤等一次能源转换提供，而一次能源转换成电的效率较低。所以总的来说，电作为辅助能源，其一次能源的利用率同直接利用其他形式的能源相比较低。

6.7.3 管路

太阳能采暖系统采用的管材和管件应符合现行有关产品要求，管道的工作压力和工作温度不得大于产品标准标定的允许工作压力和工作温度。

太阳能集热系统管道可采用钢管、薄壁不锈钢、塑钢热水管、塑料与金属复合管等。以乙二醇为主要成分的防冻液系统不宜采用镀锌钢管。

热水管道应选用耐腐蚀并符合卫生要求的管道，一般可采用薄壁铜管、薄壁不锈钢管、塑料热水管、塑料与金属复合管等。

设计时，应在系统管路必要位置设置排气装置、泄水装置、温度计、压力表、安全阀、膨胀水箱等辅助设备。闭式系统应设置膨胀罐或泄压阀。

太阳能热水系统的集热系统连接管道、水箱、供水管道等均应保温。常用的保温材料有岩棉、玻璃棉、聚氨酯发泡、橡塑泡棉等材料。

管道保温材料选用有以下要求：

(1) 保温材料制品的允许使用温度应高于太阳能系统工作的介质最高温度。

(2) 保温材料不宜采用有机物，以免生虫、腐烂、生菌、引鼠。

(3) 宜采用吸湿性小、存水性弱、对管壁无腐蚀作用的材料；室外管道保温层外应加保护层防水。

(4) 保温材料应采用非燃和难燃材料。应符合《建筑设计防火规范》GB 50016 的要求；电加热器的保温必须采用非燃材料。

6.8 供热末端设计

太阳能供热末端根据太阳能系统功能可分有供热水和建筑采暖两类。太阳能供热采暖系统一般同时具有冬季采暖和全年供生活热水功能。

6.8.1 热水供应系统

1. 一般规定

生活热水水质的卫生指标，应符合《生活饮用卫生标准》的要求，农村小型集中式供水和分散式供水的水质因条件限制，部分指标可放宽到表 6-7 中的限值。

农村小型集中式供水和分散式供水部分水质指标及限值　　表 6-7

指标	限值
1. 微生物指标	
菌落总数/(CFU/mL)	500
2. 毒理指标	
砷/(mg/L)	0.05
氟化物/(mg/L)	1.2
硝酸盐（以 N 计）/(mg/L)	20
3. 感官性状和一般化学指标	
色度（铂钴色度单位）	20
浑浊度（NTU-散射浊度单位）	3（水源与净水技术条件限制时为 5）
pH（pH 单位）	不小于 6.5 且不大于 9.5
溶解性总固体/(mg/L)	1500
总硬度（以 $CaCO_3$ 计）(mg/L)	550
耗氧量（COD_{Mn} 法，以 O_2 计）/(mg/L)	5
铁/(mg/L)	0.5
锰/(mg/L)	0.3
氯化物/(mg/L)	300
硫酸盐/(mg/L)	300

集中热水供应系统的原水处理，应根据水质、水量、水加热设备的构造、使用要求等因素，经技术经济比较后按下列原则确定：

(1) 洗衣房日用水热量（按 60℃计）大于或等于 10m³ 且原水总硬度（以碳酸钙计）大于 300mg/L 时，应进行水质软化处理；原水总硬度（以碳酸钙计）为 150～300mg/L 时，宜进行水质软化处理。

(2) 其他生活日用热水量（按 60℃计）大于或等于 10m³ 且原水总硬度（以碳酸钙计）大于 300mg/L 时，宜进行水质软化或稳定处理。

(3) 经软化处理后的水质总硬度宜为：洗衣房用水 50～100mg/L；其他用水 75～150mg/L。

(4) 水质稳定处理应根据水的硬度、适用流速、温度、作用时间或有效长度及工作电压等选择合适的物理处理或化学稳定剂处理方法。

(5) 系统对溶解氧控制要求较高时宜采取除氧措施。

集中热水供应系统应设热水回水管路，其设置应符合下列要求：

(1) 热水供应系统应保证干管和立管中的热水循环。

(2) 要求随时取得不低于规定温度的热水的建筑物，应保证支管中的热水循环或有保证支管中的热水温度的措施。

(3) 循环管道应采用同程布置的方式，并设循环泵，采取机械循环。

(4) 设有集中热水供应系统的建筑物中用水量较大的浴室、洗衣房、厨房等，易设单独的热水管网。

(5) 热水为定时供应，且个别用户对热水供应时间有特殊要求时，宜设置单独的热水管网或局部加热设备。

2. 系统冷、热水源压力平衡

生活热水系统冷、热水源压力平衡是多层和高层热水系统设计必须解决的问题。如果用水器具的冷、热水源压力不平衡，会出现水温不易调节的现象；冷、热水源压差过大时，还会出现冷、热水管道系统串流等问题。

《建筑给水排水设计规范》GB 50015 规定：当卫生设备设有冷热水混合器或混合龙头时，冷热水供应系统在配水点处应有相近的水压。冷热水源压差在规范的条文说明中建议不大于 0.01MPa，即 $1mH_2O$。对于开式太阳能系统，热水靠重力自流，压力取决于用水点与贮水箱的高差，自顶层往下楼层每减少一层，压力增加 $3mH_2O$，而冷水压力为自来水压力，冷热水源压差一般均会超过规范要求。为减少冷热水压力不平衡导致水温调节不便，开式太阳能系统可以采用专用混水阀。

承压式太阳能热水系统比较容易保证冷热水源的压力平衡。承压式太阳能热水系统的冷热水的压差取决于热水管路的压力损失，一般水箱与用水点相距 4 层以内时，可满足《建筑给水排水设计规范》要求。

6.8.2 采暖系统

在太阳能供热采暖系统中，采暖末端装有散热器、水-空气处理设备（如空气盘管系统）、低温热水辐射系统、热风等。

1. 采暖末端的选用

太阳能系统效率与集热器种类和工质的工作温度密切相关，太阳能供热采暖系统的散热部件按以下原则选用：

(1) 太阳能供热采暖系统应优先选用低温辐射采暖系统。

(2) 水-空气处理设备和散热器系统宜使用在60～80℃工作温度下效率较高的太阳能集热器，如高效平板太阳能集热器或热管真空管太阳能集热器。该系统适宜于夏热冬冷或温和地区。

(3) 热风采暖系统适宜低层建筑或局部场所需要采暖的场合。

2. 低温辐射采暖系统设计

(1) 一般规定

低温热水地板辐射采暖系统的供水温度不宜超过60℃，供回水温差在10℃左右为宜，太阳能供热采暖系统供水温度宜采用35～50℃；供热系统的工作压力不得超过0.8MPa；地表面平均温度计算值应符合表6-8的规定。

低温热水地板辐射采暖系统地表面平均温度（℃）　　表6-8

区域特征	适宜范围	最高限值	区域特征	适宜范围	最高限值
人员经常停留区	24～26	28	人员经常停留区	35～40	42
人员短期停留区	28～30	32	人员短期停留区	30～33	33

(2) 地面构造

地面构造由楼板或与土壤相邻的地面、绝热层、加热管、填充层、找平层和面层组成。与土壤相邻的地面，必须设绝热层，且绝热层下部必须设置防潮层。直接与室外空气相邻的楼板，必须设绝热层。对卫生间、洗衣间、浴室和游泳馆等潮湿房间，在填充层上部应设置隔离层。当工程允许地面按双向散热进行设计时，各楼层间的楼板上部可不设绝热层。

面层宜采用热阻小于0.05m^2·℃/W的材料，花岗石、大理石、陶瓷砖等的热阻为0.02m^2·℃/W，木地板的热阻为0.10m^2·℃/W，毛毯的热阻为0.15m^2·℃/W。

绝热层采用聚苯乙烯泡沫塑料板，密度不小于20kg/m^3，压缩强度（即在10%形变下的压缩应力）不小于100kPa，热导率不大于0.041W/(m·℃)。绝热层厚度应满足：楼层之间楼板上的绝热层不小于20mm，与土壤或室外空气相邻的地板上的绝热层不小于40mm。

在与内外墙、柱及过门等垂直部件交接处应敷设不间断的伸缩缝，伸缩缝宽度不应小于20mm，伸缩缝宜采用聚苯乙烯或高发泡聚乙烯泡沫塑料；当地面面积超过30m^2或变长超过6m时，应设置伸缩缝，伸缩缝宽度不宜小于8mm，伸缩缝宜采用高发泡聚乙烯泡沫塑料或其内填满弹性膨胀膏。

填充层的材料宜采用C15豆石混凝土，豆石粒径不宜大于12mm。填充层的厚度不宜小于50mm。当地面荷载大于20kN/m^2时，应会同结构设计人员采用加固措施。

(3) 热负荷的计算

地面辐射采暖系统热负荷，应按国家标准《采暖通风及空气调节设计规范》GB 50019的有关规定进行计算。

计算全面地面辐射采暖系统的热负荷时，室内计算温度的取值应比对流采暖系统的室内计算温度低2℃，或取对流采暖系统计算总负荷的90%～95%。

局部地面辐射采暖系统的热负荷，可按整个房间全面辐射采暖所得的热负荷乘以该区域面积与所在房间面积的比值和表 6－9 中规定的附加系数确定。

局部辐射供暖系统热负荷的附加系数 **表 6－9**

供暖区面积与房间总面积的比值	0.55	0.40	0.25
附加系数	1.30	1.35	1.50

（4）地面散热量的计算

单位地面面积的散热量应按下列公式计算：

$$q=q_f+q_d$$

$$q_f=5\times10^{-8}\left[(t_{pj}+273)^4-(t_{fj}+273)^4\right]$$

$$q_d=2.13(t_{pj}-t_n)^{1.31} \tag{6-20}$$

式中 q——单位地面面积的散热量，W/m^2；

q_f——单位地面面积的辐射传热量，W/m^2；

q_d——单位地面面积对流传热量，W/m^2；

t_{pj}——地表面平均温度，℃；

t_{fj}——室内非加热表面的面积加权平均温度，℃；

t_n——室内设计温度，℃。

确定地面散热量时，应校核地表面平均温度，确保其不高于低温热水地板辐射采暖系统地表面平均温度的最高限值，否则应改善建筑热工性能或设置其他辅助采暖设备，减少地面辐射采暖系统负担的热负荷。地表面平均温度宜按下列公式计算：

$$t_{pj}=t_n+9.82\left(\frac{q_x}{100}\right)^{0.969}$$

$$q_x=Q/F \tag{6-21}$$

式中 q_x——单位地面面积的所需散热量，W/m^2，确定地面所需散热量时，应将房间热负荷扣除来自上层地板向下的传热损失，并应考虑家具及其他地面覆盖物的影响；

Q——房间所需的地面散热量，W；

F——敷设加热管的地面面积，m^2。

（5）系统的加热管及附件的设计

在住宅建筑中，低温热水地面辐射采暖系统应按户划分系统，配置分水器、集水器；户内各主要房间，宜分环路布置加热管。地面的固定设备和卫生洁具下，不应布置加热管。

加热管的布置宜采用回折型（旋转型）或平行型（直列型）。加热管的敷设管间距，应根据地面散热量、室内计算温度、平均水温及地面传热热阻等通过计算确定。加热管壁厚应按供暖系统实际工作条件确定。

连接在同一分、集水器上的同一管径，各环路加热管的长度宜尽量接近，并不宜超过 120m，加热管内水的流速不宜小于 0.25m/s。

每环路加热管的进、出水口，应分别与分、集水器相连接。分、集水器直径应不小于总供回水管直径，且分、集水器最大断流流速不宜大于 0.8m/s。

每个分、集水器分支环路不宜多于 8 路。每个分支环路供回水管上均应设置可关断阀门。在分水器之前的供水连接管道上，顺水流方向应安装阀门、过滤器、泄水阀等。在集水器之后的回水连接管上，应安装泄水管并加装平衡阀或其他可关断调节阀。分水器、集水器上均应设置手动或自动排气阀。

(6) 低温热水地面辐射功能系统室温控制方式

在加热管与分水器、集水器的接合处，分路设置调节性能好的阀门，通过手动调节来控制室温。

各个房间的集热管局部沿墙槽抬高至 1.4m，在加热管上装置自动式恒温控制阀，控制室温保持恒定。

在加热管与分水器、集水器的接合处，分路设置远传型自动式或电动式恒温控制阀，通过各房间内的室温控制相应回路上的调节阀，控制室内温度保持恒定。

6.9 系统控制

热水供应系统的控制方式与常规给水排水系统类似，以下主要讨论太阳能集热系统控制。

太阳能集热系统控制主要涉及系统上（补）水控制、集热运行循环控制、辅助热源控制、防冻保护控制、防过热控制等。控制系统应选择可靠的温度、水位传感器，应选择可靠的控制器，应采用适宜的方式显示或记录相应控制参数。

6.9.1 运行控制

太阳能热水系统的运行分自然循环和强制循环两种方式。

自然循环利用集热器加热后不同温度的水的密度差（热虹吸压头）为循环动力。自然循环的热虹吸压头取决于水箱和集热器的高差以及上水管和回水管的温差，一般较小，因此要求贮水箱底部与集热器顶部要有 0.3m 以上的高差，并要求减小管道阻力才能保证系统正常运行。自然循环运行的优点是运行方式简单、投资小、设备可维护费用少、无电可运行；缺点是对管道和坡度都有严格的要求，不宜做成较大的热水系统。

强制循环利用水泵和自来水压力实现系统工质循环。控制方式主要有定温控制、温差控制、光电控制、定时控制四种。

光电控制一般利用光敏元件，根据太阳能辐照强度控制水泵启停，太阳辐照强时系统强制循环运行，辐照低时系统停止运行。定时控制通过设定时间控制系统运行，在阴雨天效果差，但需要跟踪太阳的聚焦型太阳能系统一般采用这种控制方式。由于这两种控制方式效果差，系统集热效率低，应用范围较小。

定温控制和温差控制是强制循环的太阳能热水系统中最常采用的控制方式，是利用温度和温差作为驱动信号控制系统阀门的启闭和水泵的启停，实现系统的自动运行。

1. 定温控制

定温控制是以系统特征温度（一般是集热器出口处温度）作为控制信号控制系统水泵或控制阀门实现系统自动运行，系统控制原理如图 6-8 所示。

运行原理：设定控制器出水温度（根据用户需要设定，一般设定为 50℃）。在太阳光照条件下，太阳能集热器出水温度达到设定值时，控制器发出信号，打开电磁阀，冷水把已经达到设定温度的热水顶入贮热水箱并储存起来；当集热器内水温低于设定值时，控制器开始动作使电磁阀自动关闭。如此不断循环，使贮热水箱内的热水不断增多，当贮热水箱内的水位达到最大水位时，系统关闭，停止进水。控制阀门也可以是设置在集热器出口处的机械式温控阀，控制精度略低，但可以省略控制器。

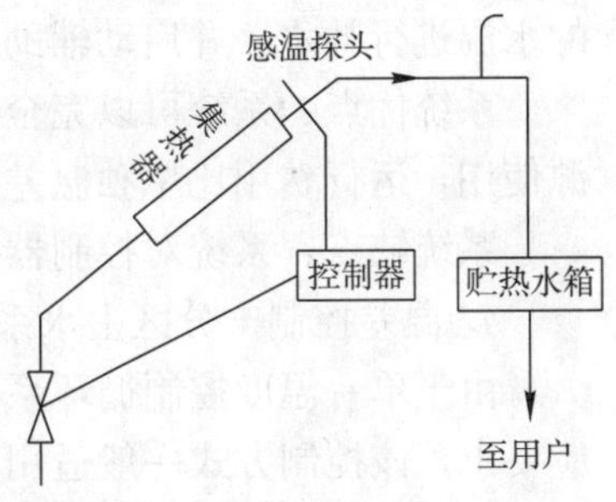

图 6-8　定温控制系统原理图

系统优点：采用自来水压力进行系统循环，水泵运行时间少，节电，运行费用低；水箱水温满足用户要求，可全天供水。

系统缺点：系统运行受自来水压力制约，不宜在水压不稳定地区使用；系统对水箱保温要求高，贮水箱水温降低后无法利用集热器加热；当贮水箱处于满水位时，无法使集热器内的高温水继续进入水箱，造成浪费。

2. 温差控制

温差控制是比较集热器特征温度（一般是集热器出口处温度）和水箱特征温度（贮水箱底部温度）作为控制信号控制系统水泵实现系统自动运行，系统原理如图 6-9 所示。

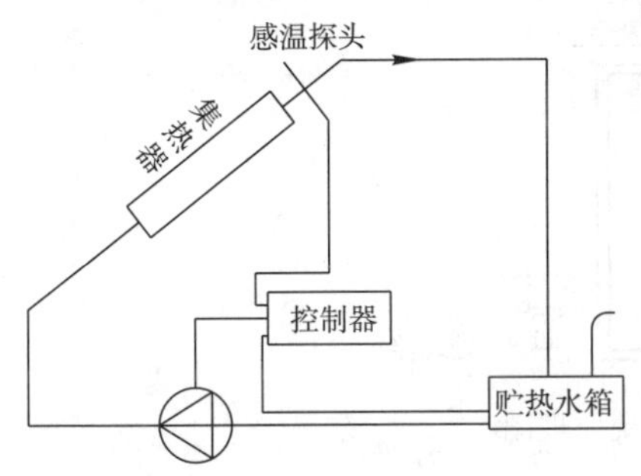

图 6-9　温差控制系统原理图

运行原理：当集热器出口端与水箱中的温差大于设定温度时（通常设定为 5～10℃），控制器发出信号，循环泵开启，系统进行循环；当温差小于设定值时（通常设定为 2～5℃），循环泵停止运行。如此不断循环，使贮水箱水温不断提高。

系统优点：根据贮水箱温度调至集热器运行温度，即使在辐照度低的情况下也可以将太阳能转换成热能，系统热效率高；当水箱为满水位，集热器的水温较高时，仍然可以循环换热，大大提高了集热器的利用率。

系统缺点：增加了热水循环泵，系统投资和运行费用相对提高；系统可保证水量，但水温随时间逐步提高，无法保证全天供水要求。

3. 定温控制＋温差循环系统

系统运行根据贮水箱的水量和温度分阶段执行定温控制和温差控制，保证贮水箱水温满足用户要求，实现全天候供水，并保证系统高效运行，系统原理如图 6-10 所示。

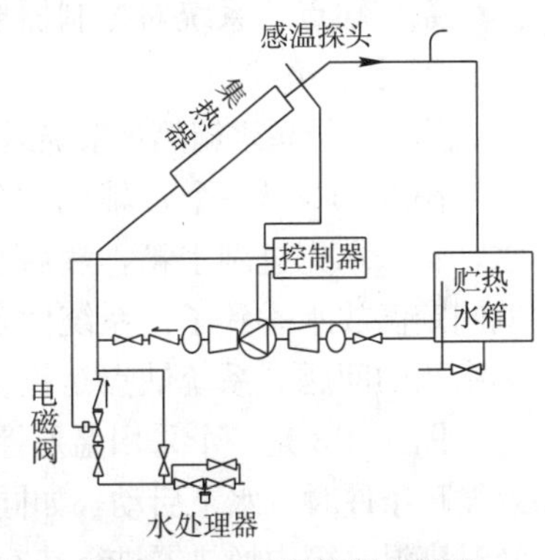

图 6-10　定温控制＋温差循环系统控制原理图

运行原理：采用定温放水，使进入水箱内的水保持在设定温度值。当水箱内的水温低于供水温度时，采用温差循环控制系统，关闭电子阀，开启水泵，水箱和集热器构成循环进行加热，从而保持水箱内的水温满足供水温度要求，实现全天候供热水。当水箱达到最大水位时，电磁阀关闭，停止进水，开启水泵水箱和集热器构成循环，继续给贮水箱中水加热。太阳辐照不足时，根据实际和贮水箱的水温进行补水，并启动辅助热源。

系统优点：系统可以完全智能化，最大限度地提高太阳能系统的利用率，减少辅助能源使用，运行费用比单独温差循环系统大大降低，并保证全天候热水供应。

系统缺点：系统对控制器要求功能复杂，投资费用较高，设备维护费用相对较高。

4. 温差控制＋分区上水系统

由于单一温度控制循环系统中贮水箱的水温随时间逐步上升，不能保证全天候热水供应要求。该控制方式一般适用于定时（如傍晚以后）供水系统。

为满足全天候热水供应要求，结合水位控制和温差循环控制，采用温差控制＋分区上水运行控制方式，系统原理如图 6－11 所示[41]。

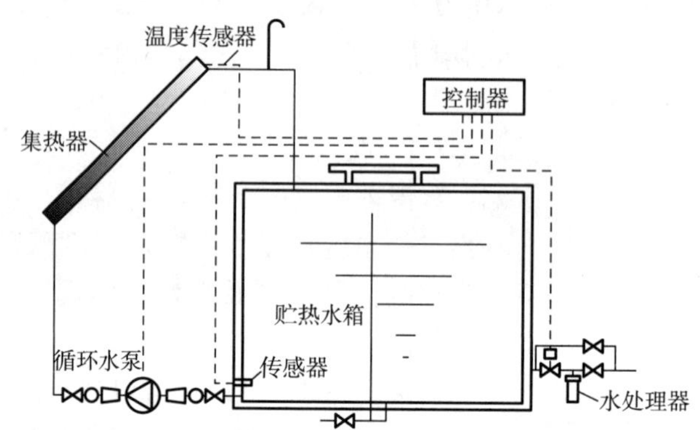

图 6－11　温差控制＋分区上水系统原理图

运行原理：贮水箱首次补水至最低水位，通过温差循环控制的运行方式，使该区域水温较快地提升到供水设定值，满足供水条件；当水温达到供水水温上限时，控制器打开补水电磁阀，使水箱内的水再上升至另一水位，依次再升温，再补水，如此不断循环，使水温保持在固定范围内的情况下不断提高水箱内的水位。水箱达到最高水位时，停止进水，水箱和集热器构成循环继续运行给贮水箱中水加热，直至达到热水最高水温后系统进入防过热保护控制[41]。

系统优点：最大限度地提高太阳能系统的利用率，减少辅助能源使用，比单独温差循环系统降低运行费用，并保证全天候热水供应。

系统缺点：系统对控制器要求功能复杂，投资费用较高，设备维护费用相对较高。

5. 多水箱控制

为了弥补单水箱热水系统运行中表现出的不足，工程中也经常用双水箱或多水箱技术方案。

图 6－12 是一个带辅助水箱的定温控制热水系统工作原理示意图。采用辅助水箱补水，自来水先进副水箱，然后水从副水箱进至集热器，热水储存在贮水箱中，下面的方式就同定温放水一致了。系统优点是可以克服自来水压力不稳定的问题，避免了压力过大损坏水箱的问题；系统缺点是投资成本增加，副水箱体积大小要经过计算确定。

图 6－13 是一个采用温差控制双水箱间接系统的工作原理图。当温度探头 1 和 2 满足温差循环条件时，水泵启动，如同时温度探头 3 和 4 温差大于设定值，经集热器加热工质，先经过高温水箱中换热器进行热交换，再到中温水箱中换热器，否则电动三通阀切换到支路，只经过中温水箱中换热器。这种控制方式可以保持高温水箱的温度，减少辅助热源启动时间；同时系统工质经中温水箱换热器后降低集热器进口温度，提高太阳能系统的热效率[41]。

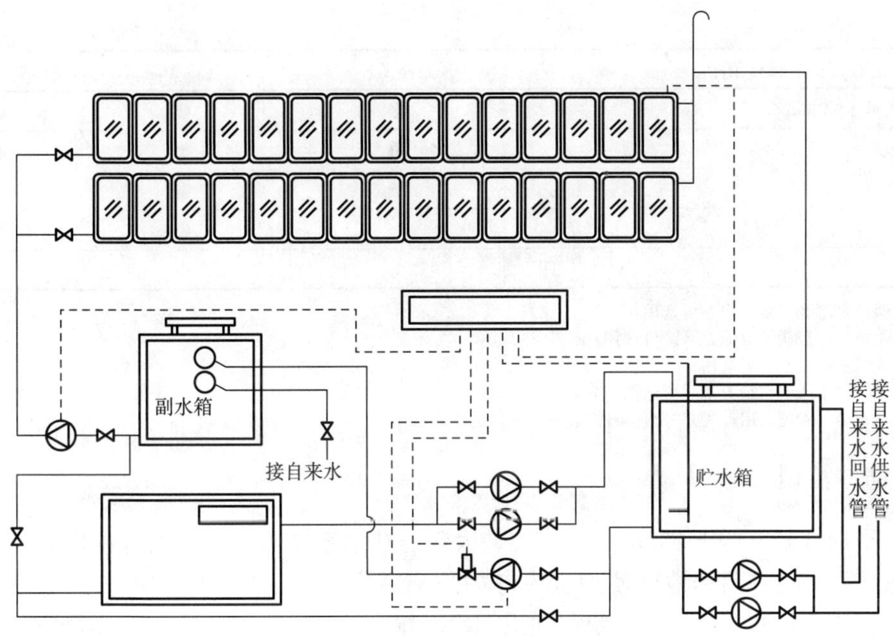

图 6-12　带辅助水箱的定温控制系统

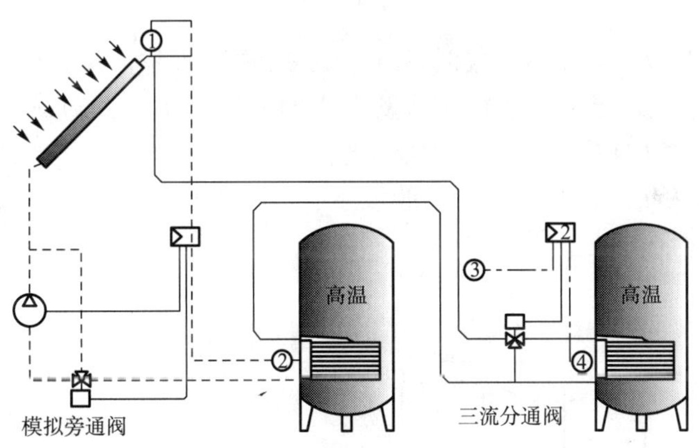

图 6-13　温差控制双水箱间接系统

6. 各种运行方式的使用范围

各种运行方式的使用范围如表 6-10 所示。

各种运行方式的使用范围[41]　　表 6-10

运行条件	自然循环	定温控制	温差控制
水压不稳	●	○①	●
供电不足	●	○②	—
水压大于系统工作压力	●	○③	○③
贮热水箱容量大于 $5m^3$	—	●	●
全天候供热水	—	●	○④
集热器位置高于贮水箱	—	●	●

续表

运行条件		自然循环	定温控制	温差控制
集热器位置低于贮水箱		●	●	●
建筑类型	低层	●	●	●
	多层	●	●	●
	高层	—	●	●
运行成本		低	高	高

①配置辅助水箱和水泵供水时可选用；
②配置机械式温控阀的直流式系统可选用；
③配置辅助水箱供水时可选用；
④采用分区上水或多水箱方式时可选用。
注：表中“●”为可选用；“○”为有条件选用；“—”为不宜选用。

6.9.2 防冻控制

在冬季最低温度低于0℃的地区，安装太阳能热水系统需要考虑防冻的问题。对较为重要的系统，即使在温和地区使用也应考虑防冻措施，开始执行防冻措施的温度一般取3～4℃。直流系统和自然循环系统往往采用手动排空的方式来防止冻结，在严寒地区一般不使用，本书重点讨论强制循环系统的防冻控制问题。

1. 直接系统

直接系统一般建议在温度不是很低、防冻要求不是很严格的场合使用。一般采用如图6-14所示的排空系统。当可能会有冻结发生或停电时，系统自动通过多个阀门的启闭将太阳能集热系统的水排空，并将太阳能集热系统与市政供水管网断开。当使用排空系统时，对集热系统的集热器和管路的安装坡度有严格要求，以保证集热系统中水能完全排空。

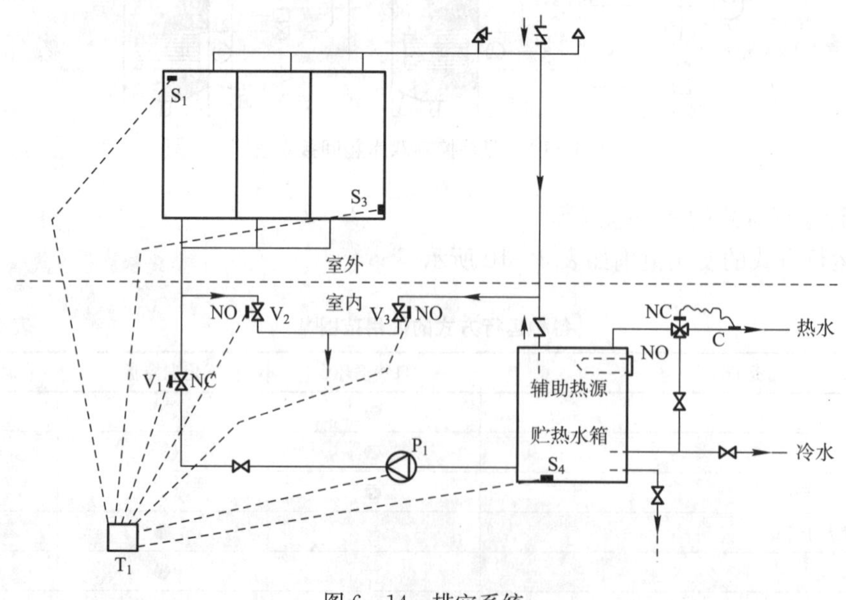

图6-14 排空系统

2. 间接系统

对间接系统而言，一般可采取图 6-15 所示的排回系统或采取图 6-16 所示的在太阳能集热系统中充注防冻液作为传热工质的防冻液系统。

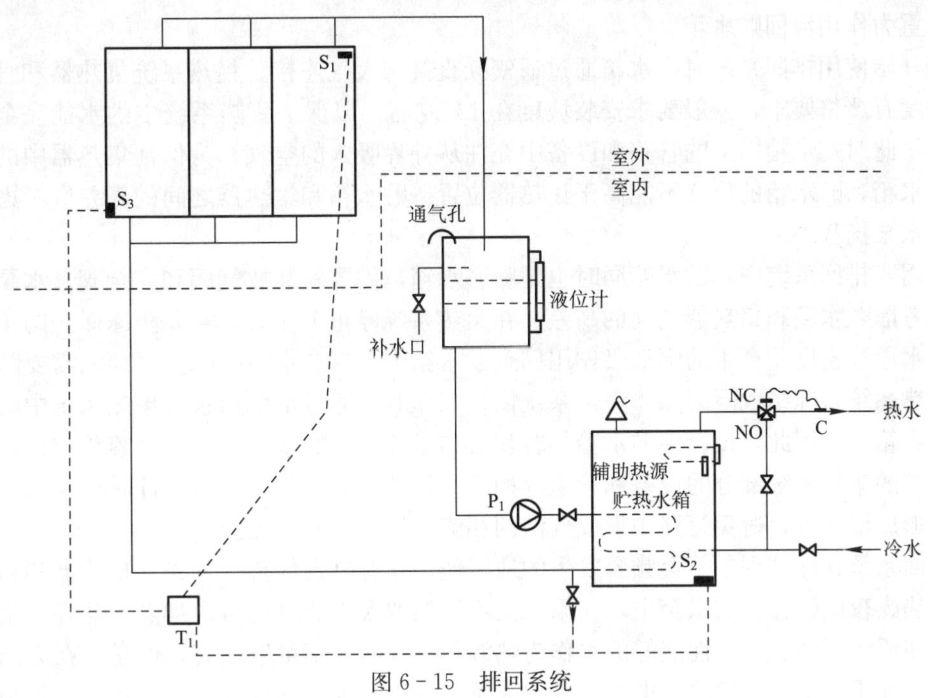

图 6-15　排回系统

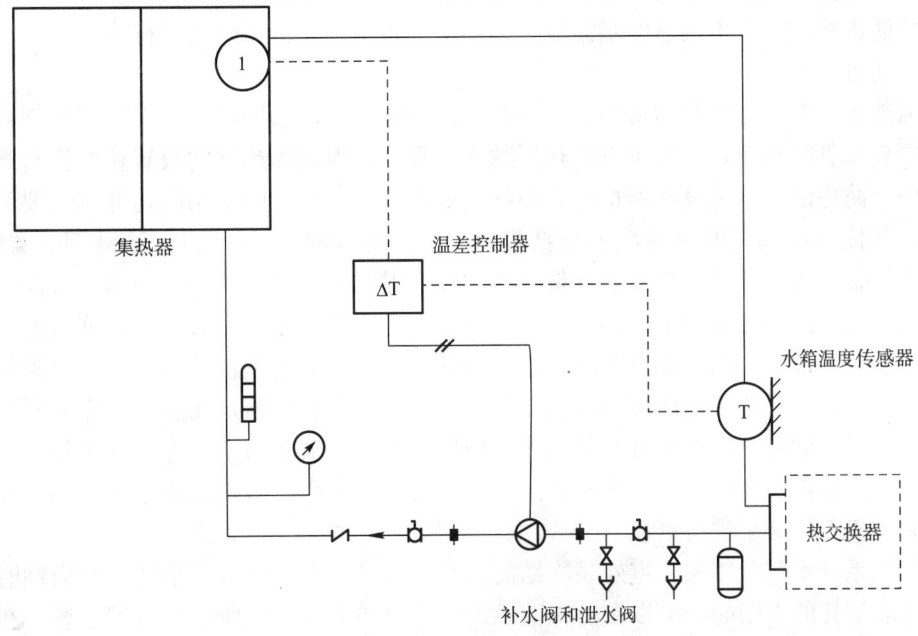

图 6-16　防冻液系统

(1) 排回系统

在排回系统中，一般集热系统仍然采用水作为热媒。如图 6－15 所示除贮热水箱外，系统中还设了一个贮水箱贮存防冻控制实施时从集热系统排回的水。当太阳能集热系统出口水温低于贮水箱水温时，太阳能集热系统停止工作，循环泵关闭，太阳能集热系统中的水依靠重力作用流回贮水箱。

当开始使用排回系统时，水箱通过通气孔直接与大气连接。集热系统集热器和管路的安装坡度有严格要求，一般要求安装坡度在 1%左右，以保证集热系统中的水能完全排回贮水箱，此时贮水箱以上的管路和设备中充注从外界吸入的空气。为保证集热器中的水能排回贮水箱，贮水箱的位置不能高于集热器位置。贮水箱和集热器之间的高差应考虑到集热系统水泵扬程中。

在闭式排回系统中，贮水箱同时也是膨胀水箱，需要安装放气阀和安全阀。水泵扬程可以不考虑贮水箱和集热器之间的高差。在集热系统停止工作时，需要防冻保护的集热系统中的水通过密度差产生的倒虹吸作用回到贮水箱中，将贮水箱中的空气顶入需要防冻保护的集热系统，冻结危险解除；集热系统恢复工作时，通过水泵用水将集热系统中的空气顶回贮水箱中。因此，设计中贮水箱的容积必须足够大，贮水箱中的空气容积应该比需要防冻保护的集热系统部分的设备和管道容积大。此外，贮水箱和管路设计时要注意使空气和水流形成活塞流，避免管路中形成气液两相流，导致防冻失败。

排回系统在冻结现象不会频繁发生的地区使用具有较大优势。首先，集热器和相关管路中的热媒夜间贮存在贮水箱中，在第二天不用浪费太阳能进行再次加热。此外，集热系统可以使用无腐蚀、传热性能好的水作为热源，系统的效率可以提高。但是，在太阳辐射高峰期，如果冻结危险解除或电力恢复，太阳能热水系统自动恢复运行，将贮水箱中的水泵入高温的太阳能集热器中时，会对集热器造成严重的热冲击，容易损坏集热器，需要采取相应的防冻措施，在集热器空晒温度过高时集热系统不会自动恢复运行。

(2) 防冻液系统

防冻液系统在工程中最为常用。由于防冻液系统是闭式系统，集热系统循环水泵的扬程只需要克服管路阻力，不用考虑集热器的安装高度，因此集热器的放置位置没有严格限制。此外，防冻液系统也没有严格的管路坡度要求，管路系统中常用的防冻剂主要为乙二醇溶液，其他可供选用的防冻液还包括氯化钙、乙醇（酒精）、甲醇、醋酸钾、碳酸钾、丙二醇和氯化钠等。由于防冻液通常带有腐蚀性，因此系统采用的热交换器一般需要双层结构，以免污染生活热水或生活热水进入防冻液对防冻液功能产生影响。防冻液的组成成分对其冰点有关键性影响，集热系统不应设自动补水，也不应设自动放气阀，以免破坏防冻液成分。在大型系统中，使用防冻液的集热系统应设旁通管路，如图 6－17 所示，以防集热系统清晨启动时防冻液温度过低将热交换器或水箱中水冻结。防冻液的选择对系统的性能影响很大，需要谨慎选取防冻液类型。防冻液根据生产厂商要求应定期更换，没有具体要求时最多 5 年必须进行更换。

在集热系统水容量较大或室外易冻结的管路较长时，为减少白天集热系统启动时防冻液预热所需消耗的太阳能，可以在防冻液系统中采取如图 6－12 所示的排回系统，在夜间将防冻液排回保温的贮水箱中保存。但集热系统必须采用承压的闭式系统，以防止防冻液因为与外界空气接触持续氧化失去功效。

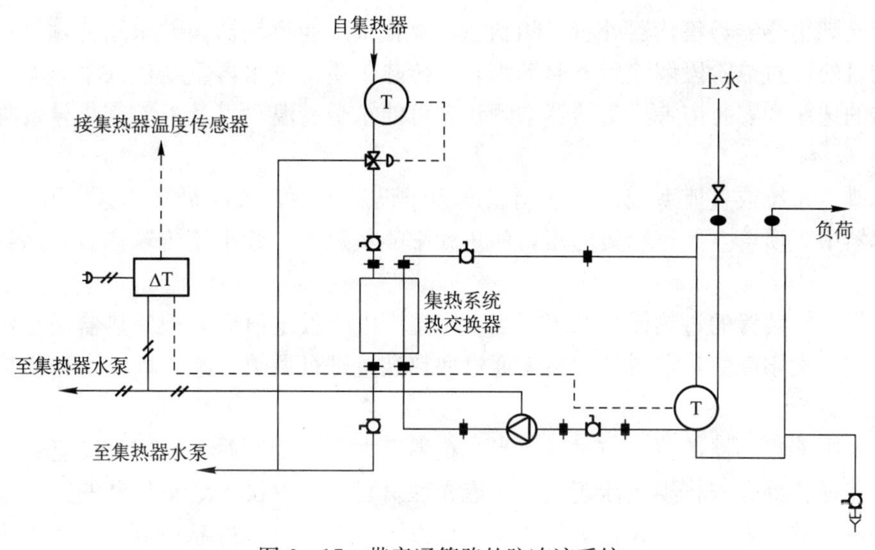

图 6-17　带旁通管路的防冻液系统

当集热器本身没有防冻要求时，可以采用电伴热等方式对管路和贮水箱进行防冻保温。在严寒地区，由于真空管集热器的水不能完全排空，在环境温度很低的情况下也可以采用防冻循环的方式，即开启集热系统的循环泵，用水箱中的热水冲刷管道和集热器，以防止设备冻裂。

6.9.3　过热防护

太阳能热水系统过热产生的危险和现象有很多。当系统长期无人用水时，贮热水箱中热水温度会发生过热，产生烫伤危险甚至沸腾，产生的蒸汽会堵塞管道甚至将水箱和管道挤裂，这种过热现象一般称为水箱过热。当集热系统的循环泵发生故障、关闭或停电时，可能导致集热系统过热，对集热器和管路系统造成损坏。当采用防冻液系统时，集热系统中防冻液的温度高于115℃后，防冻液具有强烈的腐蚀性，对系统部件会造成损坏，这种过热现象一般称为集热系统过热。因此，为保证系统的安全运行，在太阳能热水系统中应设置过热防护措施。主要的系统过热防护措施有以下几种：

（1）开式系统。允许贮水箱中的水沸腾，利用水汽化带走太阳能系统得热量。该方案简单，常用于家用热水器，由于贮水箱水温不会超过100℃，对水箱腐蚀影响较小。缺点是浪费水，水质差地区集热器和水箱结垢严重，使用时有安全隐患。

（2）闭式系统。利用膨胀罐吸收工质沸腾造成的体积变化，防止系统压力和温度过高，实现系统防过热。

（3）高压闭式系统。太阳能系统预置较高压力（可达到0.9MPa），系统在任何状态下可保持不沸腾。由于系统不沸腾，系统工质体积变化较小，可以选用较小的膨胀罐。缺点是工作压力高，连接管线一般采用铜管等金属管，管线连接采用焊接，以保证承压运行。由于系统工作在高温高压下，防冻液易变质，且系统有安全隐患，对工作温度可能超过140℃的高压闭式系统一般不推荐使用。

（4）回流系统。当水箱温度大于设定值后，关闭循环水泵，集热器中工质回流到水箱，空气充满集热器，集热器处于空晒状态，停止太阳能集热器向贮水箱传输热量，达到防过热的目的。过热阶段解除后，启动水泵，传热工质——水再重新注入集热器。回流系统集热器的选用和安装应考虑集热器空晒状态可能承受高温，以及温差变化导致集热器板芯变形。

（5）排空系统或直流系统。当水箱温度大于设定值后，关闭循环水泵，开启排水阀，排空集热器中工质，空气充满集热器，停止太阳能集热器向贮水箱传输热量，达到防过热的目的。

（6）带散热装置的过热保护系统。当水箱温度大于设定值后，把集热器循环切换到与散热器相连，太阳能集热器得到的热量通过散热装置进行散热，减少向贮水箱供热量，保证系统安全运行。

（7）太阳能集热器遮盖法防过热。当水箱温度大于设定值后，利用自动遮盖装置或人工布置遮盖材料等方法将集热器遮盖一层透光性材料，减少投入到集热器的太阳辐照，防止系统过热。缺点是：自动装置造价高；手动方案操作不便、可靠性低。太阳集热器遮盖法适宜于系统季节性使用并且集热器维护方便的系统，如平屋顶安装太阳能系统；对于集热器维护不方便的坡屋顶安装太阳能系统不宜使用。

第 7 章　村镇住宅太阳能系统的模块化软件设计

本书课题组经过 5 年的研究与设计实践，研发了村镇住宅太阳能系统的模块化软件设计软件。研发的村镇住宅给水排水太阳能设计软件系根据《建筑给水排水设计规范》GB 50015、《太阳能供热采暖工程技术规范》GB 50495、《家用太阳热水系统热性能试验方法》GBT 18708 等编制，实现模块化设计，简单明了，易学易懂。可以供全国各地新农村建设过程中的村镇建筑给水排水以及太阳能热水系统设计的参考使用。

7.1　村镇住宅给水排水太阳能设计软件（PDRSV）设计功能及流程

PDSRV 根据《建筑给水排水设计规范》，《太阳能供热采暖工程技术规范》等编制，可以满足新农村建设过程中建筑给水排水以及太阳能热水系统设计需求。

7.1.1　功能介绍

软件可完成村镇住宅给水排水太阳能设计的全过程，具有如下功能：

（1）具有多种建筑数据的生成方法。用户直接输入绘制建筑图、利用 PKPM 软件的建筑或结构数据、将 Auto CAD 图完全转换为建筑数据。

（2）由上述数据生成专业底图（直接使用各个地区的标准图库可以省略此步）。

（3）平面施工图设计。在专业底图上进行各类设备平面布置、管线连接；提供多个地区农村建筑模型典型案例，可直接调用补充设计。

（4）系统图设计。

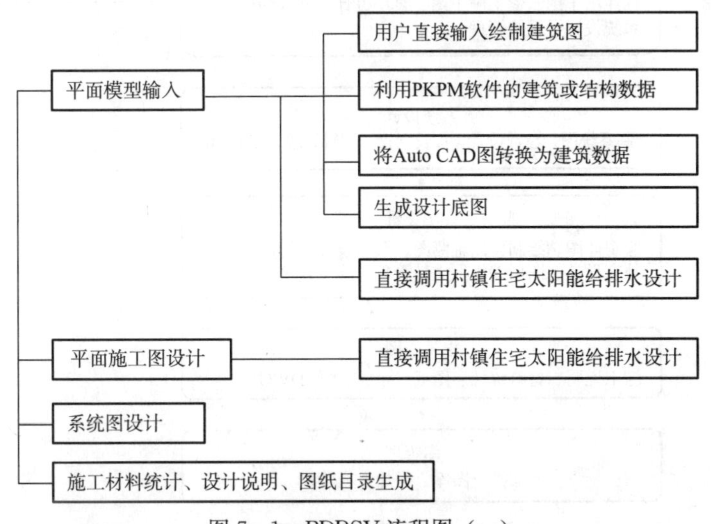

图 7－1　PDRSV 流程图（一）

（5）施工材料统计、设计计算文件存档、图纸目录等设计。

（6）具有开放的、易于扩充的数据库。用户可以自己定义图块。

7.1.2 流程图

村镇住宅给水排水太阳能设计软件（PDRSV）流程图如图 7－1 和图 7－2 所示。

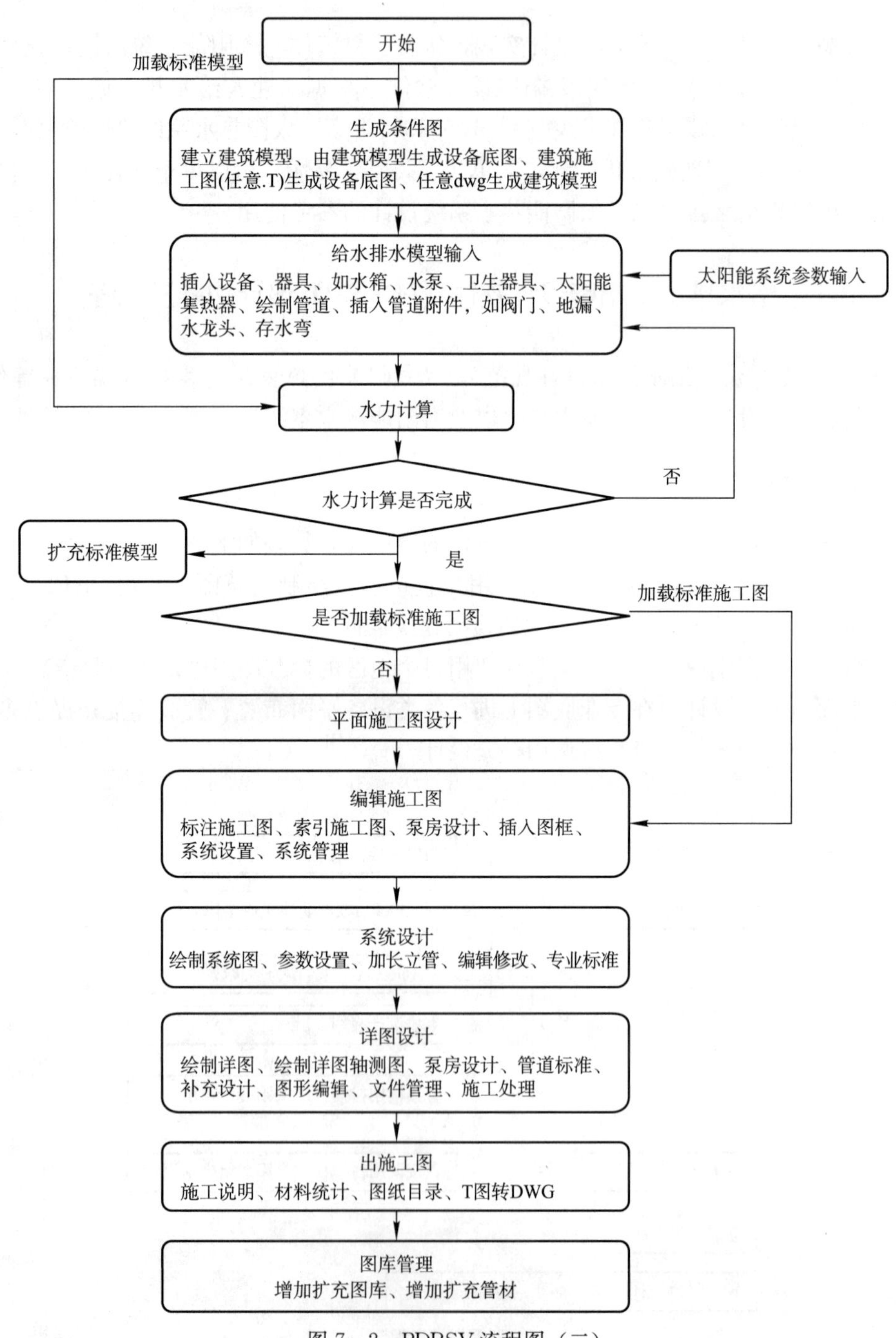

图 7－2　PDRSV 流程图（二）

7.2 运行环境

在 586 以上档次的计算机上运行，内存应在 128MB 以上，硬盘不小于 1G。显示器应选用 EGA、VGA 或 TVGA 及 VESA 以上档次的显示卡。输入设备为鼠标器及键盘。输出设备采用 Windows 环境本身的外部设备驱动功能，因此可使用各种类型的打印机、绘图机。操作系统使用 Windows 95 或更高的版本。

7.3 主菜单

双击 Windows 桌面上的 PKPM 快捷方式，即可启动 PKPM 各模块主控菜单。

(1) 主控菜单左上角为专业控制按钮，分别为结构、建筑、设备和概预算，不同专业分别启动对应的专业控制按钮。

(2) 启动专业控制按钮后，主控菜单左侧为该专业的软件名菜单，如设备专业有：CPM，EPM，HPM，HNET，PDSRV，WNET。

(3) 屏幕右侧主页部分为各软件的主菜单，点击左侧的软件名，右侧即显示相应的主菜单，在右侧某项菜单处双击，即启动该项菜单。

(4) 主控菜单下方为工作子目录的设置区域，该区域显示当前的工作子目录，其右侧有改变工作子目录设置按钮。

用户使用软件时，应在自己的工作目录中操作，对于不同的使用者或不同的工程，都应在各自的工作目录中操作，以免数据混乱。

(5) 在 PDSRV 中，其主菜单中第一项“生成条件图”，即自动启动 SBDT，点击菜单可完成相应的工作。PDSRV 主控菜单如图 7-3 所示。

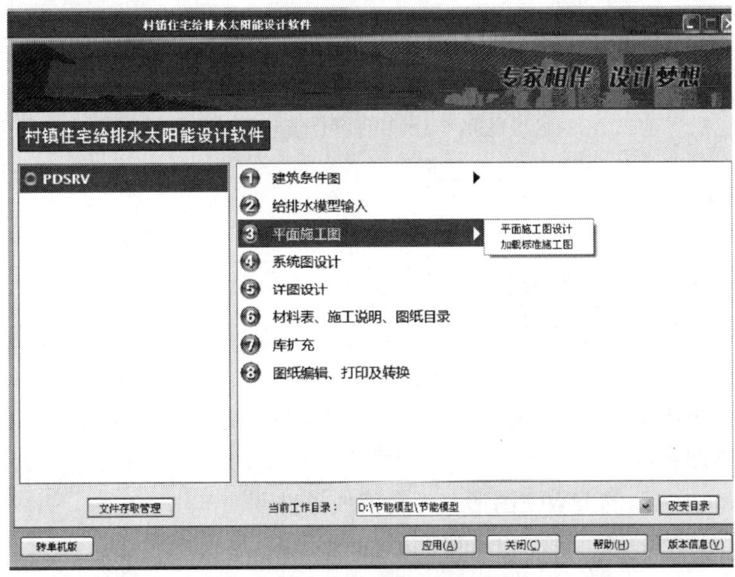

图 7-3 操作界面

7.4　软件操作流程

软件操作流程如图 7-4 所示。

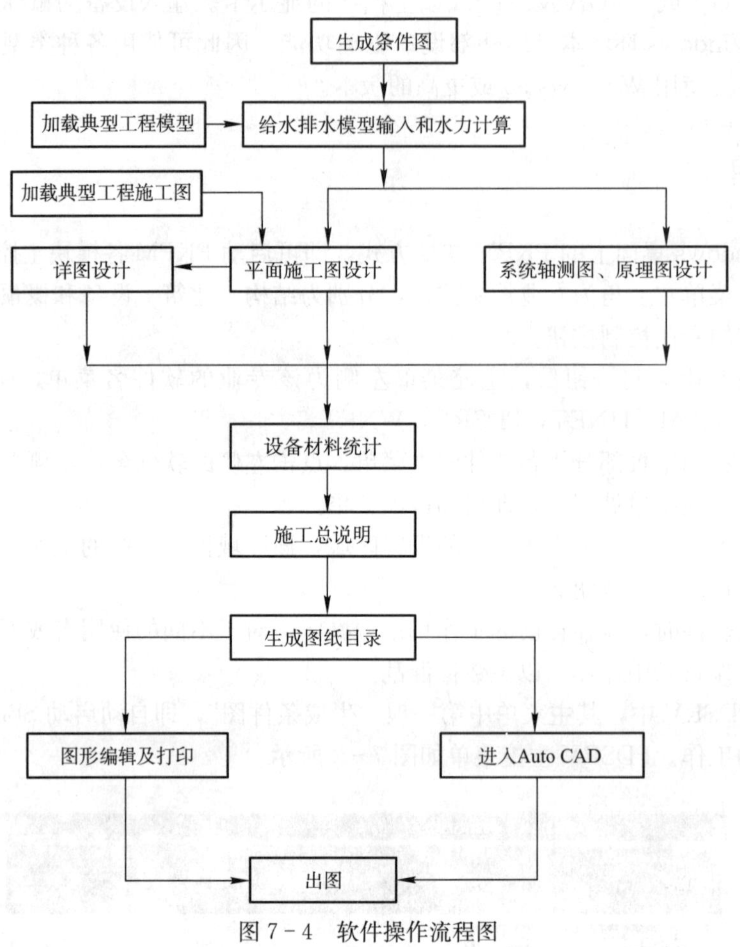

图 7-4　软件操作流程图

7.5　建筑条件图

有 4 种方法产生建筑条件图：

（1）从三维建筑设计软件 APM 入手，先绘制三维建筑模型，并由此生成条件图；

（2）从结构 PMCAD 软件入手，建立结构三维模型，然后生成条件图；

（3）从主菜单中击"生成条件图"项，由建筑设备条件图软件 SBDT 建立建筑模型，然后再生成条件图；

（4）从 Auto CAD 的 DWG 图形文件转换成条件图。

详细的操作方法参见《建筑设备底图软件 SBDT》用户手册。

7.6 给水模型输入

7.6.1 输入步骤

(1) 当在主菜单下完成第一项“生成条件图”后，双击主菜单的第二项“给水排水模型输入”。

(2) 双击屏幕菜单的“平面输入”项。

(3) 插入设备、器具，如水箱、水泵、卫生器具等。

根据要绘制的管道类别，拾取屏幕菜单中的“××系统”，如“给水系统”，再拾取屏幕菜单“插设备”项。如一张平面图中的管道多于一种，当某一种管道设备插入完毕并进行水力计算之后，拾取屏幕菜单顶部“回前菜单”项，再拾取“××系统”，继续插入设备，直至输完为止。

注：地漏、阀门等与管道连接的部件，应在管道绘制完成后再插入。

(4) 管道绘制。根据管道类别，在屏幕菜单下选择“××系统”，再拾取屏幕菜单中“布置立管”或“画××管”项，按提示输入值。

(5) 管道附件，如阀门、地漏、水龙头、存水弯等插入。在屏幕菜单中选择“插设备”项。

1) 如果平面图中插入了存水弯（P形或S形），则在平面图上只显示一个标识。在自动生成的系统图上，会产生相应的存水弯。

2) 水龙头和存水弯等这些在平面图上不需要表示的部件，也可以不在平面图上插入，可在系统图上直接插入。

3) 插入管道附件仅能在当前系统管道上插入（如在点排水系统后插入设备附件仅能在排水管道上插入）。

4) 带有方向的某些附件如电磁阀，水龙头等，它们的方向由光标的十字交叉点与管线的相对位置自动确定。这些关系包括上下关系和左右关系，即交叉点偏向管线的哪一侧，电磁阀的电动执行机构就在哪一侧。

(6) 当一个标准层输入完毕后，可点取“水力计算”菜单，对当前标准层进行水力计算。计算完后，回前菜单拾取屏幕菜单“换标准层”项，根据要输入的标准层与上一标准层管线、设备布置情况，全部或部分复制或不复制，然后继续输入下一标准层。

(7) 重复 (2)～(6)，将全部标准层输入和计算完毕。

(8) 拾取屏幕菜单“组装全楼”项，定义每个物理层是第几标准层，将管道竖向连接起来，产生完整的系统。

注：标准层号与建筑楼层号可以相同，也可以不同，且标准层号的顺序不一定和建筑楼层的顺序一致。

(9) 拾取屏幕菜单“保存文件”，存图。

(10) 点取“查系统图”对全楼系统图进行检查。检查无误后，进行全楼水力计算。

(11) 拾取屏幕菜单“退出系统”项，回到主菜单。

7.6.2 模型输入流程

模型输入流程如图 7-5 所示。

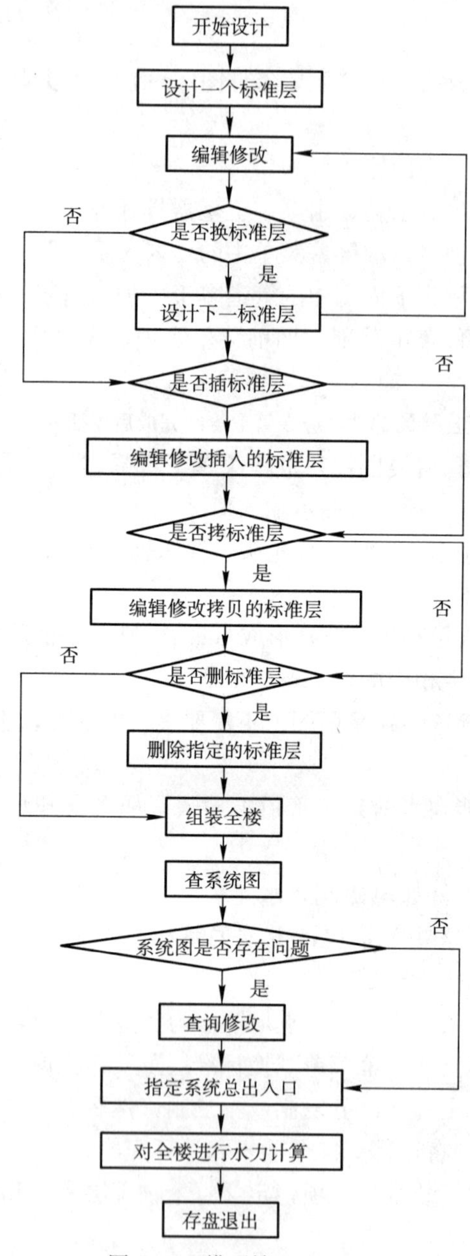

图 7-5 模型输入流程图

7.6.3 标准层设计流程

标准层设计流程如图 7-6 所示。

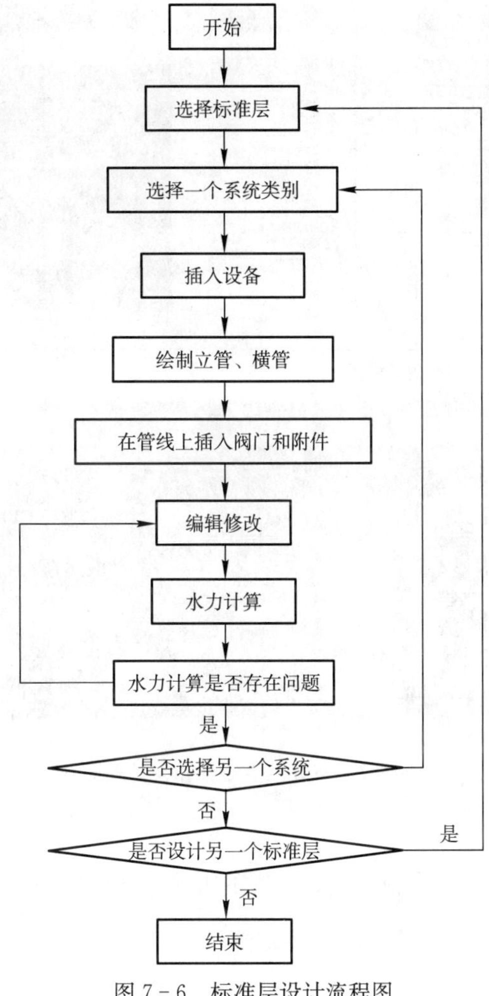

图 7－6　标准层设计流程图

7.6.4　给水模型输入和水力计算

管道模型输入是将平面图上各种管道、设备、附件以及相应的数据统一输入，并进行水力计算和各种编辑、修改。

双击主菜单第二项，软件检查通过后即开始模型输入。屏幕弹出对话框，可输入工程名，选择进入方式。如果在平面图中已绘制过管道、设备、附件等，并且要保留原有内容，继续设计，请选择“旧文件”；若是第一次输入或将以前的输入内容作废，需要重新绘制，请选择“新文件”。

如果以“新文件”方式进入，将弹出系统选择的菜单，用户需要确定系统类型；而选择“旧文件”方式，则直接进入原来的系统类型。

1. 布置卫生器具和设备

操作方法：快速布置设备要求当前卫生间与模型库中的卫生间尺寸形状大致相同。当命令行提示“用光标指定矩形任意一边”时，开始确定当前卫生间的尺寸以及形状（见图 7－7）。如果需要扩充卫生间模型，可以采用如下两种方法：

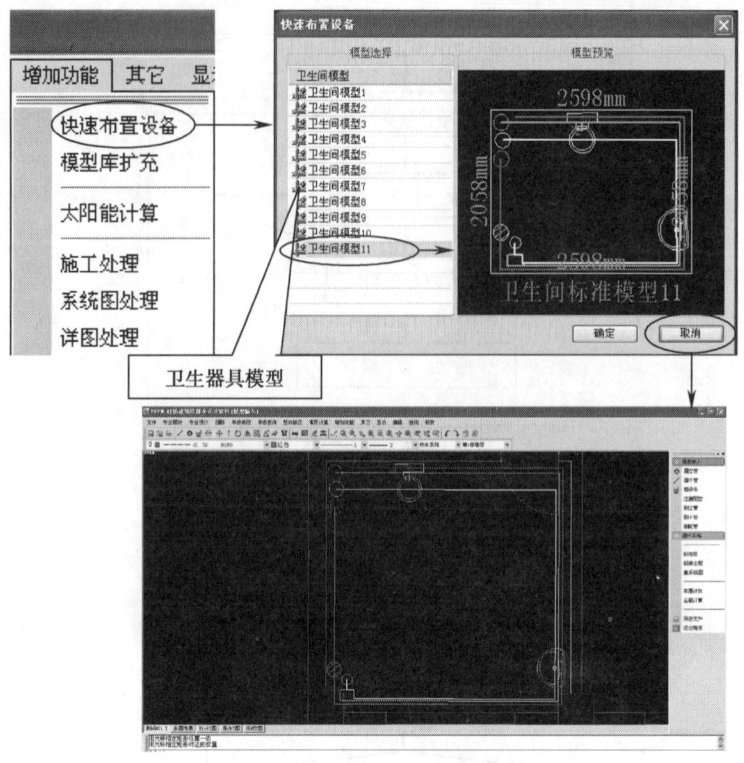

图 7-7　布置卫生器具和设备界面

(1) 文本扩充法

如果卫生间模型很详细，采用直接写文本的方法。编写程序内容如下：

；BLOCK

；块号，PM［9］

；PIPE

；类别，立管/干管，起始点

；1　立管

；0　干管

；WALL

；宽度，

；墙线，

<MODEL>//一个模型定义开始

<BLOCK>//设备定义开始

<760201，1000，4750，0，500，400，500，0，0，90/>//一个设备定义：块号；PM［9］

<760201，3000，4750，0，500，400，500，0，0，－90/>

<BLOCK/>//设备定义结束

<PIPE>//管道定义开始

<1，0，0，1000，2800，0，1000，2800/>//一根管道定义：类别，立管/

干管，起始点（x，y，z）

<2，0，3000，1000，2800，2000，5000，2800/>

<3，0，2100，1200，2800，2200，4200，2800/>

<PIPE/>//管道定义结束

<WALL>//墙定义开始

<100/>//墙宽定义 如果单线定义此项为0

<1000，1000，2800，1000，5000，0/>//墙线起始点（x，y，z）定义

<900，900，0，900，5100，0/>

<1000，5000，0，3000，5000，0/>

<900，5100，0，3100，5100，0/>

<3000，5000，0，3000，1000，0/>

<3100，5100，0，3100，900，0/>

<1000，1000，0，2000，1000，0/>

<2800，1000，0，3000，1000，0/>

<900，900，0，2000，900，0/>

<2800，900，0，3100，900，0/>

<2000，1000，0，2000，900，0/>

<2800，1000，0，2800，900，0/>

<WALL/>//墙定义结束

</MODEL>//一个模型定义结束

（2）交互扩充方法

点击“模型库扩充”→“交互选择卫生间范围”→“自动写入文本”。

注意：

1）利用文本扩充的优势是可读性强，便于手动编辑：<1000，5000，0，3000，5000，0/>

2）增加交互扩充功能后，降低可读性强，不便于手动编辑：<1011，5021，0，3031，5033，0/>

2. 布置给水系统

拾取“布置立管”项，输入本标准层内的立管。立管的两端标高是相对于标准层楼板平面的标高，在立管输入过程中，应使立管标高连续（单位为毫米）。

注：如果立管是穿过该标准层，则输入底标高和顶标高时可按回车键。

（1）画给水管道

画给水管道时，要先画干管，后画支管。画支管时从干管上开始画，则程序自动提取干管的标高，干管与支管交叉外自动断线，便于水力计算。

按以上提示可连续进行给水管道的布置，直到按“Esc”键退出。

在此输入第一点标高、管道坡度、管径、系统号。如果选择“根据坡度计算标高”，画一点时，系统会根据坡度计算出新位置的标高值。

在此输入刚布置的管道第二点的标高和要布置管道的第一点标高。如果两标高不相等，表示要抬高或降低，系统会在该点处自动生成立管。

对话框左侧可选择配管类型：带阀水龙头、水龙头、淋浴喷头、高位水箱、低位水箱、小便池、消火栓等。对话框右侧是代表不同配管形式的图例按钮，下侧给出了配管的参考标高和定位尺寸。单击所要选择的配管形式按钮，如有必要修改配管参数，按“确定”键，按照系统提示用窗口选择要连接的管道和卫生器具，连接配管的工作就完成了。

如选择对话框中左侧位图按钮，喷头将与给水和热水管道连接，右侧位图喷头只和给水或热水管连接。

（2）卫生器具和设备的流量和当量

在完成给水平面布置后，水力计算之前可以编辑修改卫生器具和设备的流量、最小供水压力、最小供水支管管径、管材等。

（3）给水系统水力计算

这里的水力计算仅对本标准层中的给水系统进行水力计算，标高取相对于本层地面的高度。

点取“本层水力计算”菜单之后，提示：

*请确定计算起点管道

目前该软件只能计算树枝状管道系统，这里的计算起点管道是指树枝状系统的树根管道。用户应该用光标点取本标准层的总引入管，一般是从立管引出的第一根给水管。

当用户用光标选中计算起点管道后，提示：

*计算方向（对于排水、雨水为逆水流方向，其他为水流方向），对［Ent］/错［Tab］

此时如果屏幕上的计算方向正确，按“Ent”键；如果不对，可按“Tab”键，屏幕上的计算方向箭头将自动旋转180°。

确定完计算起点管道后，给水系统的子菜单如下：

3. 热水系统设计

与给水系统设计过程相似，只多出循环系统部分。

热水系统子菜单如图 7－8 所示。

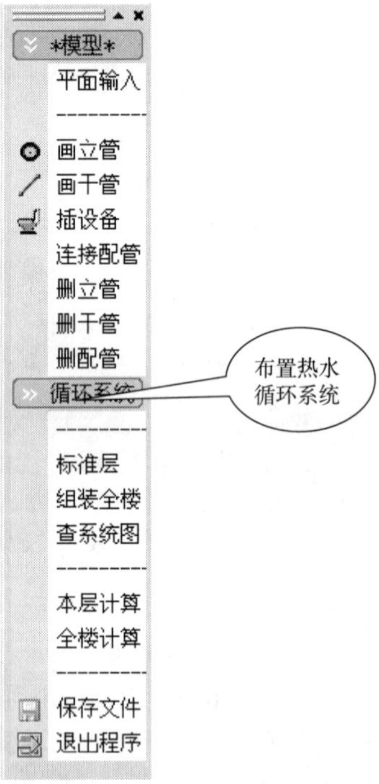

（1）循环系统布置

布置循环管路时，一定要确保循环管与配水管的连接。

（2）热水管网计算总参数设置

用光标点取水力计算中“参数设置”菜单，其界面如图 7－9 所示。

图 7－8　热水系统子菜单

此参数用于热水系统的水力热水计算。对于本层，只有水力计算内容，水力热力计算是在全楼计算时进行的。

说明：对全楼进行水力热力计算前必须点出热水供水加入口管和循环出口管。

（3）水力计算

点击自动喷洒系统“本层计算”，其菜单如图 7－10 所示。

如果要进行全楼水利计算，先要点击“标准层”菜单，然后进行“标准层复制”后，

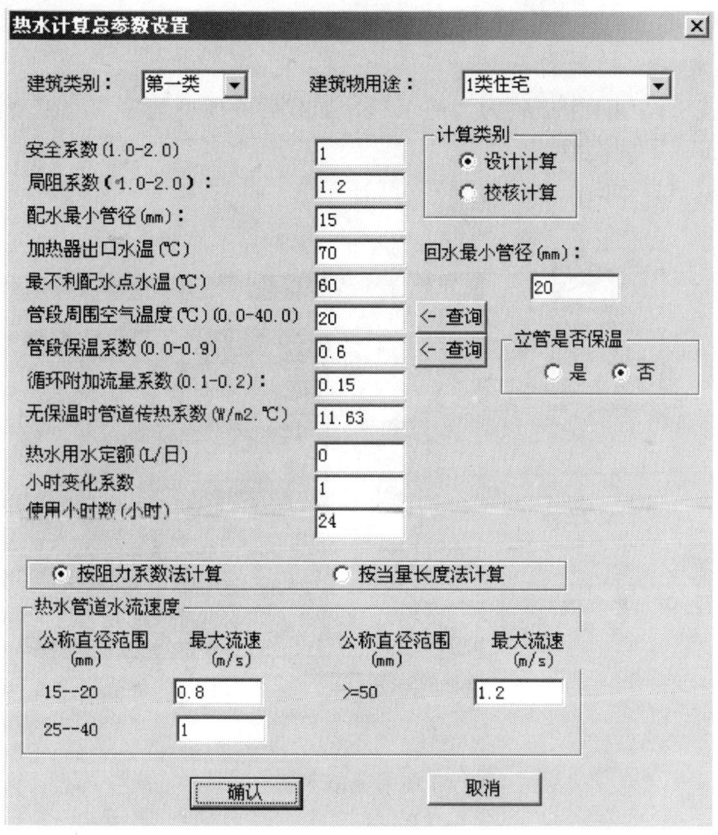

图 7－9　“参数设置”界面

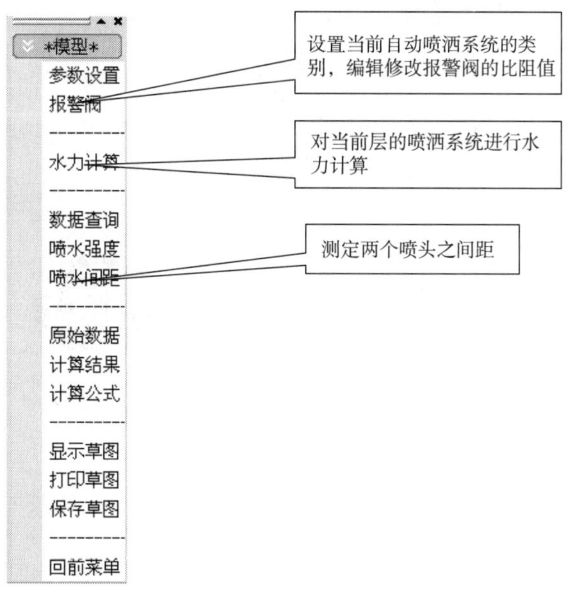

图 7－10　“本层计算”菜单

过程与“本层计算”一样。

4. 加载模型

该功能直接从模型库中加载为当前工程，加载后的模型与输入的模型没有任何差别，软件提供典型工程案例模型。

(1) 加载模型具体操作方法如图 7-11 所示。

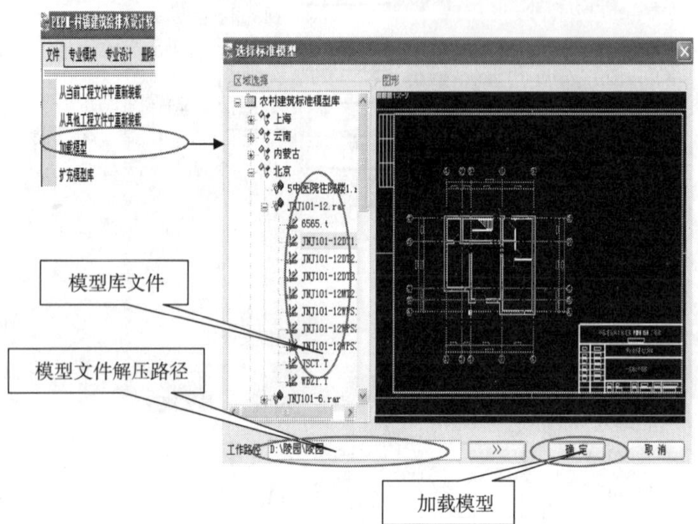

图 7-11 加载模型操作方法

(2) 扩充模型具体操作方法如图 7-12 所示。

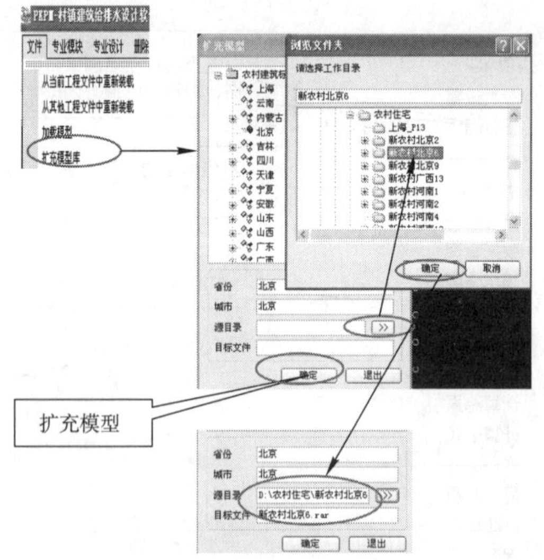

图 7-12 扩充模型操作方法

注意：

1) 模型文件只能有一级目录(例如：“D:\农村住宅\新农村北京 2”，不希望这种情况“D:\农村住宅\新农村北京 2\新农村北京 2”)。

2）手动直接压缩工程后复制到 PKPM \ PDSRV \ BLIB \ 标准模型库目录下面。

5. 水力计算

用于对全楼整个系统进行水力计算。在计算之前应首先定义系统的总入口管道，点取“全楼计算”之后，程序提示如图 7－13 所示。

如果每个标准层均已计算，这里可只进行立管的水力计算。如果要对全楼整个系统进行水力计算，可进行整个系统的水力计算，程序提示如图 7－14 所示。

这里除热水系统外，各给水排水系统的水力计算操作同单层的水力计算一样。

如果选择“热水系统”，程序弹出图 7－15 所示的对话框。

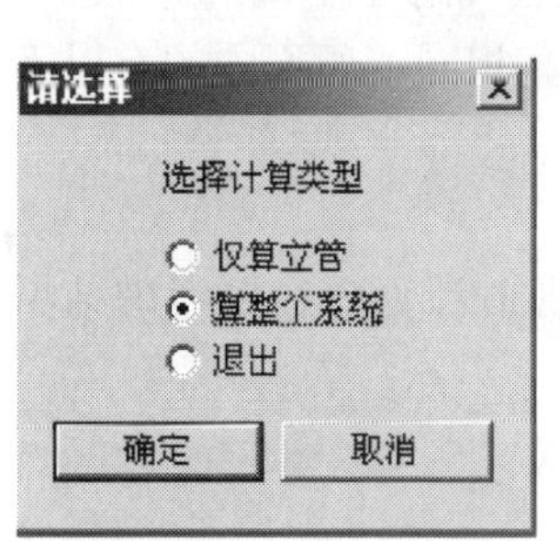

图 7－13　点击“全楼计算”后的提示界面

图 7－14　水力计算选项

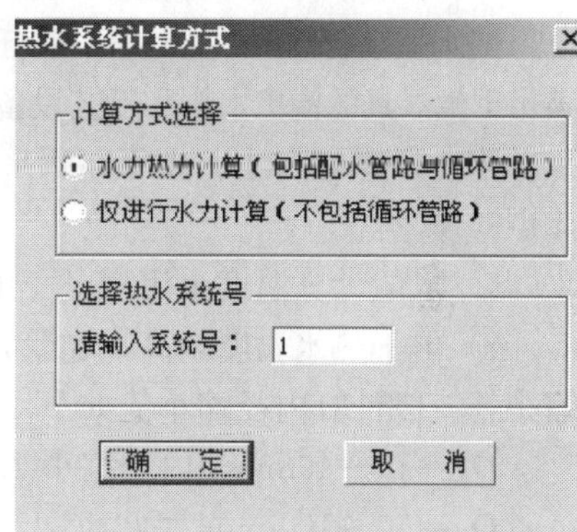

图 7－15　选择“热水系统”后的提示界面

如果要对供水管路和循环管路进行水力热力计算，选择第一种方式，可得到各节点水温、循环管径和循环阻力。

如果只想对供水管路进行水力计算，选择第二种方式。

注意：全楼水力计算前必须先选择总出入口。

7.7　水力计算的基本原理

7.7.1　计算目的和要求

1. 计算目的

室内给水管网水力计算的目的在于确定给水管网各管段的管径、求得通过设计秒流量时造成的水头损失、复核室外给水管网水压是否满足使用要求，选定加压装置所需扬程和高位水箱高度。

2. 计算要求

（1）根据用水对象（建筑类别）正确选用设计秒流量的计算公式。

（2）充分利用室外给水管网所能保证的水压。

（3）满足室内管网中最不利配水点（水龙头、消火栓或其他用水设备）的水压要求。

（4）在通过设计秒流量时，各管段流速应满足下列要求：

1）生活或生产给水管道的流速限制，如表 7－1 所示。

生活生产给水管道流速限制 **表 7－1**

公称直径（mm）	15～20	25～40	50～70	≥80
水流速度（m/s）	≤1.0	≤1.2	≤1.5	≤1.8

当对噪声有严格要求时，应适当降低流速，详见设计规范。

2）消防给水管道：设有室外消火栓的室外给水系统，管径不得小于 100mm。

热水系统的计算包括配水管网计算和循环管网计算。

（1）热水配水管网的水力计算

热水配水管网的水力计算，在于确定热力配水管网的管径和水头损失，复核管网水压是否满足卫生器具的流出水头和工艺设备的水压要求，确定加压设备的扬程和高位热水箱的高度。

水力计算的方法、步骤和所采用的公式均与给水管网水力计算相同，所不同的有以下几点：

1）水的计算温度采用 60℃，即供水和回水的平均温度。

2）由于热水温度较高，在管道中有产生水垢的可能，所以管道计算内径要考虑结垢缩小，一般计算内径缩小值如下：

Dg＝15～40mm，内径缩小 2.5mm；

Dg＝50～100mm，内径缩小 3.0mm。

3）水的容重 $r=983.24\text{kg/m}^3$，运动黏度 $\nu=0.479\times10^{-6}\text{m}^2/\text{s}$。

4）热水管壁由于腐蚀，内壁绝对粗糙度 $\delta=1.0\text{mm}$。

（2）循环管网计算

循环管路计算目的是确定回水管道的管径，复核配水管道的管径，得到循环水头损失。

1）计算要求：

①配水管网的最大温度降，即加热设备出水温度与最不利计算点的温度差，应根据供水系统大小和循环方式确定，一般采用 5～6℃，最大不得大于 15℃。

②回水管道的温度降，一般按 5℃计算。

③回水管道的管径不得小于 20mm。

2）估算各管段终点水温：任意管段的温度降，可以根据预先规定的配水管网最大温度降和各管段的温降因素，按比例近似估算。

3）管段的热损失按下式计算：

$$W=\pi Dlk(1-\eta)(t_{\text{m}}-t_{\text{k}})=l(1-\eta)\Delta W \qquad (7-1)$$

式中 D——计算管段的外径，m；

l——计算管段的长度，m；

k——无保温时管段的传热系数，kcal/(m^2·h·℃)；

η——保温系数，无保温时 $\eta=0$，简单保温时 $\eta=0.6$，较好的保温时 $\eta=0.7\sim0.8$；

t_{m}——计算管段的平均水温，℃；

t_{k}——计算管段周围的空气温度，℃；

ΔW——无保温时单位长度管道的热损失，kcal/(h·m)。

(3) 循环流量计算

1) 管网总循环管量：对于全天循环的管网，总循环流量所携带的有效热量，应等于循环配水管网的总的热损失（$\sum W$）。

$$Q_x=\frac{\sum W}{C\Delta T}=\frac{\sum W}{C(t_1-t_2)} \tag{7-2}$$

式中 Q_x——总循环流量；

t_1，t_2——加热设备出口和循环配水管计算点的水温；

C——水的比热。

2）计算管段的循环流量：各分支管的循环流量按下述方法和原则进行分配：

①从水加热器后的第一个节点开始，依次进行分配；

②对任一节点，各分支管循环流量的代数和为零；

③对任一节点，各分支管段的循环流量，与其以后全部循环配水管道的热损失之和成正比。

(4) 循环水头损失

在管路中通过循环流量时所产生的水头损失为：

$$\begin{aligned}H&=H_p+H_h\\&=\sum Rl+\sum\zeta\frac{v^2\rho}{2g}\end{aligned} \tag{7-3}$$

式中 H_p、H_h——分别为通过循环流量时配水管路和回水管路中的水头损失，mmH_2O；

R——单位长度沿程水头损失，mmH_2O/m；

l——管段长度，m；

ζ——局部阻力系数；

v——循环流速，m/s；

ρ——水的密度，kg/m^3；

g——重力加速度，m/s^2。

7.7.2 太阳能系统计算

1. 开发依据

《民用建筑太阳能热水系统应用技术规范》；

《民用建筑太阳能热水系统工程技术手册》。

2. 斜面太阳能辐射计算

1）“SolarData. mdb”中对应记录了一些城市 12 个月月平均日直接辐射量 H_d 和月平均日散射辐射 H_b；

2）对应每个城市 ID，可以获取 solar _ Hd[12] 和 solar _ Hb[12]；

3）斜面辐射计算：

$$H_{Th}=H_{bh}R_{bh}+H_{dh}\frac{1+\cos\beta}{2}+(H_{dh}+H_{bh})\frac{1-\cos\beta}{2}\rho \tag{7-4}$$

式中 H_{Th}——倾斜面上的总辐射平均值，MW/m^2；

H_{bh}——水平面上的直接辐射的平均值，MW/m^2；

H_{dh}——水平面上的散射辐射的平均值，MW/m²；

ρ——地表的平均反射率，默认取0.2；

R_{bh}——倾斜面上和水平面上时直接辐射的比值。

目前只有对于向南的倾斜面，有：

$$R_{bh}=\frac{\tau'_n\sin(\varphi-\beta)\sin\delta+\sin(\varphi-\beta)\sin\delta\sin\tau'_n}{\tau_n\sin\varphi\sin\delta+\cos\varphi\cos\delta\sin\tau'_n} \tag{7-5}$$

式中 β——斜面与水平面的倾斜角，弧度；

φ——当地纬度，弧度；

δ——太阳赤纬角，弧度；

τ_n——水平面上的日出时角，弧度；

τ'_n——斜平面上的日出时角，弧度。

4）斜面年平均日辐射计算。对每个月直接辐射量 H_d 和散射辐射 H_b 执行一次3）过程后，转换为年平均日辐射

3. 太阳热水器水量计算

读取 PSRV WSETADD. ALL 文件获得。

4. 太阳能集热器总面积

太阳能集热器总面积计算依据：$A_c=\dfrac{Q_wC_w(t_{end}-t_i)f}{J_T\eta_{cd}(1-\eta_L)}$ (7-6)

间接系统 $A'_c=A_c\left(1+\dfrac{F_RU_LA_c}{U_{hx}A_{hx}}\right)$ (7-7)

式中 A_c——直接系统集热器总面积，m²；

Q_w——日均用水量，kg；

C_w——水的定压比热容，kJ/(kg·℃)；

t_{end}——贮水箱内水的设计温度,℃；

t_i——水的初始温度,℃；

J_T——当地集热器采光面上的年平均日太阳辐照量，kJ/m²；

f——太阳能保证率,%；

η_{cd}——集热器年平均集热效率,%；

η_L——贮水箱和管路的热损失率,%；

F_RU_L——集热器总热损失系数，W/(m²·℃)；

U_{hx}——换热器传热系数，W/(m²·℃)；

A_{hx}——换热器换热面积，m²。

5. 使用流程

太阳能系统计算软件使用流程及操作界面如图7-16和图7-17所示。

操作步骤：

(1) 地区选择；

(2) 系统号设置（与PDSRV模型一致）；

(3) 系统形式设置；

(4) 环境参数设置（初始数值从（1）获得，可以修改）；

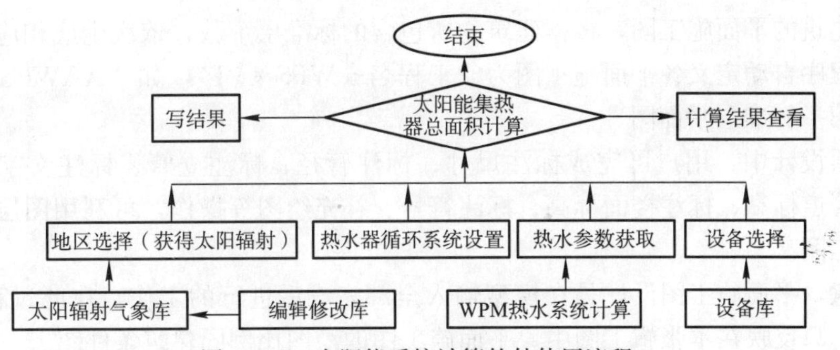

图 7-16　太阳能系统计算软件使用流程

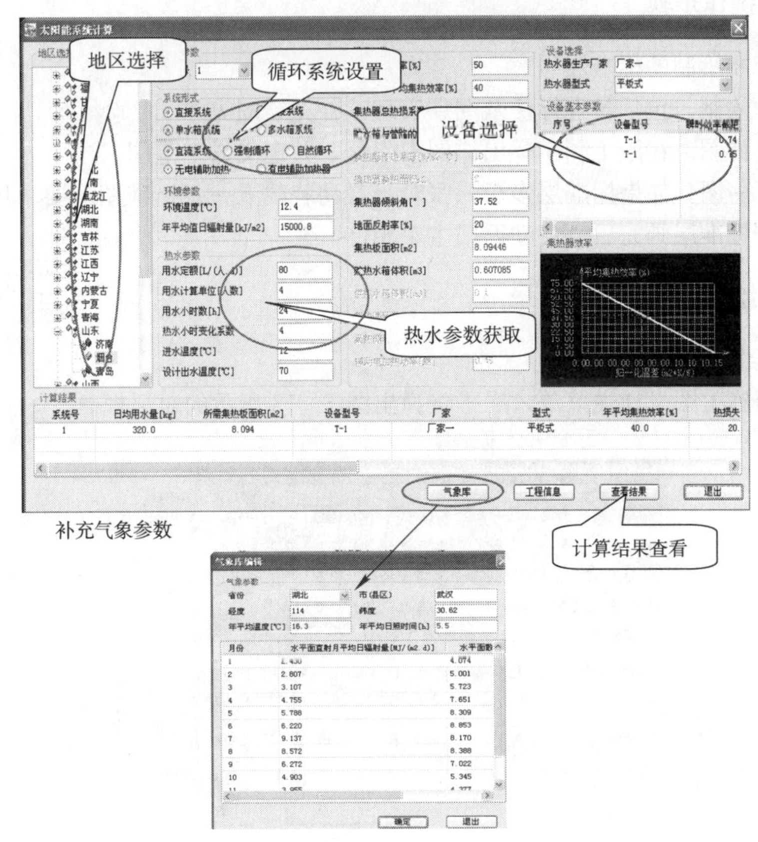

图 7-17　太阳能计算软件操作界面

(5) 热水参数设置（初始数值从 PDSRV 文件获得，建议不从此处修改，从 PDSRV 修改）；

(6) 设备参数设置（一般参数设置，具体设备选择）。

注：以上步骤可以次序颠倒。

7.8　平面施工图设计

完成模型输入后，点击 PDSRV 主菜单中的“平面施工图”，可进行平面施工图设计。

整栋建筑的平面施工图，根据建筑物所包含的标准层个数，依次生成相应的各标准层平面图，程序自动定义各平面施工图为“工程名＋WPS＊.T”，如“AAWPS1·T”为工程AA的第一标准层平面图。

在此项设计中，用户可完成标注尺寸、标注管径、标注立管、标注文字、标注进出口、标注管道标高、标注楼面标高、标注符号、补充绘图等操作，可利用图层管理功能生成各种施工图。

应注意，平面施工图设计是在模型输入全部完成后进行的工作，在此过程中，所增、删的内容，只反映在本张施工图中。平面施工图的绘图比例同建筑条件图。

7.8.1 主要操作步骤

（1）选择要绘制的标准层号。

（2）图面绘制。包括各种标注及图层管理，补充绘图等。

（3）引出详图。在施工图中标出详图索引号，并定义详图范围。

（4）画下一图。如果标准层多于一张时，自动装载下一张标准图，要求用户标注或编辑修改，全部标准层画完后，自动返回主菜单。

7.8.2 平面绘制

1. 设置绘图参数

进入平面施工图设计主菜单，屏幕将弹出图7－18所示的对话框。

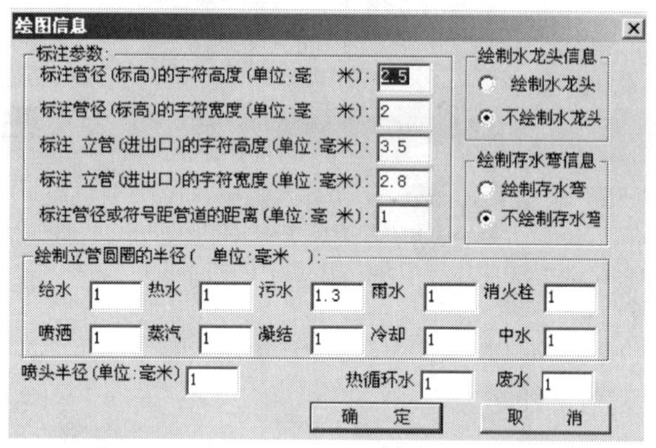

图7－18 平面施工图设计主菜单界面

用户可设置对话框中的各个绘图参数。

2. 选择标准层

屏弃了老版本进入时需要选择楼层号的操作方式，进入施工图系统默认第一标准层，如果需要切换标准层，可以点击“标准层”下拉框，选择需要操作的标准层。

3. 图面绘制

方法一 直接调用任意施工图

点击主控界面上“加载任意施工图”，出现如图7－19所示的对话框。

选择“确定”后，所显示的图形加载为当前施工图，可以进行适当编辑。

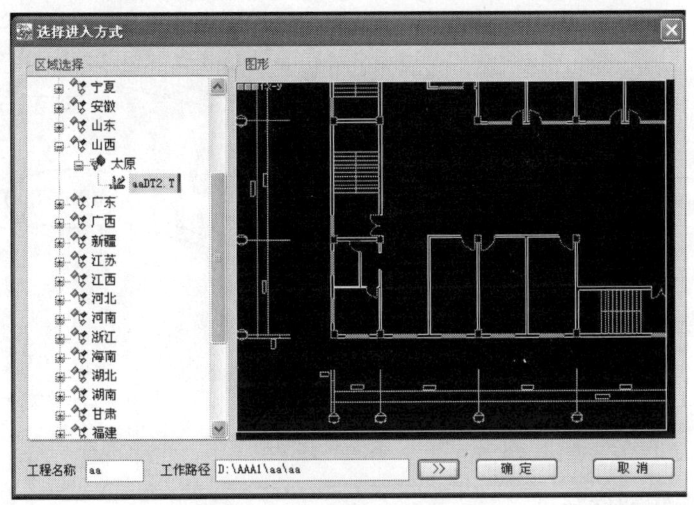

图 7－19　加载施工图界面

软件提供不同省市村镇住宅典型工程施工图，可供设计参考选取，减少设计时间。

方法二　绘制施工图

点击“开始绘图”后，图形显示在屏幕上，并出现图 7－20 所示的屏幕菜单。

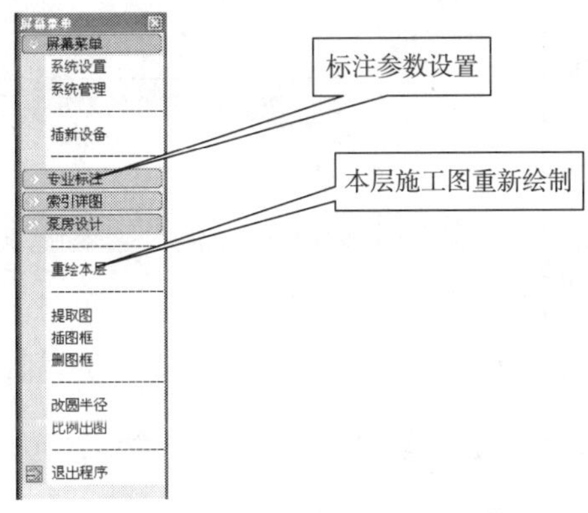

图 7－20　绘制施工图屏幕菜单

7.9　系统图设计

当管道模型输入完毕后，即可自动绘制系统轴测图。拾取主菜单中的“系统图设计”，输入本张系统图文件名，即可绘制系统图。首先选择图纸大小和绘图比例，然后绘制系统图。

7.9.1　生成系统图

可自动生成各系统原理图，与轴测图操作方法相似。

选择此项后出现如图 7－21 所示对话框，用户点击相应的系统进行绘图。

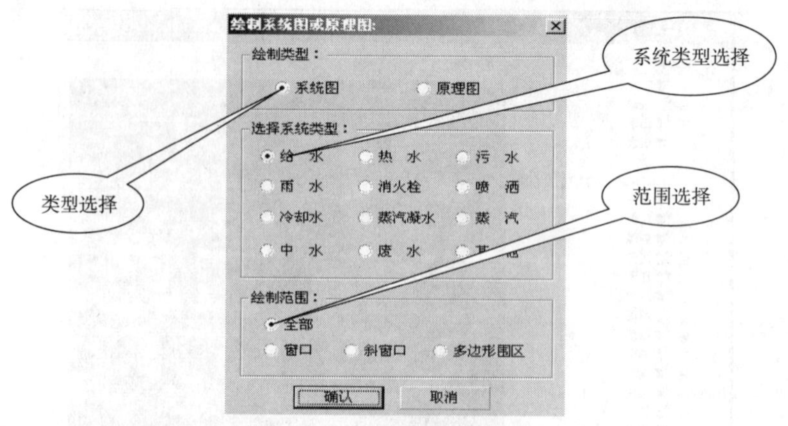

图 7－21　绘制系统图对话框

7.9.2　系统图编辑和标注

1. 编辑修改

有些立管上的阀门、检查口、透气帽等在平面图上并未输入，应在生成的系统图中插入。有时可能还要增加一些管道，但不想再回到模型输入，这时可拾取"编辑修改"项，进行管道及附件增删，如图 7－22 和图 7－23 所示。

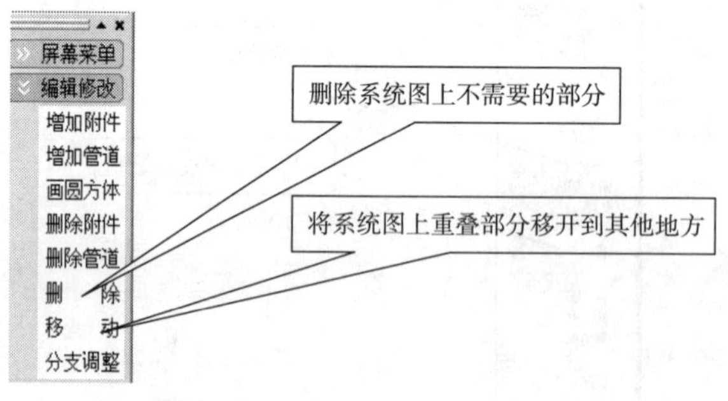

图 7－22　编辑修改系统图菜单

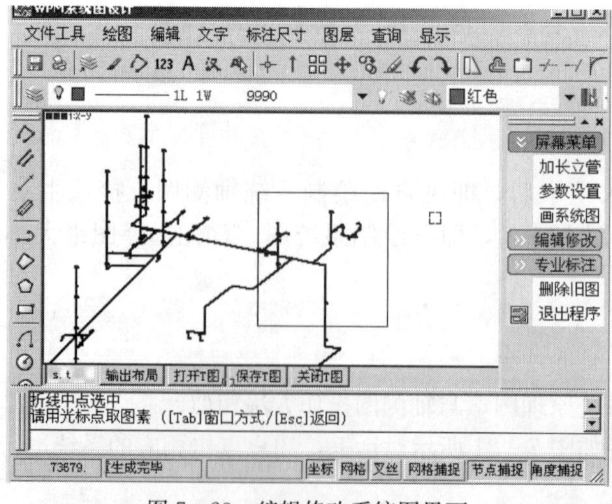

图 7－23　编辑修改系统图界面

注："图素编辑"项，也可进行图素增删，但在材料统计时，不计入在内。

2. 专业标注

可以标注管径、标注立管、标注进出口、标注标高、标注文字、标注符号（见图 7-24）。各种标注说明详见"平面施工图"一节。

（1）标注管径——自动标注、交互标注、窗口标注。

（2）标注立管——多管标注、引出标注。

（3）标注标高——管道标高、附件标高、楼层标高、任意标高。

（4）标注文字——包括定义字形、常用汉字、写图名、特殊汉字。

（5）标注符号——包括管道坡向、管道流向。

注：详细内容请看平面施工图的标注部分。

拾取"回主菜单"项时，系统图自动按用户输入的系统图文件名存盘。

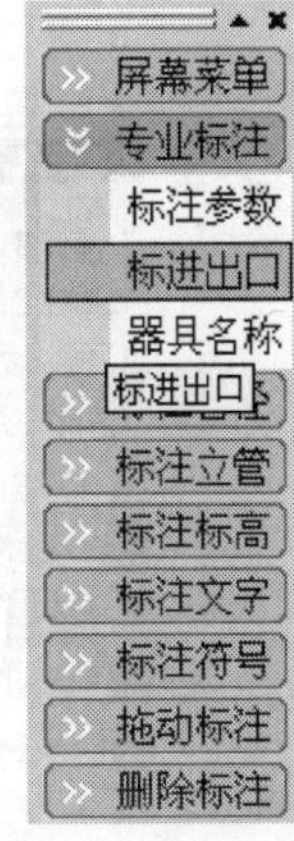

图 7-24 专业标注菜单

7.10 详图设计

详图设计是根据在平面施工图中索引的详图顺序号进行整理，统一管理安排，根据设计者的意愿布图设计，如图 7-25 所示。

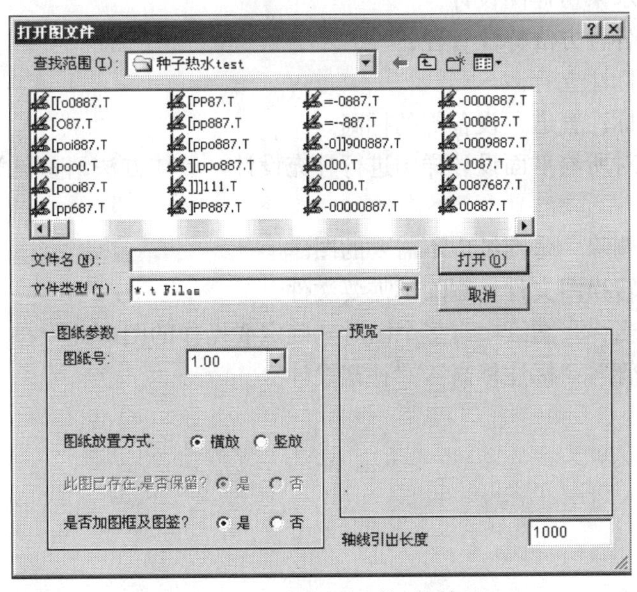

图 7-25 打开图文件对话框

说明：（1）如果当前操作是绘制新的详图，请直接输入文件名。

（2）如果当前操作是打开旧的详图，则选择文件名。

确认后，出现如图 7-26 所示对话框：

设置完参数（一般情况，选用默认值）按"确定"后，出现如图 7-27 所示菜单。

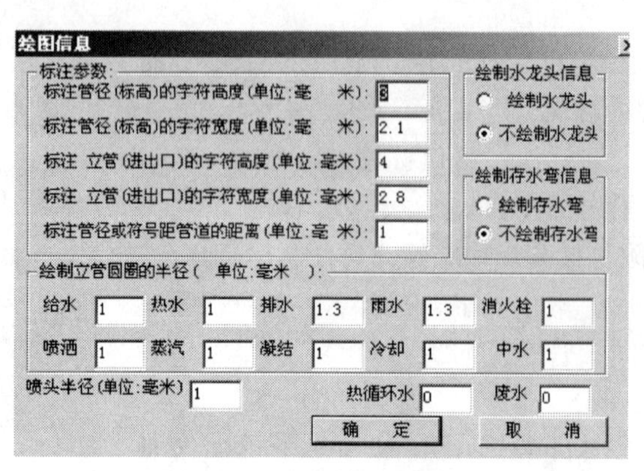

图 7-26　绘图信息对话框

图 7-27　参数设置完成后的菜单

其中：

系统图设置——设置系统图管线绘制的总参数。

画平面图——绘制所需要画的详图平面图。

画轴侧图——绘制所需要画的详图系统图。

泵房设计——水泵房详图设计。

管径标注——各种方法标注管径。

标注立管——标注立管。

标注标高——标注管道、设备等的标高。

补充设计——对所绘平面设计详图进行补充设计，具体方法请参见第 4 节中的“平面输入”。

图形编辑——删除一张图纸中不需要的图。

文件管理——转换图文件，删除不需要文件。

选当前图——当一张图纸中有多个图时，确定要操作的图（此项在“泵房设计”，“管径标注”，“标注立管”，“标注标高”，“补充设计”）。

第 8 章　村镇住宅电气模块化软件设计

类似于村镇住宅给水排水太阳能设计软件研发过程，为便于对村镇住宅电气系统进行设计，课题组研发了村镇住宅电气设计软件。设计人员利用该软件，可以对村镇住宅电气系统实现模块化设计，简单明了，易学易懂，可以供全国各地新农村建设过程中的建筑电气系统设计的参考使用。

8.1　村镇住宅电气设计软件（EDRV）设计功能及流程

软件可完成村镇住宅建筑电气设计的全过程，其功能框图如图 8－1 所示。

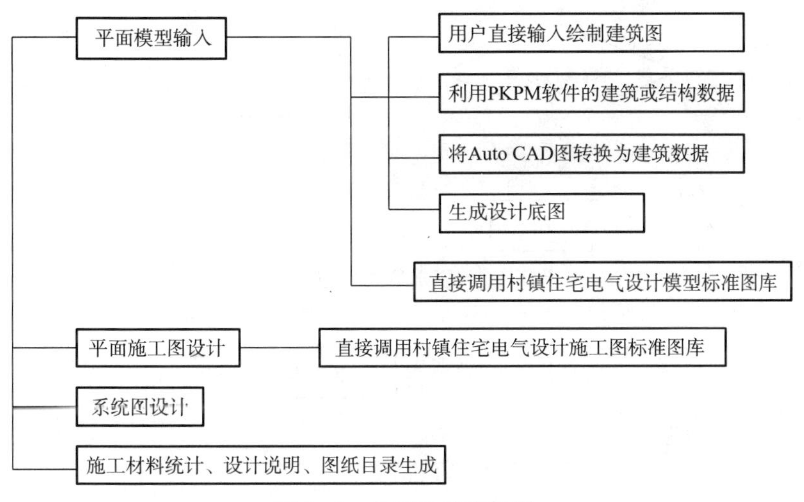

图 8－1　EDRV 功能框图

(1) 具有多种建筑数据的生成方法：用户直接输入绘制建筑图、利用 PKPM 软件的建筑或结构数据、将 Auto CAD 图完全转换为建筑数据；由上述数据生成专业底图（直接使用各个地区的标准图库可以省略此步）。

(2) 平面施工图设计：在专业底图上进行各类设备平面布置、管线连接、平面电气负荷容量统计、配电箱系统图生成；提供多个地区农村建筑模型典型案例，直接调用补充设计。

(3) 变、配电系统图及弱电系统图设计。

(4) 施工材料统计、设计计算文件存档、图纸目录等设计。

(5) 具有开放的、易于扩充的数据库。

村镇住宅电气设计软件（EDRV）流程图如图 8－2 和图 8－3 所示。

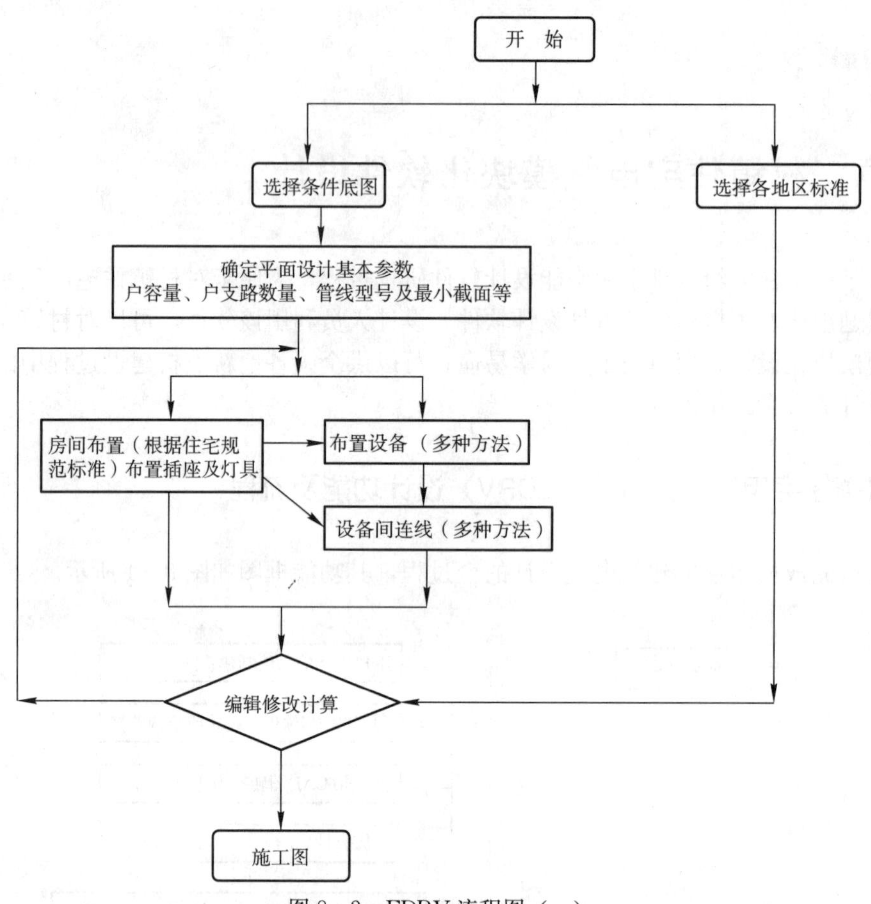

图 8-2　EDRV 流程图（一）

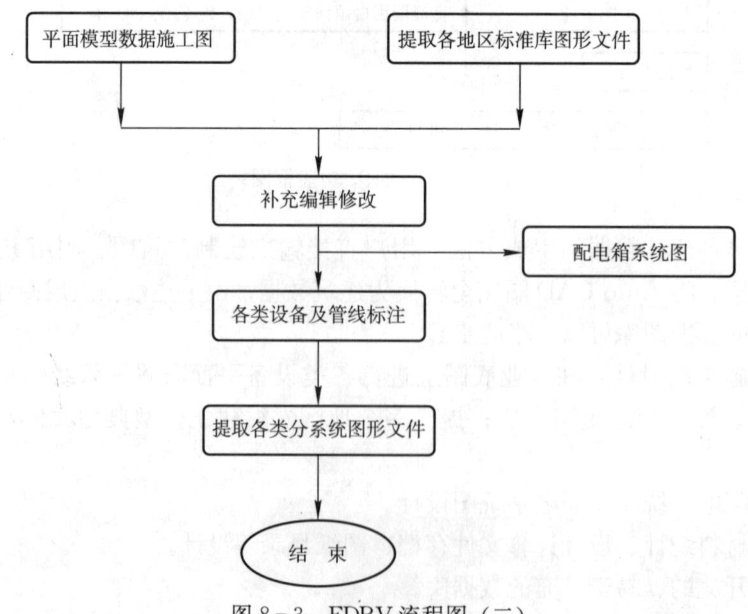

图 8-3　EDRV 流程图（二）

8.2 平面图设计

电气平面图设计，可分三步完成。首先进行设备布置、管线连接、各类平面计算；然后进行平面图的设备、管线标注；最后生成平面施工图。

8.2.1 平面图设计概要

1. 进入平面设计主菜单

拾取 EDRV 主菜单“平面图设计”命令，进行平面图设计。

2. 选择当前操作标准层

由标准层工具栏中，确定当前的操作标准层。

3. 选择系统

根据要绘制的系统类别，由系统工具栏中选择相应系统。

分系统便于程序的管理及适应设计的实际需要。如某张图中的设计系统多于一种时，可关闭某类系统，只对单一系统进行操作，同时各类系统已自动地设置了各类不同系统绘制时管线的特定线型。

4. 布置设备

程序根据设备的种类，提供多种设备布置方式，可灵活布置设备。

5. 管线连接

将设备用管线连接为回路。

6. 平面计算

在动力和照明系统设计中，可进行照度计算、负荷计算。

7. 防雷校验

在防雷系统设计时，指定保护对象，布置接闪器，直接进行三维校验计算。

8. 施工图标注，分系统出图

上述的设备布置、管线连接及平面计算后，所有信息储存在实体结构中，只有经过施工图提取信息后，进行标注。

9. 换标准层

当前标准层绘制完成后，绘制其他标准层。

拾取新标准层后，程序自动将当前标准层绘制内容复制到新标准层上，标注信息不复制。

10. 组装全楼

将已绘制完成的标准层，按物理楼层顺序进行组装。此命令的目的，为全楼的配电系统生成、工程设备材料统计提供必需的数据。

8.2.2 平面模型设计

进行平面图设计，首先是模型设计，主要完成设备布置、管线连接及平面计算等操作，其界面如图 8-4 所示。

1. 平面参数设置

平面参数设置命令用于在进行平面设计之前的总体参数确定。若在平面设计过程中再

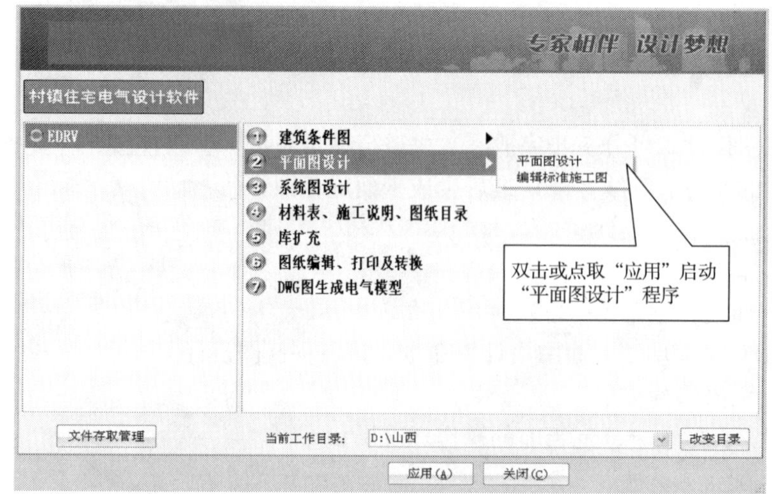

图 8-4 启动平面图设计界面

次拾取此命令，则之后的设计过程参数为新参数。拾取命令后，程序弹出如图 8-5 所示的对话框。

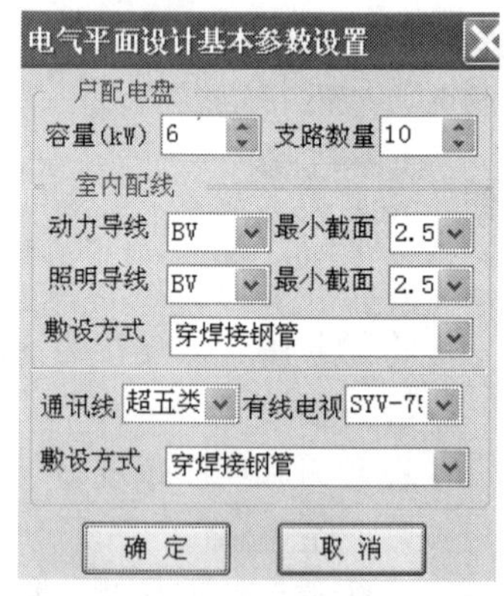

图 8-5 电气平面设计基本参数设置对话框

2. 设备布置

点取菜单 布置设备 命令，弹出对话框，在此对话框中可即时改变插入方式、插入图块的实体参数，如图 8-6 所示。

单击“下一页”选项可显示当前对话框中同类设备的其他图块。

分别点取“设备选择”或“布置方式”选项，将展开图 8-7 所示对话框。

用户还可以通过点击>>从中激活“尺寸窗口”或“参数窗口”，使再次插入的所有设备使用这两个窗口的物性参数，如长、宽、角度、电压值、功率值、型号、图例标识符等，否则为程序默认实体插入参数，如图 8-8 所示。

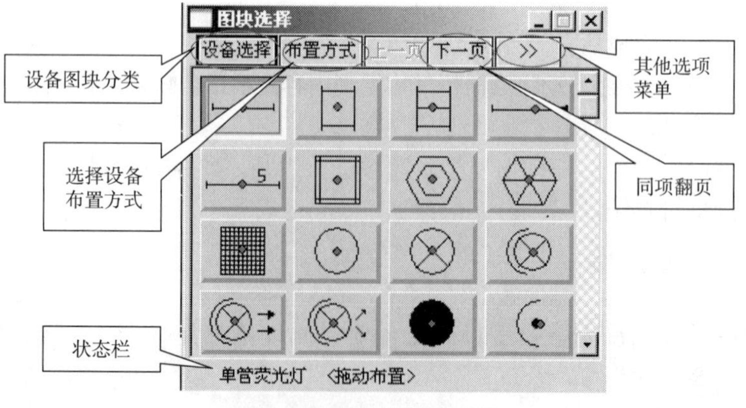

图 8-6 图块选择对话框

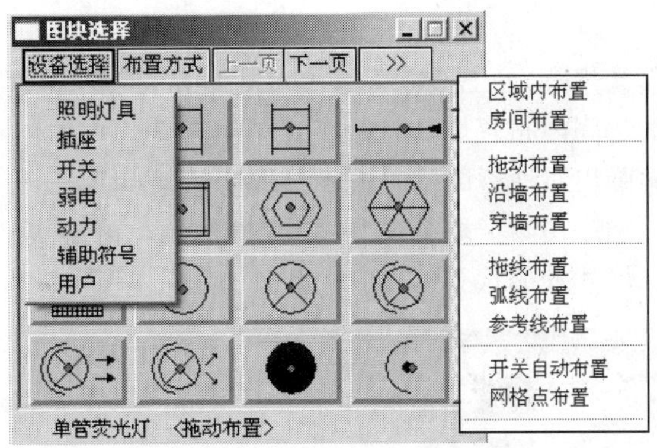

图 8-7 “设备选择”对话框

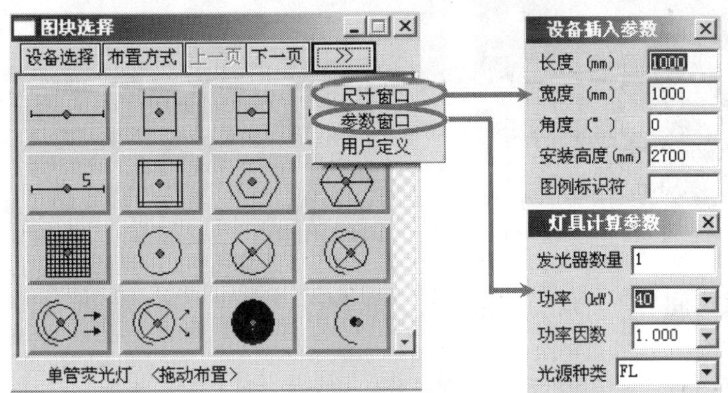

图 8-8 设备插入参数对话框

用户可根据工程需要，建立自己的常用设备图库页，免除多次选择不同库页，点击>>从中激活“用户定义”，将经常要用到的设备图块添加到自定义设备图库页中，这样在今后布置设备时，对话框中以“用户”图块为默认显示，如图 8-9 所示。

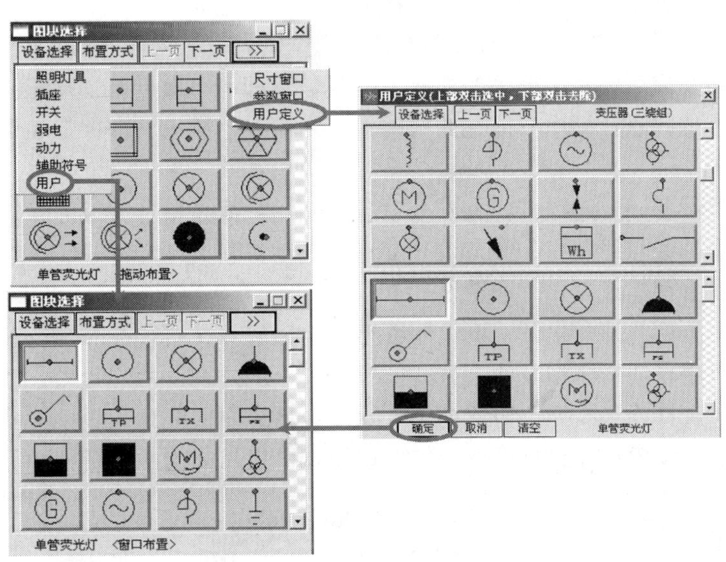

图 8-9 用户自定义对话框

3. 房间布置

用于根据《住宅设计规范》GB 50096－1999（2003 年版）中规定的灯具、电源插座的设置数量，在选定的房间内布置灯具与插座并自动连线。

拾取菜单后，程序弹出对话框的同时提示拾取房间某点。

对话框中的灯具、插座初始值取自“住宅设计规范”，可再次确定房间内需要布置插座、灯具图块的数量、尺寸及形状（见图 8－10）。

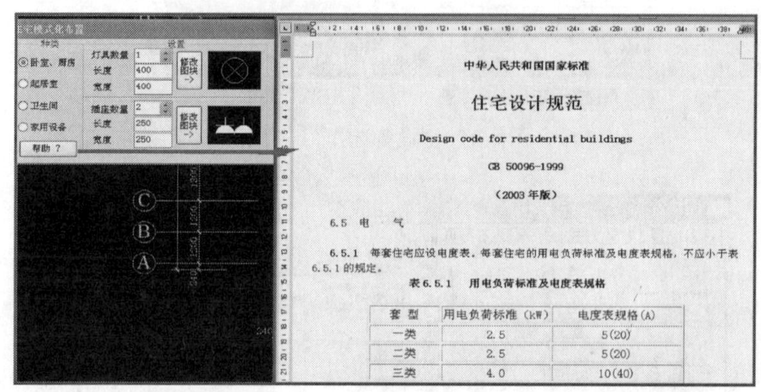

图 8－10 再次确定房间布置参数对话框

当拾取了某房间后，则所有参数不能再被修改，只能在某房间的布置完成之后，再次修改。

拾取房间后，程序按照对话框中的参数，提示布置灯具及插座。插座布置位置及灯具数量超过一个时，程序提示拖动布置至确切位置。

如底图有房间数据，图形显示封闭房间并提示，可直接选择房间中任一点或自由拉取房间区域。

（1）请选择需要布置的房间“D－多边形区域选择房间/Esc－退出”；

若没有房间数据则只能自由拉取房间区域。

（2）请用多边形区域方式选择房间：“Esc－退出”。

当拾取房间完成后，对话框中的插座及灯具数量即不可改变，程序根据其数量，提示选取灯具及插座位置点。插座只能在此房间的封闭墙线上插入，程序自动保护。

4. 管线连接

除了随布置设备同时连线外，大部分设备之间的连线是单独完成的。

连线过程中的线与线相交、线与块相交程序自动打断处理。

程序提供了多种连线方式，如图 8－11 所示。

拾取布线命令后，即弹出“选择绘制线型”对话框并在布线命令执行过程中一直驻留屏幕，可实时改变布线的线型及切断方式。

注意：在“选择绘制线型”对话框中，除了本系统图层线型（表中第一行）外，还有其他线型，点取“设置特殊线型——<<”按钮，可以从弹出的对话框中修改线宽、线型及颜色。

5. 照度计算

程序提供多种计算照度的方法：利用系数法、功率密度法、发光顶棚计算、花灯计算。

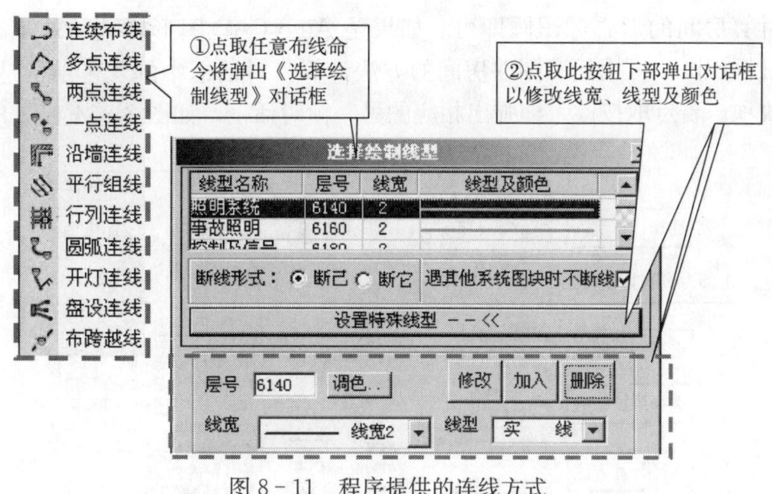

图 8-11 程序提供的连线方式

计算过程：

（1）程序自动读取房间数据或交互输入房间数据。

（2）选择计算照度值。若房间已布置有灯具，跳过此步（若已有灯具，则只能计算出当前灯具条件下达到的照度值。若需根据照度计算灯具数量，必须将已布灯具删除后，才可根据所需照度计算灯具）。

（3）确定房间的物理参数，如灯具安装高度、计算工作面高度、房间反射系数等。

（4）选择计算方法，进行计算。

（5）计算后，修改灯具数量，自动布置（若房间已布置有灯具，跳过此步）。

点取命令后，若当前层曾经计算过，则工作目录下已有照度计算文件，程序提示（如当前层未曾计算过，则没有此提示）如图 8-12 所示。

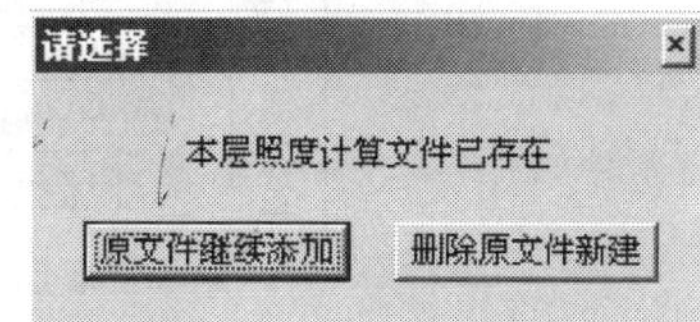

图 8-12 程序提示对话框

“原文件继续添加”在已有文件尾部，继续写入计算结果；

“删除原文件新建”将已有文件中的所有内容删除，自文件开始写入计算结果。

命令继续提示：

＞点取需计算的房间：“Tab-任意围取房间/Esc-退出”，如图 8-13 所示。

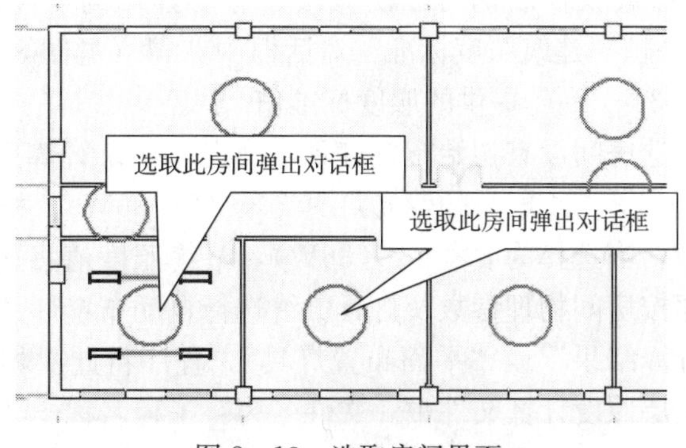

图 8-13 选取房间界面

点取需计算房间的形心标识圆即可。如果是 Auto CAD 图形转入，未经过房间数据转图，没有形心标识圆，可用任意围取房间的方法计算。对话框中的灰色项目是不可修改项，其他为可修改项。若点取按键，即弹出相应的另一帧对话框，如图 8－14 和图 8－15 所示。

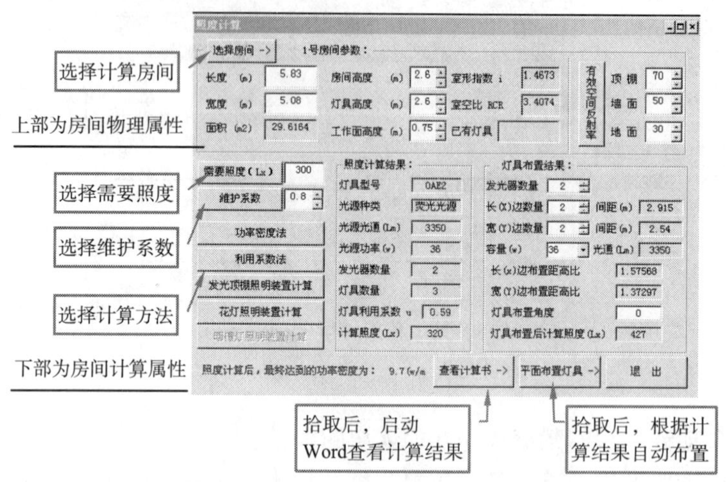

图 8－14　照度计算对话框（一）

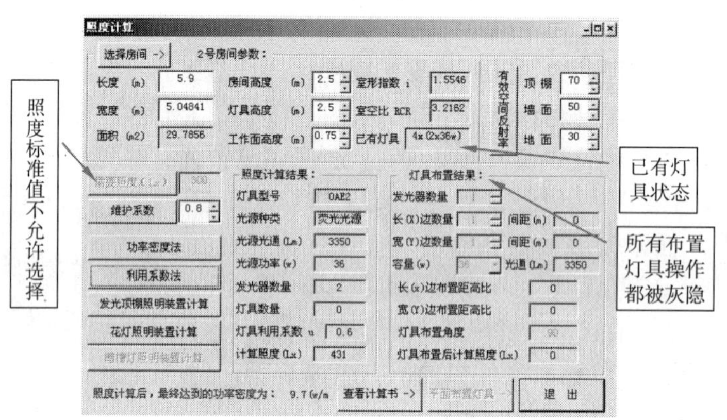

图 8－15　照度计算对话框（二）

选择房间按键，可从图面上直接获取建筑数据或拉取折线区域而获得（房间号由程序自动定义），房间物理参数获得后仍可二次修改。需要计算的照度值可直接输入或点取“需要照度”键，从下一帧“建筑照度标准”对话框中获得（见图 8－16），此值是《建筑照明设计标准》GB 50034－2004 提供的照度标准值。

对图 8－14 中，所选房间没有初始布置灯具，确定 300Lx 计算照度。利用系数法计算后程序推荐灯具参数：三盏 2×36W 的荧光灯具 3×（2×36W）。根据推荐数据，用户可再次修改灯具布置参数，当选择为 4×（2×36W），最终照度值将达到 427Lx，拾取“平面布置灯具”键，程序按房间物理参数及灯具最终选择自动布置灯具。

每次拾取“保存计算结果”或“平面布置灯具”，程序将此次相关计算参数，保存在当前的工作目录下的本层照度计算文件中。文件名为：工程名称＋“照度计算”＋标准层号.rtf。

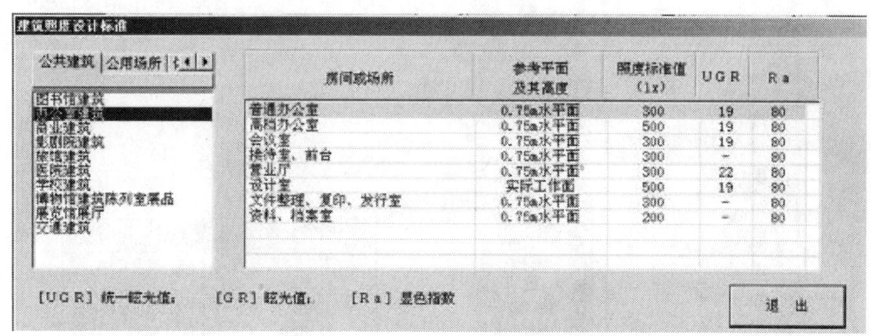

图 8－16　“建筑照度标准”对话框

保存计算结果格式如图 8－17 所示。

第4标准层照度计算结果：

第1号房间				2007年6月27日15:22		
长度(L)	宽度(W)	面积(A)	高度(H)	灯具安装高度	工作面高度	计算高度(Hc)
m	m	mm²	m	m	m	m
5.8	5.1	29.62	3.30	3.30	0.75	2.55
维护系数	反射系数%			室形指数	室空间比	
	顶棚ρc	墙面ρw	地面ρf	i=L*W/(Hc*(L+W)	RCR=5*Hc*(L+W)/(L*W)	
0.8	70.0	50.0	30.0	1.1	4.7	

利用系数法 --计算照度			
灯具名称	飞利浦空调型灯具	光源种类	荧光灯
灯具型号/规格	OAE2　2x36w	光通(Lm)	3350
灯具利用系数(u)	0.53	效率(%)	72.0
灯具数量	3	计算照度 Lx	237
计算结果功率密度值 (w/m²)	7.3		

第1号房间			2007年6月27日15:23			
长度(L)	宽度(W)	面积(A)	计算照度值	照度计算方法	灯具利用系数	
m	m	mm2	Lx			
5.83	5.08	29.62	287.00	利用系数法	0.53	
灯具最终布置结果			4x(2x36w)			
X 边灯数量	2	X 边间距(m)	2.51	X 边距高比	1.1	
Y 边灯数量	2	Y 边间距(m)	2.54	Y 边距高比	1.0	
灯具布置后最终照度值 (Lx)			333			
灯具布置后最终功率密度值 (w/m²)			9.7			

图 8－17　照度计算结果

6. 设备、管线的查询、修改与编辑

对平面图形中所有管线及设备的属性参数都可进行查询、修改；对其位置及连线方式也可编辑修改。各执行命令在下拉菜单或工具条菜单中，如图 8－18 所示。

(1) 实体单一属性参数的修改查询

每个设备、每段管线均隐含着不同的属性参数，用下拉菜单中“实体参数查改”中的不同命令，对同种类一批实体中的某一属性参数进行查询修改。

点取某一命令后，程序首先提示

>光标选取查询实体：“G－改为修改实体/Tab－窗口选取/Esc－退出”。

平面图形直接选取目标，查询其属性。如需修改实体参数，则在此状态下，点取键盘字符 G，改为修改实体属性。

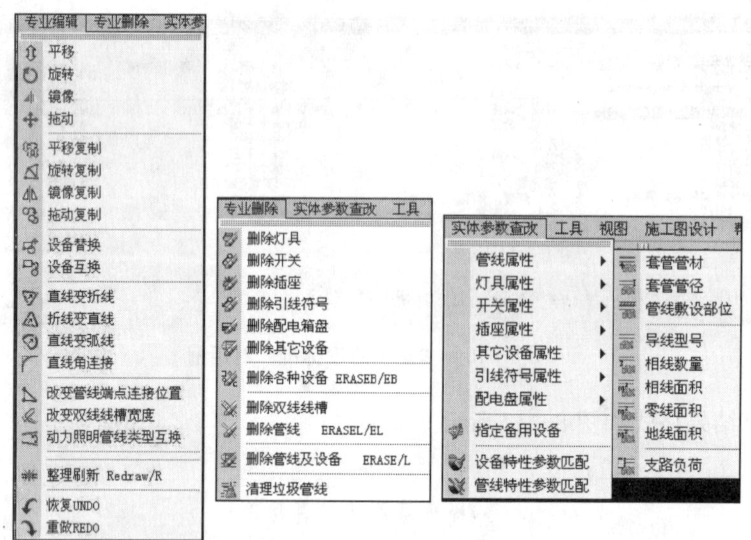

图 8-18 参数修改菜单

如已改为修改实体属性，再次点取“实体参数查改”下菜单命令后，程序提示为：[Ent—修改实体参数/C-改为查询实体/Esc-退出]。

在目标选择时，通过“Tab”键可分别用窗口选取、围区选取和光标选取三种不同的选取方式来查询实体属性。

若修改设备的物理属性（如长度、宽度等）后，屏幕上可能并未改变，此时点取命令 整理刷新 Redraw/R ，即自动按修改后的参数值重新绘制。

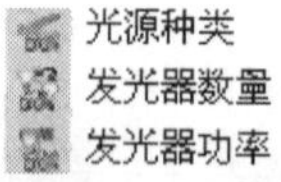

光源种类
发光器数量
发光器功率

图 8-19 修改发光器属性菜单

图 8-19 所示修改每一套灯具中的发光器属性菜单，同一套灯具中，发光器的属性参数是完全一致的。

实体属性参数查询修改的数值，即时显示在屏幕上，刷屏后消失，显示结果如图 8-20 所示。

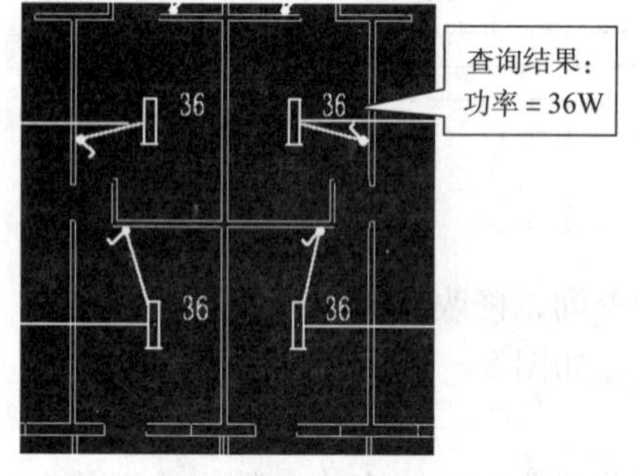

图 8-20 实体属性参数查询结果界面

(2) 实体属性参数的整体查改

相对于单参一次性修改、查询一批同类实体的单个属性，整体查改是对单个实体的所有属性一次性地查询、修改。

对某个实体进行整体查改的方法如下：直接将光标放置在要查询的实体上，按下鼠标右键，便可直接获得该实体的属性参数对话框（见图 8-21），在对话框中修改参数值即可。

(3) 实体特性参数匹配

若根据某一实体特性参数查改一批同类实体使其与之相同，称之为匹配。

实体分为设备（图块）/管线两类实体。

对象不同，操作过程基本一致。拾取菜单后，程序提示：

>首先光标选取源实体：[Esc-退出]。

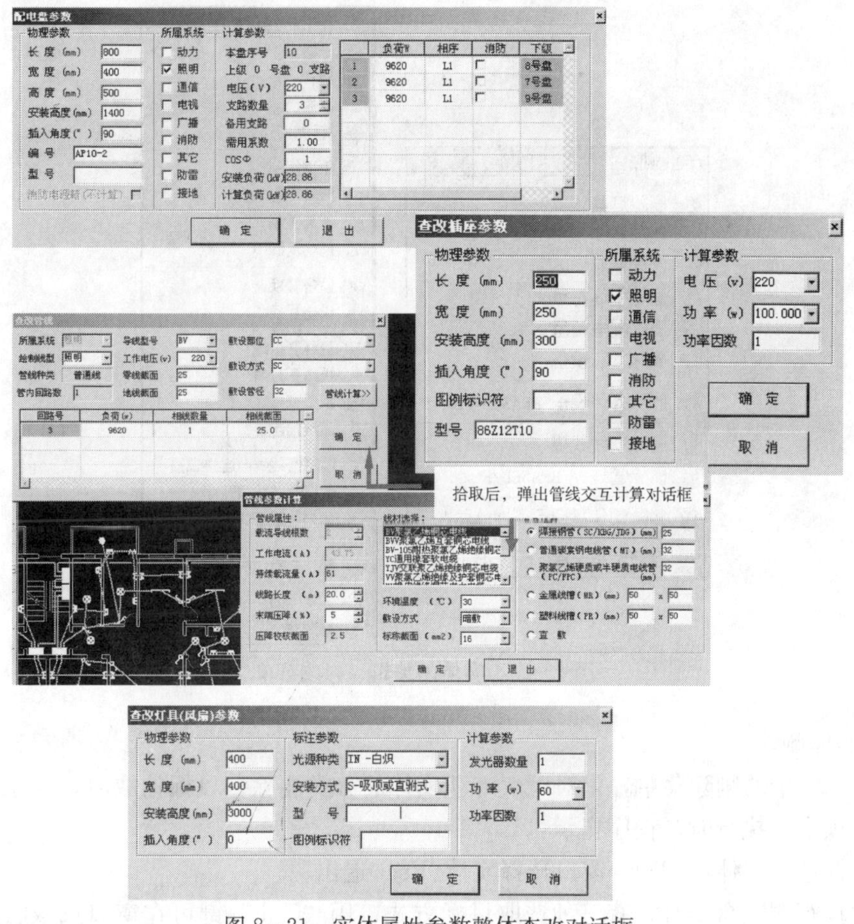

图 8 - 21　实体属性参数整体查改对话框

光标点取源实体后，弹出该实体的属性参数对话框，确定其中的参数后，屏幕上该实体变为红色，程序按管线或设备选择需要匹配的项目，最后选取与源实体　致的同类匹配实体，显示为黄色，其参数与源实体相匹配，如图 8 - 22 所示。

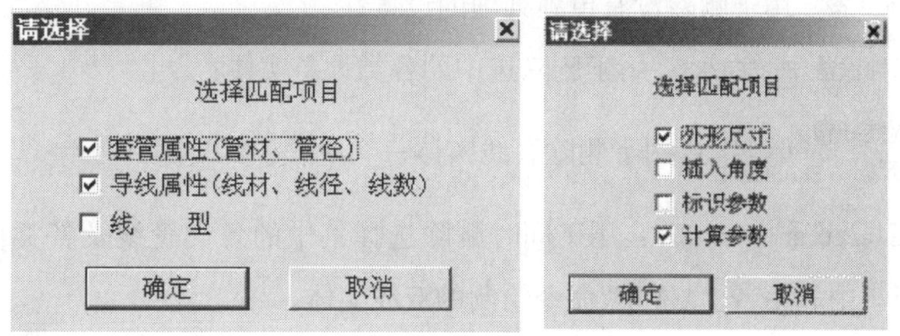

图 8 - 22　选取实体对话框

（4）实体的编辑、修改

可对平面上的设备或管线进行拖动、复制、删除、替换等编辑操作，命令菜单如图 8 - 23 所示。

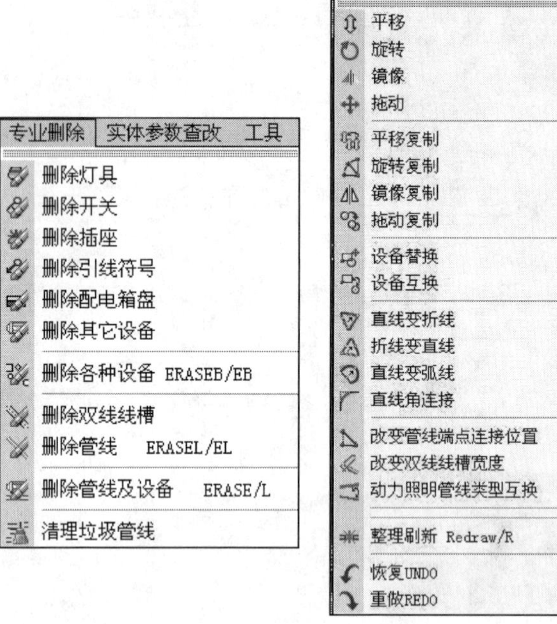

图 8-23 实体的编辑、修改菜单

1）实体删除

图 8-23 中的删除菜单，是对电气专业实体的分类删除。目标拾取时，对条件底图无效。每一项命令执行时，程序提示：

>光标选择实体："Tab-窗口选择实体/Esc-退出"。

每次执行删除命令时，有三种选取目标方式，用"Tab"键可在窗口选取、围区选取或光标选取中循环转换。

> 在窗口拾取目标时：若两点从左上角到右下角，则窗口中完全包围的目标被删除；
> 若两点从右下角到左上角，则窗口线碰到的所有目标被删除；

删除其他设备：用于删除没有单独列项的设备；

删除各种设备 ERASEB/EB：用于删除选中的各类设备实体；

删除双线线槽
删除管线 ERASEL/EL：用于删除管线实体；

删除管线及设备 ERASE/L：用于同时删除选择集中的各类管线及各类设备。此命令不能删除选择集中利用 线槽桥架命令绘制的双线实体。

清理垃圾管线执行完成删除管线后，有些不在选择集中的管线被保留，但其已经没有设备实体的连接对象，称其为垃圾管线。点取此命令，程序对图面上的所有垃圾管线进行清理删除。

2）管线编辑

编辑菜单中，平移、复制、旋转是对所有电气专业实体目标的同时操作；而"改变管线端点连接位置”、“直线变折线”、“折线变直线”、“直线变弧线”、“动力照明管线类型互换”、“改变双线线槽宽度”只对管线有效。

在对话框中输入新宽度后即可修改已绘制的双线线槽宽度。

3）设备编辑

设备编辑命令，只改变设备图块的显示外形，并不改变此图块实体的任何计算属性。

设备替换 命令将目标图块替换为从图库或图形中选取的原图块。

设备互换 命令将图形中的两个图块相互置换。

开关内外墙转换 命令选择开关目标，将其镜像至原墙线的另一边。墙线的控制宽度是600mm，若大于600mm的墙宽则不能转换。开关转换完成之后，程序提示：是否将与此开关相连的管线也同时改变。

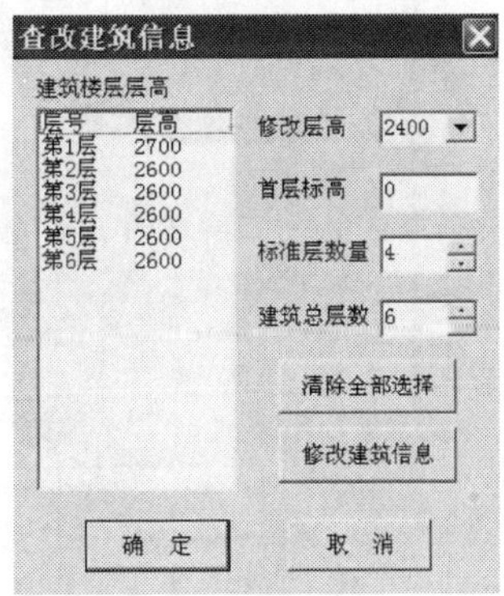

图 8-24 查改建筑信息对话框

7. 工程管理

（1）查改建筑信息

初始建筑信息由建筑条件图转换时传入，如有变动，可用此命令直接修改建筑信息，如图 8-24 所示。

（2）标准层编辑

平面图的操作都是对标准层而言的，某一标准层操作完成之后，可转换到另一标准层去操作。标准层操作菜单如图 8-25 所示。

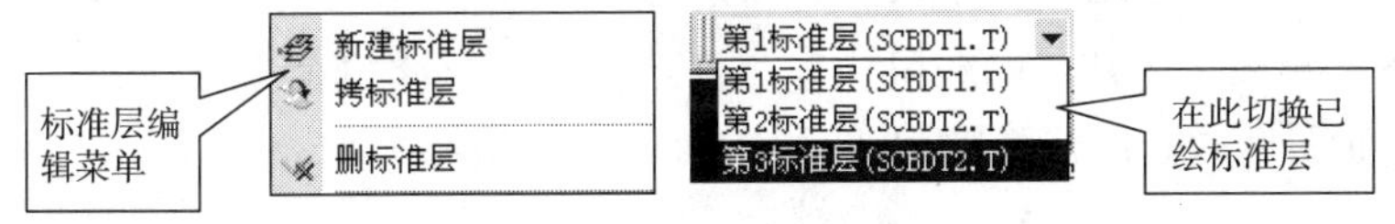

图 8-25 标准层编辑菜单

1）新建标准层

新建标准层 命令用于新增绘制标准层。

程序提示，确定新建标准层参数，如图 8-26 所示。

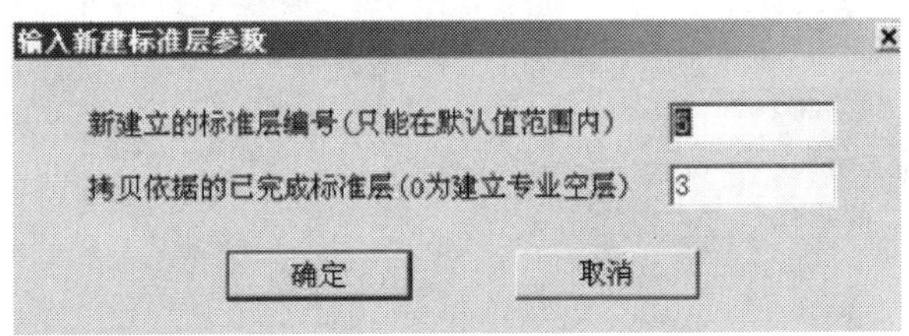

图 8-26 确定新建标准层参数对话框

“新建立的标准层编号”是需要建立的新标准层编号。程序给出的默认值是当前已有的标准层数+1，如果输入的数值小于此值，程序将新建立的标准层插入已有的编号中，原有此编号标准层及其后续标准层的编号依次后移一位。

“拷贝依据的已完成标准层”可将已设计完成的某一标准层的专业实体直接拷贝至新标准层。如输入“0”，则新建标准层为没有任何专业实体的空白层。

新建标准层参数输入完毕后，程序要求任意选择新建标准层的所需条件底图。对话框右侧显示的即是左侧选中的条件图图形。

条件底图选择完毕之后，如定义过“拷贝依据的已完成标准层”，屏幕显示依据的标准层，提示选择拷贝复制方式，确定之后即开始选择实体，选择完毕之后，则屏幕显示改变为新增加的标准层，同时标准层下拉框中也增加标准层数量，如图 8－27 所示。

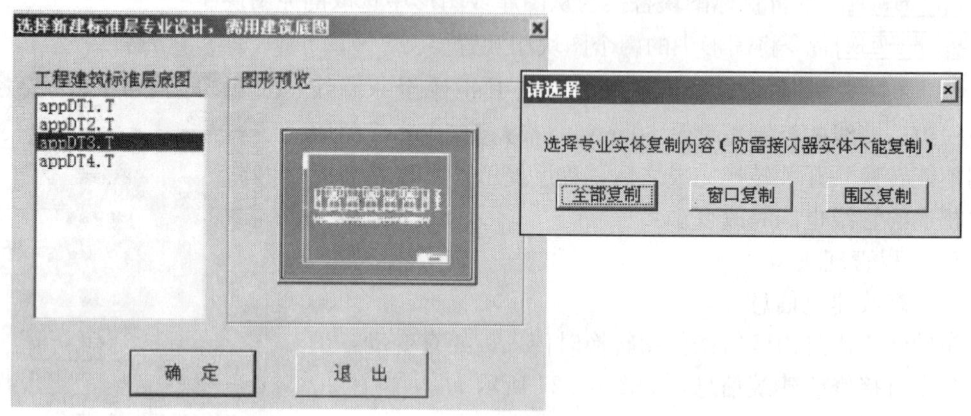

图 8－27　选择新建标准层专业设计对话框

2）拷贝标准层

拷贝标准层 命令是对两个已有标准层进行操作并不增加工程标准层数量，将某一标准层的部分实体拷贝至另一标准层。程序提示首先选择拷贝的源标准层，而后选择拷贝到的目标层，如图 8－28 所示。拷贝操作完成的内容不能被“UNDO”。

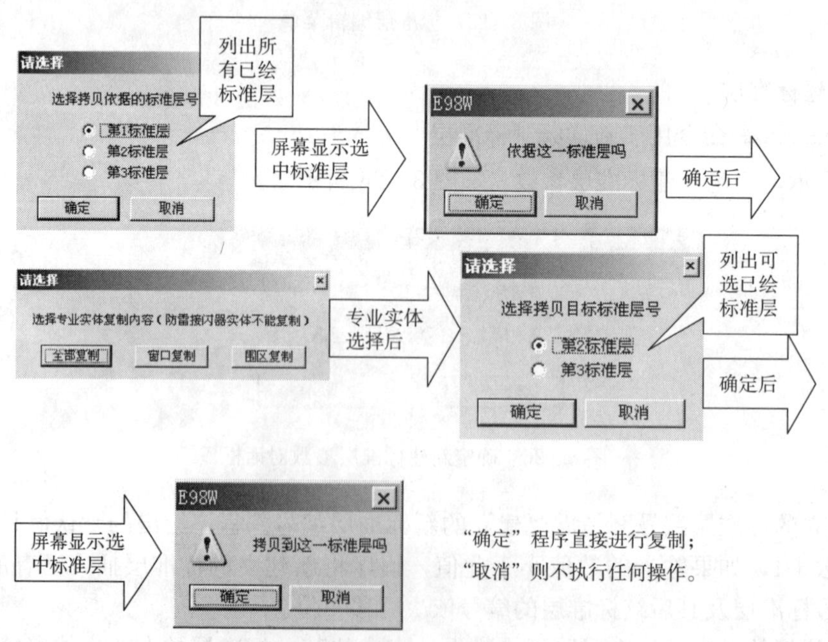

图 8－28　拷贝标准层对话框

3）删除标准层

删除标准层 命令删除已绘制完成的标准层。删除时只删除专业实体，标准层建筑底图不受影响。

点取命令，程序弹出如图 8－29 所示对话框，选择需要删除的标准层，选择后屏幕显示选中的要删除标准层，要求确认，确认后，该层被删除。此命令执行后不能用“UNDO”命令回退。

图 8－29　删除标准层对话框

4）组装全楼

该命令利用已绘制完成的标准层信息，拼装工程的物理楼层。必须在所有标准层平面模型全部设计完成之后进行。

“组装全楼”的目的，是为后续的“工程材料统计”、“工程图例自动生成”、“工程配电系统图自动生成”等工作提供必需的数据。

拾取菜单 组装全楼 ，屏幕显示如图 8－30 所示界面。该工程有 6 个标准层，但在组装物理楼层时，并未完全使用。组装的 6 层物理层中，1 层使用第一标准层的信息；2～3 层使用第三标准层的信息；4～6 层使用第二标准层的信息。

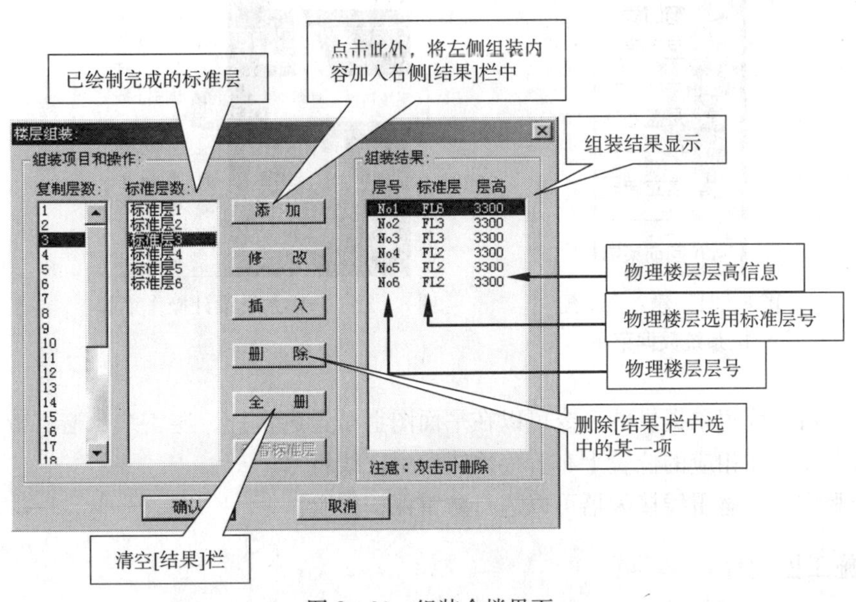

图 8－30　组装全楼界面

5）建立全楼配电系统数据

建立全楼配电系统数据 只是根据平面中各标准层的配电盘连线算结果及楼层组装信息，由用户建立全楼的配电系统关系，生成数据文件（见图 8－31）。可在平面图中绘制也可在系统图中绘制，其绘制方法见“系统图设计”。以下介绍全楼配电系统数据生成的方法。

拾取命令后，若未进行过“组装全楼”，程序直接调用该命令，进行组装全楼操作。然后，程序自动将过滤显示各层没有上级关系的主盘，弹出下级菜单。

进行全楼配电系统数据的操作只需两步：

第一，层盘处理 建立非全楼总进线盘之间的盘一盘供受电关系，如果没有此状况存在，可不执行此步操作；

第二，建立关系，建立总进线盘与受电盘的关系。必须在确认已经完成 层盘处理 后执行。

8.2.3 防雷系统设计

首先，用系统切换工具栏切换到防雷系统，程序提供的防雷设计操作如图 8－32 所示。如需返回，切换系统。

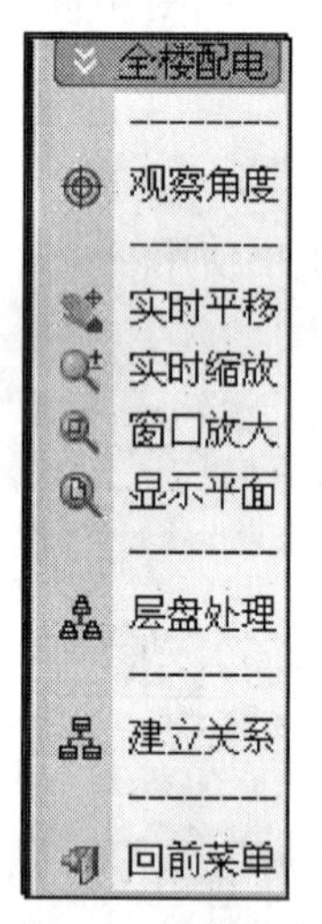

图 8－31 建立全楼配电系统数据菜单

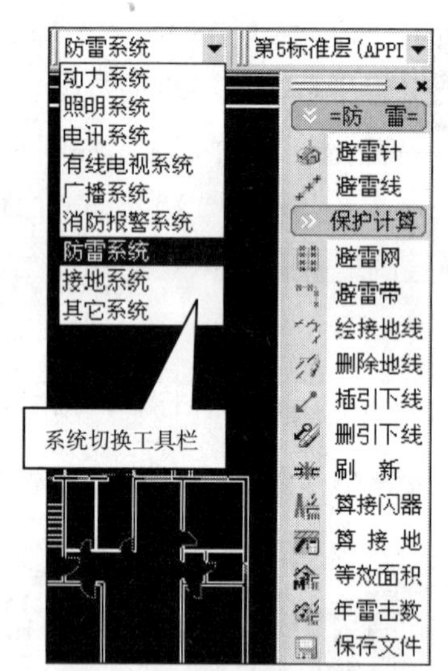

图 8－32 防雷系统设计操作菜单

利用防雷系统菜单提供的命令可以在平面图上布置避雷针、避雷线、避雷带、避雷网等接闪器，还可在相应的位置上布置接地线和引下线符号。

对于避雷针、避雷线接闪器可以进行防雷保护校验。

8.2.4 施工图设计

平面图设计，分为两步完成：

第一步，平面模型输入。模型设计阶段的主要工作是：设备布置、管线连接、平面计算、工程配电系统生成等。前面的章节已详细介绍。

第二步，施工图设计。在此阶段主要进行设备、管线、文本标注，本标准层材料表绘制，生成各种分类平面图等操作。

在模型输入状态下，点取下拉菜单“施工图设计” 绘制新施工图（见图 8－33），对当前标准层进行施工图操作。如果以前对此标准层进行过施工图处理，则取消以前所有的施工图操作内容。 绘制已有施工图 对曾经进行过施工图处理的标准层继续操作，即保留原操作内容。如该标准层从未处理过，调用此命令与 绘制新施工图 完全一致。

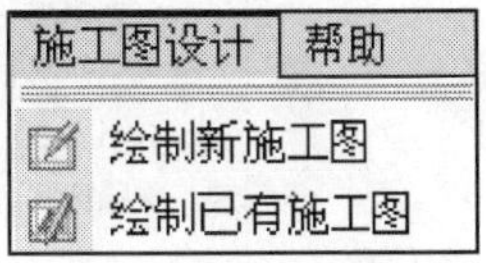

图 8－33 施工图设计菜单

进入施工图操作状态后，屏幕显示如图 8－34 所示。

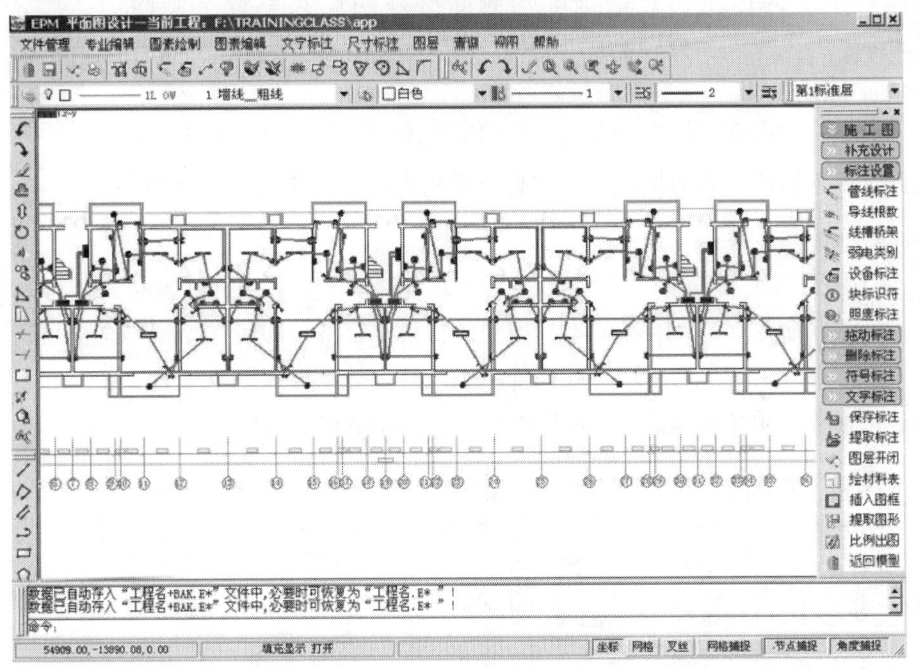

图 8－34 施工图操作界面

此状态中，下拉菜单命令，除“专业编辑”外，其他都是对图面上的所有纯图素操作。其目标选择集包括图形上的所有可见目标，不区分电气实体和底图实体。屏幕菜单，是对电气实体的操作命令。

1. 管线标注

用于管线标注的菜单有四组命令：管线标注、导线根数、线槽桥架、弱电类别。

2. 设备标注

设备标注包含的命令为：设备标注、块标识符。

3. 符号标注

程序不但提供电气专业的特殊标注命令，同时提供建筑图形必需的标注命令，下级命令菜单如图 8－35 所示。

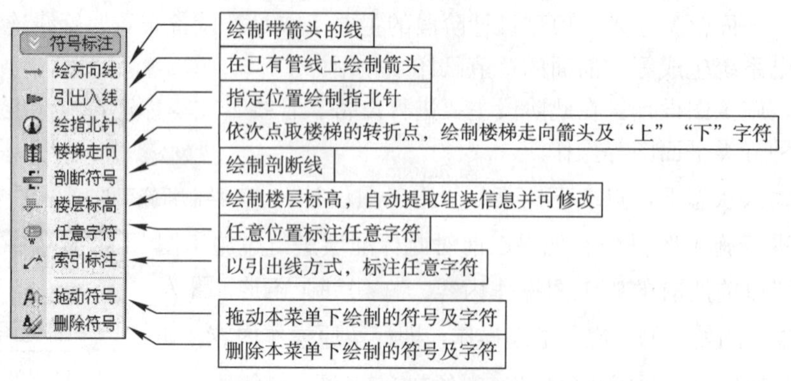

图 8-35　符号标注菜单

在此菜单下的标注信息的拖动与删除必须用此菜单最下侧的 拖动符号 与 删除符号 命令。

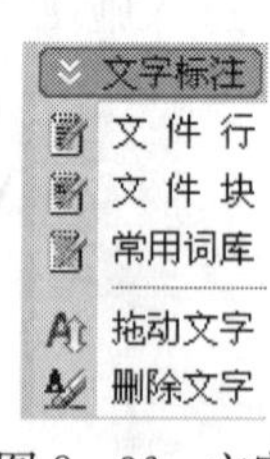

图 8-36　文字标注菜单

4. 文字标注

用于成批标注中文，拾取菜单后，弹出下级菜单，如图 8-36 所示。

在此菜单下标注内容的拖动与删除必须用此菜单最下侧的 拖动文字 与 删除文字 命令。

5. 施工图材料表

绘材料表 命令仅统计、绘制本标准层的材料及设备，即使在模型“全楼组装”信息中，利用该标准层组装了若干层，在此处，也只是统计该标准层单层的信息。

拾取菜单，程序弹出如图 8-37 所示的对话框，选择统计内容。

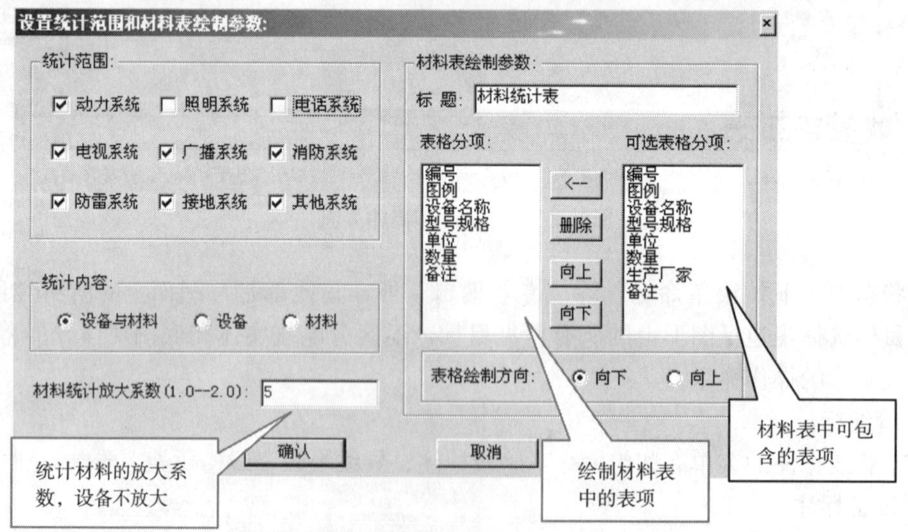

图 8-37　材料统计界面

此命令可多次调用，分系统绘制材料表，可单独统计设备或材料。

当调用图层开闭命令时，材料表不随所统计的系统图层关闭。

6. 生成各类系统平面施工图

用 提取图形 和 图层开闭 组合操作，一张屏幕显示的标准层图可以生成若干张需要的分类施工图。

例如：图 8－38 是某工程第一标准层平面图，包含有：动力、照明、电话、电视 4 类系统。

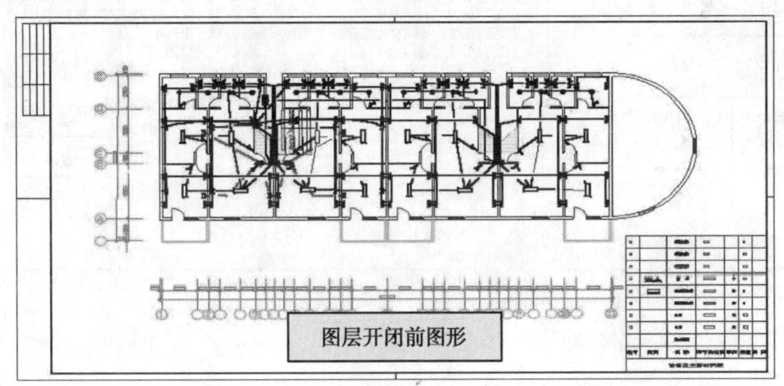

图 8－38　某工程第一标准层平面图

首先利用 图层开闭 命令，关闭不需显示的系统内容照明、电话、电视系统后，图面显示如图 8－39 所示。

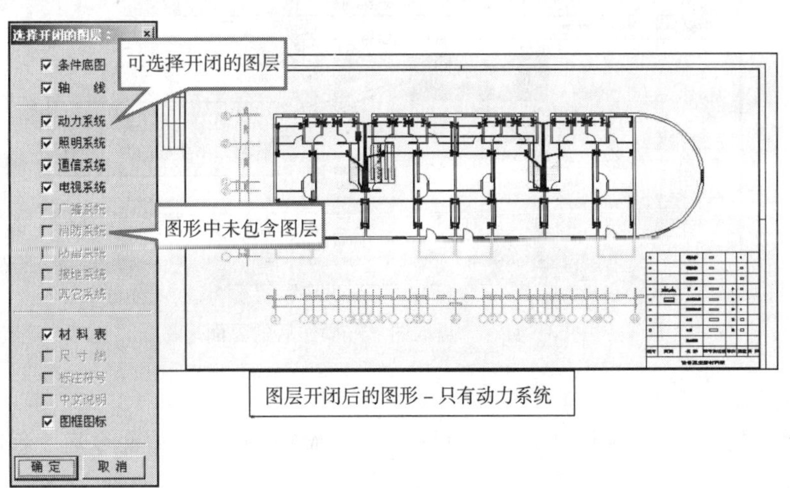

图 8－39　选择“图层关闭”命令后的界面

拾取命令 提取图形，生成动力平面图，程序提示如图 8－40 所示。

输入名称后，当前工作目录下，生成 4－yi－3 动力平面图 1. T。

多次操作后，生成其他系统施工图。

生成的 *. T 图可在主菜单“图形编辑、打印及转换”程序中，再次编辑、修改、拼接或转换为 *. DWG 文件，如图 8－41 所示。

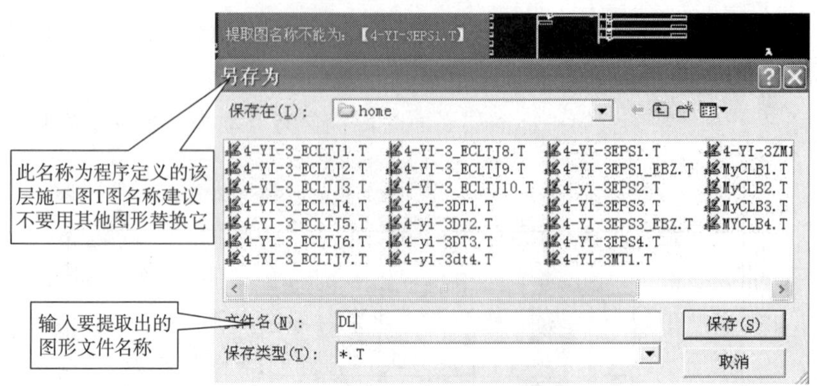

图 8-40　提取图形提示界面

〈4-yi-3EPS*〉	当前显示的图形名称。
〈4-yi-3〉	工程名称
〈EPS〉	电气平面施工图。
〈*〉	各标准层编号，1为第一标准层，2第二标准层，类推。

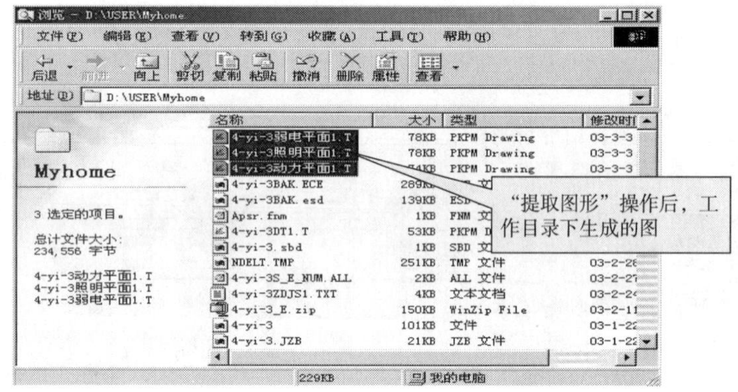

图 8-41　“提取图形”操作后的界面

7. 调用标准库 T 图

与平面模型设计中，选择“装载标准图工程”命令，调用拾取命令后，程序弹出对话框如图 8-42 所示。

在对话框中选择各地区典型案例中的某 T 图后，程序弹出如图 8-43 所示的对话框，确定对当前图形的处理方式。

选择典型案例 T 图后，所有原施工图的关于电气专业菜单均不能使用。

8.2.5　编辑标准施工图

主要用于编辑程序提供的各地区村镇住宅标准典型案例中的 T 图编辑，如图 8-44 所示。

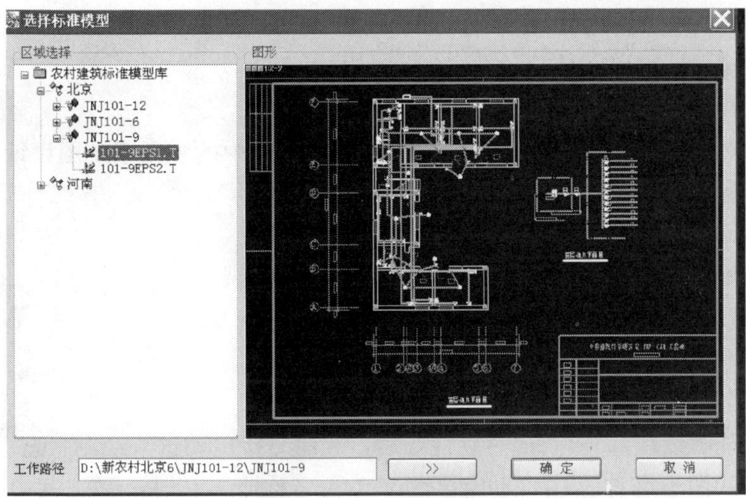

图 8-42 调用标准库界面

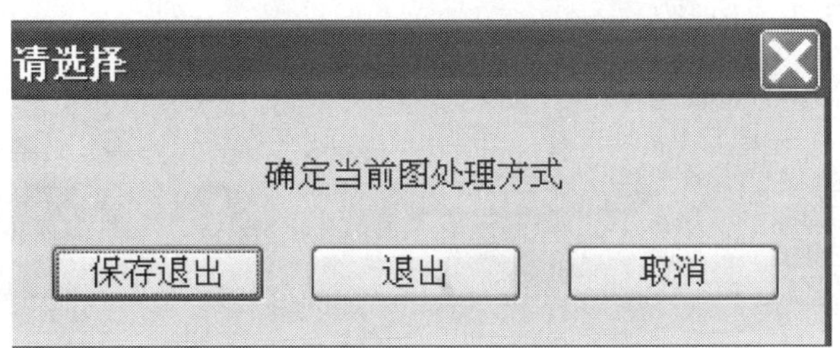

图 8-43 确定图形处理方式对话框

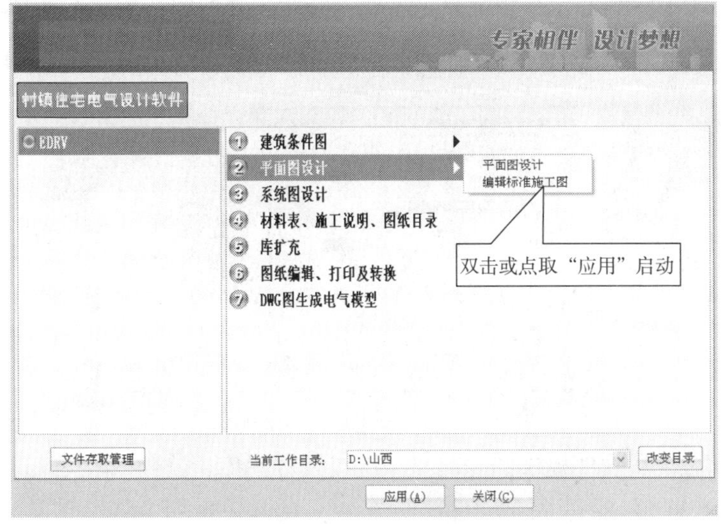

图 8-44 启动“编辑标准施工图”界面

8.3 系统图设计

EDRV 电气软件系统图设计程序包含多种电气设计中的多种系统图设计：

(1) 供、配电系统一次接线图设计；

(2) 控制回路二次接线图设计；

(3) 工程配电系统图设计；

(4) 电话及综合布线系统图设计；

(5) 有线电视系统图设计；

(6) 火灾报警系统图设计等。

启动“系统图设计”，检查通过软件锁后，程序直接启动进入绘制状态。

当前处理的图形名称程序自动定义为“工程名称＋ _ ES＊.T”，其中＊编号自动累加。退出程序或保存图形时，程序要求可改名存图。

8.3.1 供、配电系统一次接线设计

» 一次设计 下级菜单如图 8-45 所示。

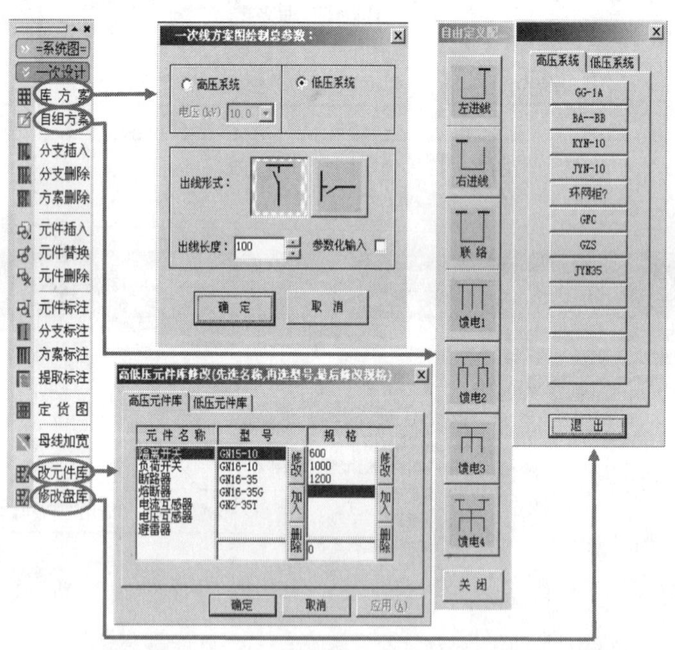

图 8-45 “一次设计”下级菜单

库方案 命令从软件提供的配电盘一次接线方案库中直接调用、组合生成工程配电系统图；

自组方案 当直接调用图库方案仍然不能满足需要时，利用此命令生成单独配电盘，再组合成系统。

改元件库 用于修改库中高低压元件的名称、型号以及规格。

修改盘库 用于修改高、低压配电盘中元件的名称、型号以及规格。

8.3.2 控制回路二次接线图设计

绘制控制回路二次接线原理图，其菜单结构如图 8-46 所示。

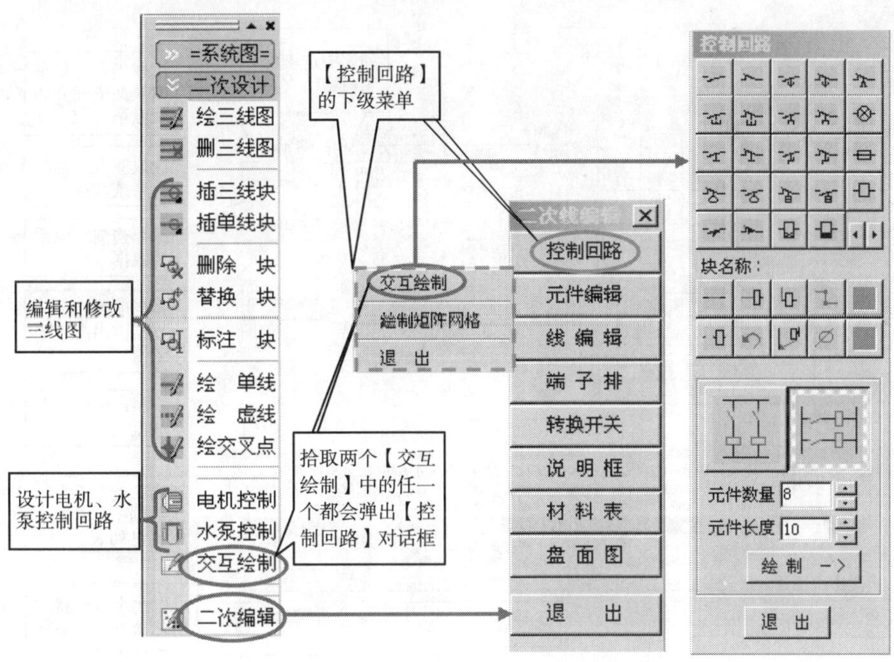

图 8-46 绘制回路二次接线原理图菜单

8.3.3 动力、照明配电系统图设计

动力、照明配电系统图主要是进行配电箱系统的设计，其菜单如图 8-47 所示。

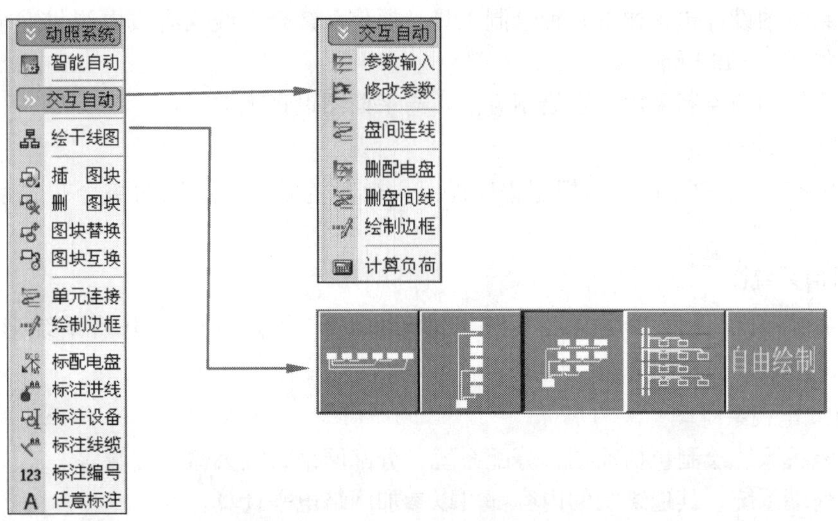

图 8-47 动力、照明配电系统图设计菜单

主要有三种功能命令：（1）读取平面图或原有设计数据，绘制全楼配电系统图；（2）交互输入每一个配电箱数据，而后生成系统图；（3）提供绘制配电箱连接示意图。

智能自动 功能可以读取平面图建立的全楼配电盘系统数据，如图 8-48 所示，或原保存的配电盘系统数据，再经过编辑修改后，绘制生成配电系统图。

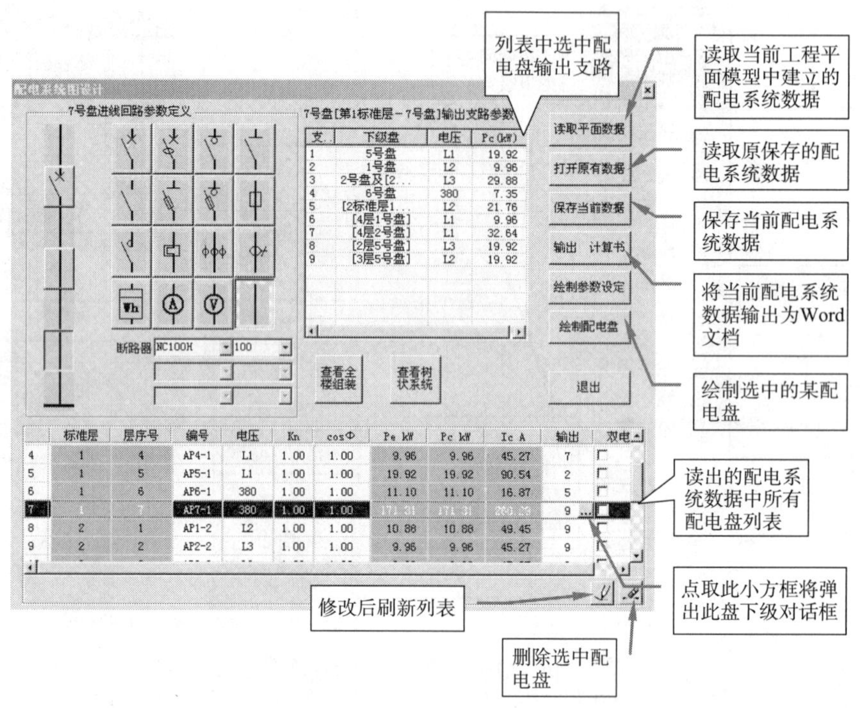

图 8-48 “智能自动”功能界面

8.3.4 弱电系统图设计

弱电系统图设计包含如下几种绘制工具：通信、综合布线、有线电视、安全防范及火灾报警，如图 8-49 所示。

弱电系统图的绘制采用交互绘制方法，与平面图设计无关。

1. 综合布线系统图

综合布线 拾取菜单后，根据程序提示，交互生成工程适用的综合布线系统图，如图 8-50 所示。

2. 通信系统图

通信系统 可提供 5 种电话系统标准形式，一种自由组合电话系统形式（见图 8-51）。

3. 有线电视系统图

有线电视系统绘制包括前端、分配系统、分配网络、放大器、终端等。

除了前端系统，其他绘制的内容都可以参加网络电平计算。

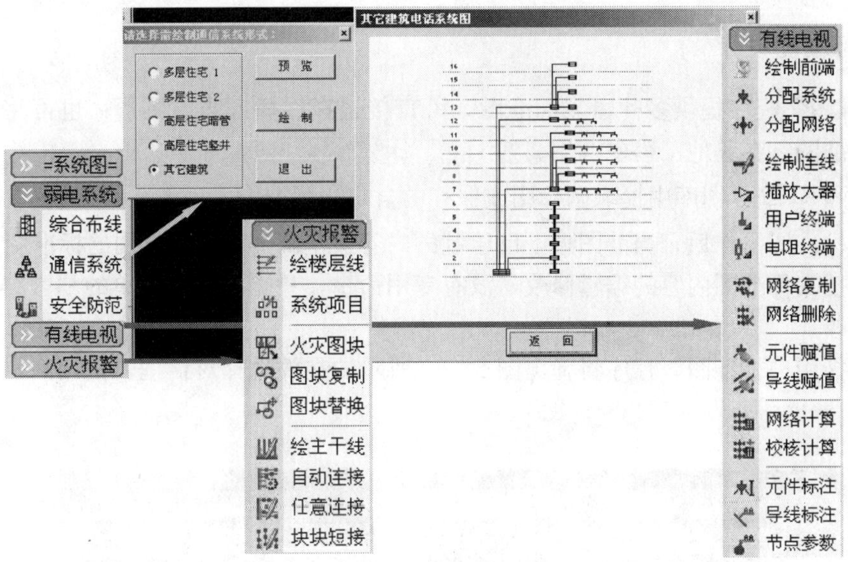

图 8-49　弱电系统图设计菜单

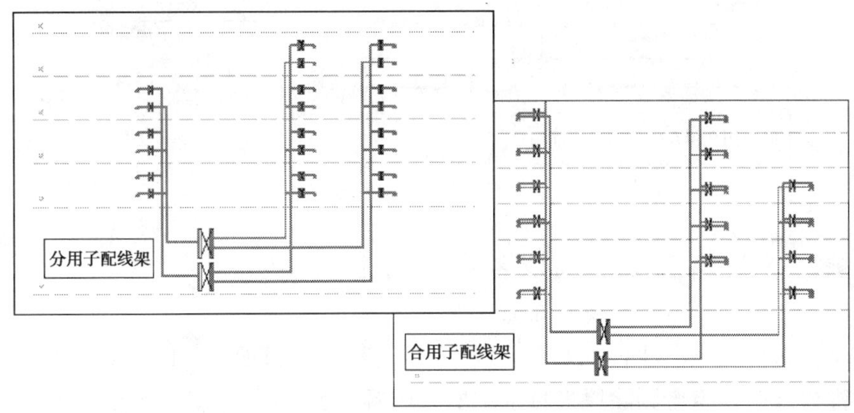

图 8-50　生成的综合布线系统图

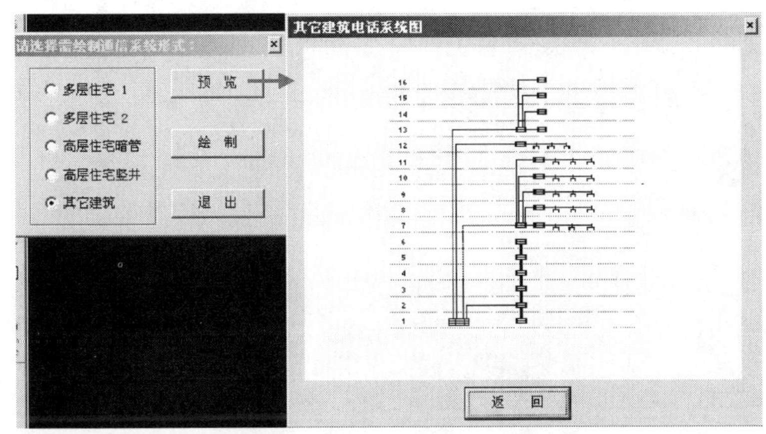

图 8-51　通信系统图形式

8.3.5 标准图设计

“标准图”程序提供多种国家标准图，可直接选择后插入当前图形；也可将当前图形保存为标准图，在其他工程中调用。

调标准图 自图库中提取国标图或保存的自定义标准图。

调入标准图操作后，当前图形上已绘制的内容被全部清空，以选用的标准图代替。

当前插入标准图内容的编辑修改，没有专用命令，只能用下拉菜单的图素编辑命令进行编辑修改。

如选择用户标准图，程序将弹出图 8-52 所示的文件选择对话框，由用户自电脑中任意选择。

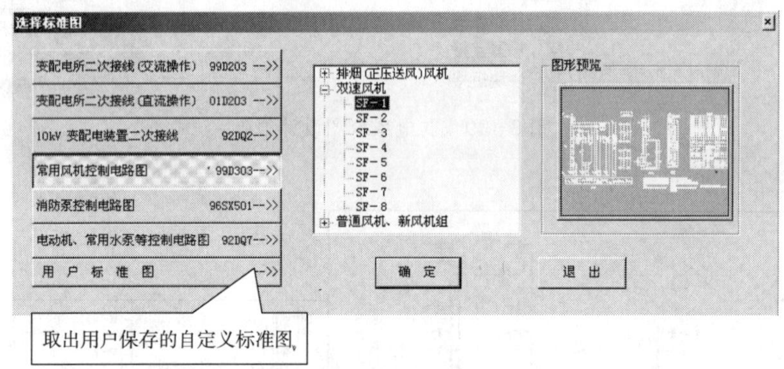

图 8-52 选择标准图对话框

标准入库 将当前图形，自定义名称，保存至电脑中。

保存后，不影响对当前图形的继续操作。

建议保存自定义标准图的目录位置，不要选择 \ EDRV \ EDRV \ 目录。否则当 EDRV 软件更新时，将会删除原来目录中所有内容。

第9章　太阳能供热采暖系统施工及验收技术

在太阳能供热采暖系统设计完成后，其安装是一个重要技术环节。考虑到太阳能供热采暖工程应用的需要，确保系统的安全性，本章对安装时的技术要点，如对建筑物的结构、建筑物承受荷载能力、屋面防水层设施等进行了论述。应高度重视太阳能供热采暖系统施工完成后的工程验收、工程质量管理问题。

9.1　太阳能供热采暖系统施工一般要求

太阳能供热采暖系统的安装应符合设计要求。在进行太阳能供热采暖系统的安装时，首先要确保施工安装不得破坏建筑的结构、屋面、地面防水层和建筑物的附属设备，不得削弱建筑物在使用寿命期内承受荷载的能力，不得损坏建筑物的功能、外形、室内外设施等。太阳能供热采暖系统的施工安装应单独编制施工组织设计，并应包括与主体结构施工、设备安装、装饰装修等相关工种的协调配合方案和安全措施等内容。同其他的设备安装要求一样，用于太阳能供热采暖系统安装的产品、配件、材料及其性能、色彩等质量要合格，并且有质量保证书。集热器应有性能检测报告。

太阳能供热采暖系统连接管线、部件、阀门等配件选用的材料应能耐受系统可达到的最高工作温度。

9.1.1　太阳能集热器施工安装

太阳能集热器施工的要点如下[46]：

(1) 集热器摆放位置应符合设计要求，并与集热器支架牢靠固定，防止滑脱。

(2) 太阳能集热器的相互连接以及真空管与联箱的密封应按照产品设计的连接和密封方式安装，具体操作应严格按产品说明书进行。

(3) 集热器与集热器之间的连接应按照厂家规定的连接方法连接，密封可靠、无泄漏、无扭曲变形。

(4) 集热器之间的连接件，应便于拆卸和更换。

(5) 集热器连接完毕应进行检漏试验，检漏试验应符合设计与《民用建筑太阳能热水系统应用技术规范》的相关规定。

(6) 集热器之间连接管的保温应在检漏合格后进行。保温应符合《工业设备及管道绝热工程质量检验评定标准》GB 50185 的要求。

9.1.2　支架的安装施工

支架安装施工的要点如下：

(1) 带支架安装的太阳能集热器，其支架强度、抗风能力和热补偿措施等应符合设计要求或国家现行标准的规定。

（2）钢结构支架焊接完毕，应做防腐处理。防腐施工应符合现行国家标准《建筑防腐蚀工程施工及验收规范》GB 50212 和《建筑防腐蚀工程质量检验评定标准》GB 50224 的要求。

（3）太阳能供热采暖系统的支架及其材料应符合设计要求。钢结构支架的焊接应符合现行国家标准《钢结构工程施工质量验收规范》GB 50205 的要求。

（4）支架应按设计要求安装在主体结构上，位置准确，与主体结构固定牢靠。

（5）支承太阳能供热采暖系统的钢结构支架应与建筑物接地系统可靠连接。

（6）所有钢结构支架的材料，如角钢、方管、槽钢等，放置时，在不影响其承载力的情况下，应选择利于排水的方式放置。当由于结构或其他原因造成不易排水时，应采取合理的排水防水措施，确保排水通畅。

（7）支架应按设计要求安装在承重基础上，位置正确，与基础固定牢靠。

（8）钢结构支架应与建筑物接地系统可靠连接。

9.1.3　系统管道安装施工

管道安装前，应进行防腐处理，应符合现行国家标准《建筑给水排水及采暖工程施工质量验收规范》GB 50242 以及《通风与空调工程施工质量验收规范》GB 50243 的规定要求。

管道施工的要点如下[23]：

（1）对于卷材防水屋面，伸出屋面的防水构造应采用多道设防、柔性密封的防水措施。防水材料严禁在雨天、雪天施工，五级风及以上时不得施工，环境气温低于 5℃时不宜施工。

（2）伸出屋面管道的防水构造与其他细部构造、节点部位的防水构造一样，都应采取多道设防、柔性密封、机械固定的防水措施，以提高防水薄弱环节处防水的能力。

（3）管道根部增设的附加防水层的方法：一种是用防水卷材铺贴；另一种是用防水涂料涂布。

（4）管道穿过结构伸缩缝、抗震缝及沉降缝敷设时，应根据情况采取下列保护措施：1）在墙体两侧采取柔性连接；2）在管道或保温层外皮上、下部留有不小于 150mm 的净空；3）在穿墙处做成方形补偿器，水平安装。

9.1.4　太阳能蓄热系统安装

1. 贮热水箱的制作、安装

水箱安装前，应符合以下条件：（1）安装支座已按设计图纸要求制作，其尺寸、位置和标高经检验符合设计要求，使用的型钢和垫木应做好防腐处理（见图 9－1）；（2）水箱（或现场制作的水箱材料）已进行检查验收，符合设计要求；（3）设备间安装时，其土建施工已满足水箱安装条件。

水箱制作完毕后，应做煤油渗透试验和盛水试验。现场制作的水箱，盛水试验合格后，应将内外表面除锈，并达到国家标准《涂装前钢材表面锈蚀等级和除锈等级》GB 088923 的要求。采用人工除锈应达到 St3 级，再打磨焊缝表面。

水箱土建基础施工时，应设置排水系统。水箱的溢流管不得与排水系统直接连接，需采用间接排水。应在溢流管上安装网罩。溢流管上不得装设阀门。

贮水箱工作温度高于50℃，根据《工业设备及管道绝热工程设计规范》GB 50264的要求，应设置保温层。水箱保温结构一般由绝热层和保护层组成。保温材料应选用质量轻、热导率低、吸水率小、性能稳定、有一定机械强度、不腐蚀金属、施工方便、性价比高、非燃和难燃材料。水箱绝热保温采用的材料有岩棉、超细玻璃棉、硬聚氨酯、橡塑海绵等。

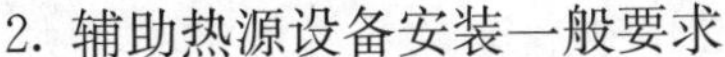

图9-1　水箱底座示意图

2. 辅助热源设备安装一般要求

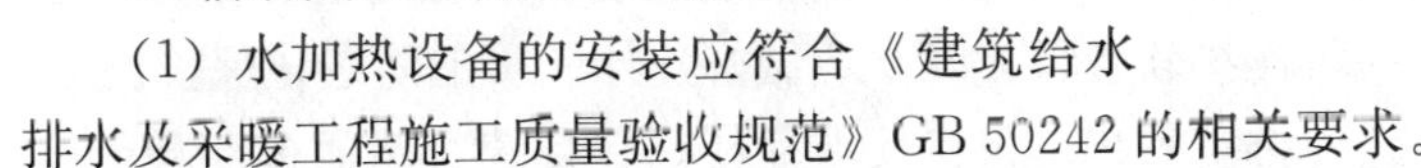

(1) 水加热设备的安装应符合《建筑给水排水及采暖工程施工质量验收规范》GB 50242的相关要求。

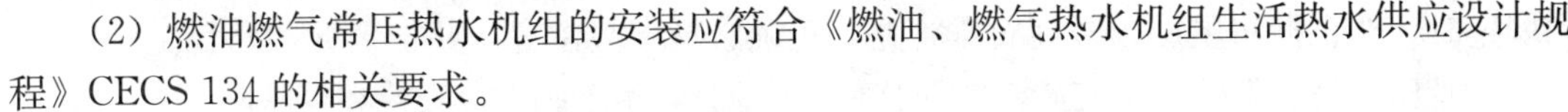

(2) 燃油燃气常压热水机组的安装应符合《燃油、燃气热水机组生活热水供应设计规程》CECS 134的相关要求。

(3) 额定工作压力不大于2.5MPa的固定式蒸汽锅炉和固定式承压热水锅炉的安装，应符合《工业锅炉安装工程施工及验收规范》GB 50273的相关要求。

(4) 辅助电加热器与箱体容器的连接处应设有良好的耐热密封垫，其外露的带电接线柱应有良好的绝缘保护装置，并设有保护罩。对于露天安装的辅助电加热器，保护罩上应设有防水板，防止水流入保护罩内。辅助电加热器安装后的安全性应符合GB 4706.12的要求，在做好永久接地保护的同时，并加装防漏电、防干烧等保护装置，其电源线的安装应符合GB 50258的要求。

(5) 电热管直接辅助加热系统的安装应符合《建筑电气工程施工质量验收规范》GB 50303的相关要求，家用太阳能热水器的电辅助热源符合《家用太阳能热水器电辅助热源》NY/T 513的要求。

9.1.5　水泵的安装

太阳能供热采暖系统中一般有集热系统循环泵、热水（采暖）系统循环泵和辅助热源系统循环泵等，一般采用离心清水泵，安装方式有立式和卧式之分。

水泵安装应根据产品技术资料规定进行，并应符合以下要求：

(1) 水泵的基础的尺寸、位置、标高应符合设计要求，且安装位置正确。

(2) 设备不应有缺件、损坏和锈蚀等情况，管口保护物和堵盖应完好，转动部件应灵活，无阻滞、卡住现象，无异常声音。

(3) 凡出厂时已装配、调试完善的部分不应随意拆卸。

(4) 泵的找平应符合的要求：1) 卧式和立式泵的纵横向不水平度不应超过0.1/1000；测量时应以加工为基准。2) 小型整体安装的泵不应有明显的倾斜。

(5) 管子内部和管端应清洗干净，清除杂物；密封面和螺纹不应损坏。

(6) 相互连接的法兰端面或螺纹轴心线应平行、对中，不应借法兰螺栓或管接头强行连接。

(7) 管路与泵连接后，不应再在管路上进行焊接和气割，如需焊接或气割时，应拆下管路或采取必要的措施，防止焊渣进入泵内和损坏泵的零件。

(8) 为了保证电机的正常运转，泵要安装在保证有足够冷却的环境条件下，冷却空气的温度不能超过 40℃。

(9) 为了防止噪声和振动，保证获得最佳运行效果，泵在安装时要采用减振底座。一般采用水泥底座，底座的重量应该大于或等于 1.5 倍泵重量。

9.1.6 太阳能供热采暖系统的管路及附件安装

1. 一般要求

(1) 管路和零部件应选用与传热工质相容的材料，宜采用适应热水要求的复合管、金属管、塑料管等内壁不能发生腐蚀；应能承受系统的最高空晒温度和系统规定的压力；在系统运行的管道中，有必要加入一段连接软管过渡时，应做好连接软管的防老化保护。

(2) 管道坡度应符合设计规定，排空系统不得有反坡存在；在系统管路通过混凝土板和墙壁时，要根据房屋结构合理安排管路，正确选择穿墙位置，并加装穿墙套管。

(3) 压力表、流量计等应安装在便于观察的地方，手动阀门应安装在容易操作的地方。

(4) 容易发生故障的设备及附件两端应采用法兰或活接头连接，以便维修更换。

(5) 在采用焊接方法连接铜集管时，应选用低温软钎焊工艺，施工时应操作迅速，以免集管长时间处于高温下。

(6) 管道支架应有足够的强度和刚度，起到支撑管道重量、防止管道下垂弯曲的作用，使管道保持系统需要的循环及排泄坡度。

(7) 管道系统中固定支点设置的最大安装距离应符合表 9-1 和表 9-2 的要求。

(8) 立管的支撑，在 2.5m 以内应有一个支点。

横管路支点设置的最大安装距离[48]　　表 9-1

公称内径（mm）		15	20	25	32	40	50
最大距离（m）	保温管路	1.5	2	2	2.5	3	3
	不保温管路	2.5	3	3.5	4	4.5	5

钢管管道支架的最大间距　　表 9-2

公称直径（mm）		15	20	25	32	40	50	70	80	100	125	150	200
最大间距（m）	保温管	2	2.5	2.5	2.5	3	3	4	4	4.5	6	7	7
	不保温管	2.5	3	3.5	4	4.5	5	6	6	6.5	7	8	9.5

(9) 温度控制器及阀门应安装在便于观察和维护的地方。

(10) 管道的最低处应安装泄水装置，最高点应设排气阀或排气管。

(11) 太阳能热水系统总进水管道必须加装过滤及止回装置。

(12) 热水供应管道应尽量利用自然弯补偿冷热伸缩，直线段过长则应放置补偿器，补偿器形式、规格、位置应符合设计要求，并按有关规定进行预拉伸。

(13) 太阳能热水地板辐射采暖系统中的管道敷设施工应符合国家行业标准《地面辐

射供暖技术规程》JOJ 142 的要求。

（14）地下室或地下构筑物外墙有管道穿过的，应采取防水措施。对有严格防水要求的建筑物，必须采用柔性防水套管。

（15）管道穿过结构伸缩缝、抗震缝及沉降缝敷设时，应根据情况采取下列保护措施：1）在墙体两侧采取柔性连接；2）在管道或保温层外皮上、下部留有不小于 150mm 的净空；3）在穿墙处做成方形补偿器，水平安装。

（16）太阳能热水系统的管道安装应满足现行国家标准《建筑给水排水及采暖工程施工质量验收规范》GB 50242 的相关规定。

2. 热水管道支架安装

热水管道的支架形式分为：吊架、托架和卡架。吊架和托架为水平管道上安装；而立管上装设卡架。对于热水塑料管、复合管及热水铜管等使用的管道支架，管材生产企业为了方便管道安装和考虑美观要求，均有配套的支架产品（见图 9-2），尤其是吊架和立管管卡应尽量采用。如采用热水钢管安装的型钢托架、型钢吊架、扁钢管卡支承件时，其管道与管卡之间应设塑料带或橡胶等软隔垫，以确保不损伤管道表面[23]。

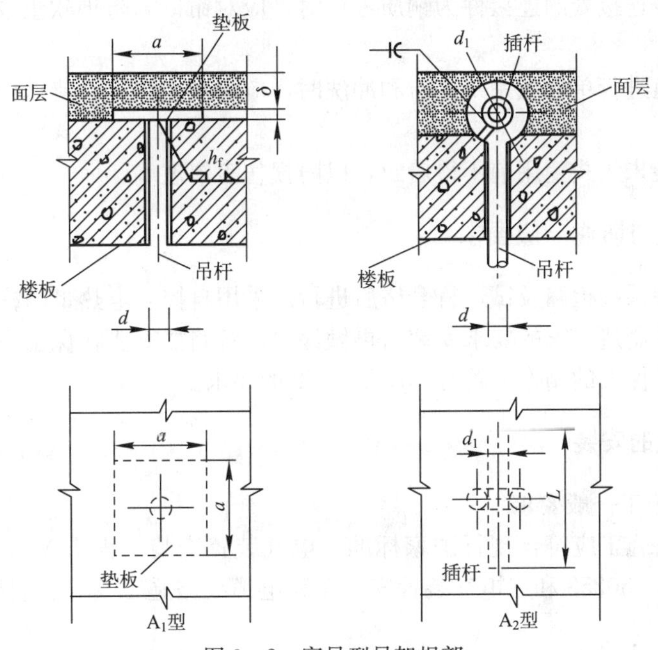

图 9-2　穿吊型吊架根部

3. 阀门安装要求

（1）阀门在安装、搬运过程中，不允许随手抛掷，以免无故损坏，也不得转动手轮，安装前应将阀壳内部清扫干净。

（2）阀杆的安装位置除设计注明外，一般应以便于操作和维修为准。水平管道上的阀门，其阀杆一般安装在上半周范围内。

（3）较重的阀门吊装时，绝不允许将钢丝绳拴在阀杆手轮及其他传动杆件和塞件上，而应拴在阀体的法兰处。

(4) 在焊接法兰时，应注意与阀门配合，应检查法兰与阀门的螺孔位置是否一致。焊接时要把法兰的螺孔与阀门的螺孔先对好，然后焊接。

(5) 安装截止阀、蝶阀和止回阀时，应注意水流方向与阀体上的箭头方向一致。

(6) 安装螺纹连接的阀门时，应保证螺纹完整无缺。拧紧时，必须用扳手咬牢，要拧入管子一端的六角体，以确保阀体不被损坏。填料（麻丝、铅油等）应缠涂在管螺纹上，不得缠涂在阀体的螺纹上，以防填料进入阀内，引起事故。

4. 水表安装要点

(1) 水表安装就位时，应复核水表上标示的箭头方向与水流方向是否一致。

(2) 旋翼式水表应水平安装；水平螺翼式和容积式水表可根据实际情况确定水平、倾斜或垂直安装，但垂直安装时水流方向必须从下向上。

(3) 螺翼式水表的前端，应有8～10倍水表接管直径的直线管段；其他类型水表前后应有不小于300mm的直线管段，或符合产品标准规定的要求。

(4) 水表支管除表前后需有直线管段外，其他超出部分管段应进行适当煨弯，使管段沿墙敷设，支管长度大于1.2m时应设管卡固定。

(5) 组装水表连接处的连接件为铜质零件时，应对钳口加防护软垫或用布包扎，以防损伤铜件。

(6) 给水管道进行单元或系统试压和冲洗时，应将水表卸下，待试压、冲洗完成后再行复位。

(7) 水表安装未正式使用前不得启封，以防损伤表罩玻璃。

9.1.7 管道保温与防腐一般要求

管路保温应在系统检漏及试运行合格后进行。采用自控温电热带防冻的系统，应先将自控温电热带按照制造厂家的要求安装后再做保温。管路如需要在保温后固定，应使用硬质保温材料。系统保温的制作应符合GB/T 4272的要求。

9.1.8 控制系统的安装

1. 控制设备施工一般要求

(1) 电缆线路施工应符合现行国家标准《电气装置安装工程1kV及以下配线工程施工及验收规范》GB 50258和《电气装置安装工程电缆线路施工及验收规范》GB 50168的规定。

(2) 其他电气设施的安装应符合现行国家标准《建筑电气工程施工质量验收规范》GB 50303的相关规定。

(3) 所有电气设备和与电气设备相连接的金属部件应做接地处理。电气接地装置的施工应符合现行国家标准《电气装置安装工程接地装置施工及验收规范》GB 50169的规定。

(4) 传感器的接线应牢固可靠，接触良好。接线盒与套管之间的传感器屏蔽线应做二次防护处理，两端应做防水处理。

2. 控制设备施工

(1) 温度传感器安装位置应选择具有代表性的地方，集热器的温度传感器一般安装在集热器集管（或联箱）热水出口处，用于防冻排空的温控阀应安装在室外系统的管路最低处，水箱温度传感器用于温差循环控制的位于水箱底部，表征水箱温度的传感器应安装在水箱上部。传感器应安装焊接在水箱体上浸没工质的盲管中或紧贴在管路的外壁上。安装在管道外壁上应保证接触良好，宜使用导热胶。

（2）水位指示安装前应检查其技术参数和适用条件与系统设计相符，选用水位指示控制仪应具有耐温、防腐和防垢功能。水位传感器所用部件应外观完整，应能承受相应的使用温度。

（3）热表中流量传感器安装应根据传感器种类满足水流方向、安装位置和安装环境要求。热量表最容易受到干扰的部位来自传感器和积算器之间的连接信号线，一般常出现的干扰源是 50Hz 的公频电磁场，如继电器、电机等。因此在安装热量表时，信号线与电源线的距离一定要在 50mm 以上，同时，积算器也应远离上述干扰源。流量计绝对不能安装在有气泡产生的位置。

3. 控制柜及设备的安装

控制柜及设备安装前应进行相关检查，且符合相关要求。安装中应注意以下事项：

（1）中央控制及网络通信设备应在中央控制室的土建和装饰工程完工后安装。

（2）现场控制设备的安装位置选在光线充足、通风良好、操作维修方便的地方；现场控制设备不应安装在有振动影响的地方。

（3）现场控制设备的安装位置应与管道保持一定距离，如不能避开管道，则必须避开阀门、法兰、过滤器等管道器件及蒸汽口中。

（4）设备及设备各构件间应连接牢固，安装用的紧固件应有防锈层。

9.2 太阳能供热采暖系统工程验收一般规定

（1）对太阳能热水系统的工程质量验收应按国家现行标准、规范的要求和设计要求进行。除了热性能检验需要特殊的气候条件外，其他检验项目可在一年内的任何时候进行。

（2）太阳能供热采暖系统工程的验收应分为分项工程验收和竣工验收。分项工程验收应由监理工程师（建设单位技术负责人）组织施工单位项目专业质量（技术）负责人等进行；竣工验收应由建设单位（项目）负责人组织施工单位、设计、监理等单位（项目）负责人进行。

（3）分项工程验收宜根据工程施工特点分期进行，对于影响工程安全和系统性能的工序，必须在本工序验收合格后才能进入下一道工序的施工。

（4）竣工验收应在工程移交用户前，分项工程验收合格后进行；竣工验收应提交相关的资料。

（5）太阳能热水系统，尤其是太阳集热器安装完毕后不少部位或细部已隐蔽，在工程验收时已无法观察检测，特别是防水构造。但这些部位或细部施工质量至关重要，必须在安装完成隐蔽工程前验收，对其工程验收文件要进行认真的审核与验收。

（6）太阳能供热采暖工程施工质量的保修期限，自竣工验收合格日起计算为两个采暖期。在保修期内发生施工质量问题的，施工企业应履行保修职责，责任方承担相应的经济责任。

9.2.1 太阳集热器安装验收

太阳能热水系统竣工后，应按建筑安装工程的程序进行工程验收，才能交付用户使用。对太阳能热水系统的工程质量验收应按国家现行标准、规范规定的要求和设计要求进行。

安装基础的混凝土强度必须达到设计要求，基础的坐标、标高、几何尺寸和螺栓孔位置的允许偏差和检验方法应符合表9-3的规定。

设备基础的安装允许偏差和检验办法[41]　　表9-3

项次	项目		允许偏差（mm）	检验方法
1	基础坐标位置		20	经纬仪、拉线和尺量
2	基础各不同平面的标高		0，－20	水平仪、拉线和尺量
3	基础平面的外形尺寸		20	尺量检查
4	凸台上面尺寸		0，－20	
5	凹穴尺寸		＋20，0	
6	基础上平面水平度	每米	5	水平仪（水平尺）和楔形塞尺检查
		全长	10	
7	竖向偏差	每米	5	经纬仪或吊线和尺量
		全高	10	
8	预埋地脚螺栓	标高（顶端）	＋20，0	水平仪、拉线和尺量
		中心距（根部）	2	
9	预留孔地脚螺栓	中心位置	10	尺量
		深度	－20，0	
		孔壁垂直度	10	吊线和尺量
10	预埋活动地脚螺栓锚板	中心位置	5	拉线和尺量
		标高	＋20，0	
		水平度（带槽锚板）	5	水平尺和楔形塞尺检查
		水平度（带螺纹孔锚板）	2	

太阳能集热器安装预埋件与建筑主体结构连接，预埋件的位置应准确，满足设计要求，其偏差不大于20mm；预埋件节点处应做好防水处理，防水的制作应符合《屋面工程质量验收规范》GB 50207的要求。

集热器支承构件或安装支架的结构、材料、强度和刚度应满足设计要求并按国家现行标准和规范《钢结构工程施工及验收规范》（GBJ 205—1983）、《碳素结构钢》（GB/T 700）和《桥梁用结构钢》（GB/T 714）等的要求检验合格。集热器支承构件或支架焊接质量验收应满足《钢筋焊接及验收规程》（JGJ 18-1996）、《钢筋焊接接头试验方法标准》（JGJ/T 27—2001）和《钢结构工程验收规范》（GBJ 50205）等标准和规范的要求，材料在使用前应进行矫正。

9.2.2 管道验收

(1) 管材和管件设计要求、安装方法应符合相应国家标准和规范的要求。检验出厂合格证和检验报告，用观察检查检验外观。塑料管和复合管的内、外壁应光滑、平整、无气泡、无裂口、无裂纹、无脱皮、无痕纹及凹陷；管件应完整、无缺损、无变形，合模缝浇口应严整、无开裂。铜管外表面及内壁均应光洁，无疵孔、无裂纹、无结疤、无尾裂或气孔。

(2) 在安装太阳能集热器前，排管及热水管道应进行水压试验，钢管或复合管管道系统在试验压力下 10min 内压力降不大于 0.02MPa，然后降低到工作压力检查，压力应不下降，且不渗漏；塑料管管道系统在试验压力下稳压 1h，压力降不得超过 0.05MPa，然后在工作压力 1.15 倍状态下稳压 2h，压力降不得超过 0.03MPa，连接处不得渗漏。

(3) 太阳能集热管道、热水供应管道应尽量利用自然弯补偿热伸缩，直管段过长应根据管道材质、规格来设置补偿器。补偿器应按有关规定进行预拉伸和拉伸记录后对照设计图纸检查或检查拉伸记录。

(4) 管道安装坡度应符合设计规定。

(5) 在循环管路中，易发生气塞的位置应设有排气阀；当用防冻液作为传热工质时，宜使用手动排气阀。需要排空和防冻回流的系统应设有吸气阀。在系统各回路及系统要防冻排空部分的管路的最低点及易积存的位置应设有排空阀，以保证系统排空。在强迫循环系统的循环管路上，必要时应设有防止传热工质夜间倒流散热的单向阀。

(6) 间接系统的循环管路上应设膨胀箱。闭式间接系统的循环管路上增设压力安全阀和压力表，从集热器到压力安全阀和膨胀箱之间的管路应通畅，不应设单向阀和其他可关闭阀门。

(7) 自然循环的热水箱底部与集热器上集管的间距应为 0.3～1.0m。

(8) 管道支（吊、托）架及管座（墩）的安装应符合设计要求。支架与管子接触应紧密，支架间距符合表 9 2 的规定。

(9) 为了便于观察系统的运行情况和检修，宜在系统的管路中设流量计和压力表。

(10) 太阳能集热系统和热水供应系统的管道应保温（浴室内明装管道除外），采用的保温材料、厚度、保护壳等应符合设计规定。保温层厚度和平整度的允许偏差应符合表 9-4 的规定。

管道及设备保温层的允许偏差和检验方法　　**表 9-4**

项次	项目		允许偏差（mm）	检验方法
1	厚度		$+0.1\delta$；-0.05δ	用钢针刺入
2	表面平整度	卷材	5	用 2m 靠尺和楔形塞尺检查
		涂抹	10	

(11) 箱类和金属支架涂漆。油漆的种类和涂刷遍数应符合设计要求；附着良好，无脱皮、无起皮和漏刷，油漆厚度均匀，色泽一致，无流淌及污染现象。

(12) 管道、泵和阀门的允许偏差应符合表 9-5 的施工工艺要求。

管道和阀门施工安装的允许偏差和检验方法[23] 表 9-5

项次	项　目			允许偏差（mm）	检验方法
1	水平管道纵横方向弯曲	钢管	每米	1	用水平尺、直尺、拉缨和尺量梭重
			全长 25m 以上	≤25	
		塑料管复合管	每米	1.5	
			全长 25m 以上	≤25	
		铸铰管	每米	2	
			全长 25m 以上	≤25	
2	立管垂直度	钢管	每米	3	吊线和尺置检查
			5m 以上	≤8	
		塑料管复合管	每米	2	
			5m 以上	≤8	
		铸铰管	每米	3	
			5m 以上	≤10	
3	成排管道和成排阀门		在同一平面上间距	3	尺量检查

9.2.3 贮热水箱安装验收

（1）安装水箱的支座尺寸、位置和标高应符合设计要求。当采用混凝土支座时，检查其强度是否达到安装要求的 60％以上，支座表面应平整、清洁；当采用型钢支座和方垫木时，应做好刷漆和防腐处理。

（2）太阳能贮热水箱应设置在专用设备间或其他指定位置，当条件所限设置在屋面或阳台等处时，必须进行必要的遮挡和隐藏处理。

（3）贮热水箱基础制作应符合设计要求。在建筑屋面上设置贮热水箱和贮热水箱基础应设在建筑物的承重梁或承重墙上，摆放位置应正确，确保底座受力均衡分布到基础上，并与基础牢靠固定。预留固定用预埋件与基础之间的空隙，用细石混凝土填实。

（4）对照图纸，用尺量检查水箱支架或底座安装，其尺寸及位置是否符合设计规定，埋设平整牢固。

（5）水平尺、拉线尺量检查贮热水箱基础的位置和高度，应留有维修保养的空间。

（6）贮热水箱满水时的荷载不应超过建筑设计的承载能力，放水称重测量检验。

（7）贮热水箱安装在水箱基础上，摆放位置应正确，符合设计要求。按照图纸检查。

（8）检查贮热水箱是否与基础固定牢靠，并采取有效的防风、防侧滑措施，以确保安全。

9.2.4 辅助热源的安装验收

太阳能热水系统采用电能作为互补能源时，其系统必须同时满足电锅炉、电加热器产品的电气及电气安全要求。

1. 电加热器安装验收

电加热器主要由电热管、与贮热水箱连接的密封接口、连接电缆、温度控制与漏电保护装置等构成。电加热器进场应查验合格证和随带技术文件，实行生产许可证和安全认证制度的产品，有许可证编号和安全认证标志。外观检查：电加热器的规格型号、各构成部件、外观是否正常，符合设计要求，有铭牌，附件齐全，电气接线端子完好，设备器件无缺损，涂层完整。辅助电加热器的额定容量（功率）应与贮热水箱容量相匹配，应满足设计要求。

电加热器的安装要求：[23]

（1）电加热器的安装位置、插入水箱的深度应满足设计和厂家要求。电加热管安装验收应符合 GB 50303 和 GB 14536 的相关要求。家用太阳能热水器的电辅助热源还应符合《家用太阳热水器电辅助热源》（NY/T 513）的要求，其安全性能应符合表 9－6 的规定。

电加热器安全性能要求 表 9－6

实验项目		实验条件	技术要求
输入功率偏差		额定电压	+5%，−10%
冷态	泄漏电流	1.06 倍额定电压	≤0.75mA
	电气强度	50Hz，1250V，1min	无击穿
热态	泄漏电流	1.15 倍额定电压	≤0.75mA
	电气强度	50Hz，1000V，1min	无击穿
接地电阻		12V，25A	≤0.112
抗干烧性能		额定电压下干烧 4h	漏电电流与电气强度符合要求。感温元件无损坏，动作可靠

（2）检查电加热器的电源是否安全可靠，并满足太阳能热水系统的用电负荷。

（3）观察检查的内容：电加热器各个接线应正确，电气设备安装应牢固，螺栓及防松零件齐全，不松动。防水防潮电气设备的接线入口及接线盒盖等应做密封处理。电加热器应加装无孔的绝缘防护罩，其防水等级应不低于 IPX2。电加热器及电动执行机构的可接近裸露导体必须接地（PE）或接零（PEN），其接地装置、引下线等电位、接闪器的安装程序以及防雷接地系统测试应符合国家标准《建筑电气工程施工质量验收规范》GB 50505－2002 的第 3.3.18 条、第 3.3.19 条、第 3.3.20 条、第 3.3.21 条、第 3.3.22 条的要求并按其规定进行检验。所有电气设备及与电气设备相连接的金属部件应做接地处理，各接地连接部位应做防水处理。电气接地装置的施工应符合 GB 50169 和 GB 50303 的规定。在设备接线盒内裸露的不同相导线间和导线对地间最小距离应大于 8mm，否则应采取绝缘防护措施。

（4）电加热器与机械设备完成连接，绝缘电阻测试符合设计要求为合格，经手动操作符合工艺要求，才能接线。用欧姆表摇测电加热器及电动执行机构电阻值应大于 0.5MΩ。

（5）电加热器的试验和试运行应按国家标准《建筑电气工程施工质量验收规范》GB 50303－2002 的低压电气动力设备试验和试运行的程序进行。

（6）电热锅炉的检测和控制仪表及装置的配置应符合《蒸汽锅炉安全技术监察规程》或《热水锅炉安全技术监察规程》或《小型和常压热水锅炉安全监察规定》的要求。

2. 燃气锅炉安装验收

燃气锅炉作为互补能源时，其系统必须同时满足燃气锅炉、管道、设备和容器的额定工作压力及安全要求。

(1) 一般规定

1) 燃气锅炉质量检验与验收是对于建筑供热和生活热水供应的额定工作压力不大于1.25MPa、热水温度不超过130℃的燃气锅炉及辅助设备安装工程的质量检验与验收。

2) 燃气整装锅炉及辅助设备安装工程的质量检验与验收应符合现行国家有关标准、规范规程和标准的规定。

3) 管道、设备和容器的保温，应在防腐和水压试验合格后进行。

(2) 燃气锅炉安装质量验收

1) 燃气锅炉安装应符合《燃油、燃气热水机组生活热水供应设计规程》CECS 134 的相关要求。锅炉质量验收应按照《建筑给水排水及采暖工程施工质量验收规范》GB 50242-2002 执行。

2) 燃气锅炉质量检验与验收应在管道、设备和容器的保温、防腐和水压试验合格后进行，保温的设备和容器应采用粘接保温钉固定保温层，其间距一般为200mm。当需采用焊接勾钉固定保温层时，其间距一般为250mm。尺量检查其间距是否合格。

3) 锅炉设备基础的混凝土强度必须达到设计要求。锅炉安装的坐标、标高、中心线和垂直度的允许偏差应符合文献[23]中表6-3要求。

4) 对照设计图纸或产品说明书检查非承压锅炉，其应严格按设计或产品说明书的要求施工，锅筒顶部必须敞口或装设大气连通管，连通管上不得安装阀门。

5) 用水平尺或水准仪检查锅炉本体安装是否按设计或产品说明书要求布置坡度，并坡向排污阀。

6) 以天然气为燃料的锅炉，对照设计图纸检查天然气释放管或大气排放管，其不得直接通向大气，应通向贮存或处理装置。

7) 两台或两台以上燃气锅炉共用一个烟囱时，观察和手扳检查每一台锅炉的烟道上是否均配备风阀或挡板装置，并应具有操作调节和闭锁功能。

8) 锅炉系统安装完毕后，必须进行水压试验。水压试验的压力应符合文献[23]中表6-4的要求。

9.2.5 换热器安装验收

(1) 换热器的基础采用的材料、型号和技术参数应符合设计要求。

(2) 容积式热交换器的最大工作压力要满足设计要求。

(3) 积式热交换器安装允许偏差符合锅炉辅助设备安装的允许偏差和检验方法。

(4) 容积式、导流型容积式、半容积式水加热器的一侧应有净宽不小于0.7m的通道，前端应留有抽出加热盘管的位置。加热器上部附件的最高点至建筑结构最低点的净距应满足检修的要求，但不得小于0.2m，房间净高不得低于2.2m。

(5) 换热器的安全阀、压力表、温度计及设计要求安装的温度控制器等附件安装应符合设计要求。

(6) 换热器应根据水质情况及使用要求采用耐腐蚀材料制作或在钢制罐体内表面做衬、涂、镀防腐材料处理。

(7) 容积式热交换器安装允许偏差符合锅炉辅助设备安装的允许偏差和检验方法。

9.2.6 附件及辅助设备的安装验收

1. 水泵

水泵试运转应合格，水泵在设计负荷下连续运转不少于 2h，然后停泵，检验是否合格标准如下[23]：

(1) 水泵运行期间，检查泵是否泄漏，运行是否正常。管路系统运转正常，压力、流量、温度和其他要求应符合设备技术文件的规定。

(2) 运转中不应有不正常的声音，各密封部位不应泄漏，各紧固连接部位不应松动。

(3) 滚动轴承的温度不应高于 75℃，滑动轴承的温度不应高于 70℃，特殊轴承的温度应符合设备技术文件的规定。

(4) 轴封填料的温升应正常；普通软填料处宜有少量的泄漏（不超过 10～20 滴/min）；机械密封的泄漏量不大于 10mL/h（约 3 滴/min）。

(5) 水泵原动机的功率和电动机的电流不应超过额定值。简易检测方法可利用电流表或万用表检查。

(6) 水泵的安全、保护装置应灵活可靠。

2. 附件安装验收

(1) 膨胀罐的安装验收

1) 膨胀罐的大小、工作压力、温度和工质相容性等技术参数应符合设计要求。

2) 在间接系统中，使用隔膜膨胀罐，应根据安装点的工作压力决定膨胀罐空气预充压力。

3) 膨胀罐应安装牢靠固定，隔膜膨胀罐宜安装在太阳能系统循环管路的低温部分，即集热循环中流向集热器的管路上，集热器到膨胀罐的管路应保持畅通；膨胀罐应安装在水泵进水侧，且从膨胀罐到水泵之间的管道阻力不应过大；系统的接口与膨胀罐的接口宜相距 0.5～1m；膨胀罐宜竖向安装，气室位于膨胀罐下部，并在容易观察的位置安装压力表。

4) 在间接系统中，如果用的是开式膨胀罐，应通过计算检查膨胀罐容积是否符合使用要求。

5) 在有双回路强制循环系统的循环管路上应装有膨胀罐和压力表。

6) 对于有膨胀罐的闭式间接系统，应检查管路系统的压力是否符合设计要求。如果系统没有给定压力条件，系统压力宜至少高于静压（系统最高点离最低点的高度）0.05MPa 检验方法：手提式压力表测量检查。

(2) 补偿器的安装验收

对照图纸检查补偿器安装位置是否符合设计要求，并按有关规定进行预拉伸。装有波纹管补偿器的管道支架布置位置符合设计要求，用尺量进行检查。如果补偿器采用焊接连接则检查焊接质量检查报告，焊接连接或法兰连接的补偿器必须注意找平找正，用水平仪和楔形塞尺测量检查补偿器中心与管道中心是否同轴，不得偏斜安装。

(3) 水表的安装验收

水表类型、规格型号、额定工作压力和使用介质应符合设计要求，应有产品出厂合格证；水表安装的位置，应在便于检修，不受暴晒、污染和冻结的地方；其安装应平整牢固；水表上的标示箭头方向与水流方向应一致；安装旋翼式水表，尺量检查表前与阀门应有不小于8倍水表接口直径的直线管段；表外壳距墙表面净距为10～30mm；水表安装位置、进口中心标高按设计要求，允许偏差为±10mm。远传数控水表表箱安装应平整，距地面高度应符合设计要求；传导线的连接点必须连接牢固，配线管中严禁有接头存在，布线的端头必须甩到分户表所在位置处，与分户表直接连接；远传数控水表表箱的开启和关闭应灵活，并应加锁保护。

（4）温度传感器的安装验收

温度传感器应按设计要求或厂家推荐方式安装，温度传感器的安装和连线应符合设计要求（位置、电源及与传感器的连接、接地等）。温度控制器应能实现自动控制，应符合《家用和类似用途电自动控制器》GB 14536.1的要求。

9.2.7 控制系统安装验收

1. 温度指示控制仪

温控仪应标有产品的名称、型号、测量范围、企业名称等，技术参数应与系统设计相符。温控仪测量传感器所用封装材料应无裂纹，引线接插件必须接触良好，测温传感器所使用的保护管及封装材料应能承受相应的使用温度。温控仪外露部件（端钮、面板、开关）不应松动、破损，数字指示面板不应有影响读数的缺陷；显示值应清晰，不应有不亮、缺笔画等现象，小数点和正、负温度状态的符号及过载状态的显示应正确。各开关、旋钮在规定的状态时，应具有相应的功能和一定的调节范围。温控仪的示值温差和设定工作点误差均不应超过±2℃。

2. 水位指示控制仪

水位指示控制仪技术参数和适用条件应与系统设计相符，选用水位指示控制仪应具有耐温、防腐和防垢功能。水位传感器所用部件应外观完整，应能承受相应的使用温度，引线接插件必须接触良好。水下装置的防水密封程度要求在1.5倍测量范围的条件下保压1h不漏水、不变形。安装地点应便于观察和维护，运动部件的周围部件安装应达到产品要求的垂直度，防止运动部件被卡住或上下移动不畅。压力感应传感器应保持气室与大气畅通，避免水温较高时压力感应传感器对水位误断。水位测量误差应不大于±3cm。

3. 非电控温控阀

对于使用温控阀控制水温的直流系统，应将测得的水温与温控阀标称的开启温度相比较，两者相差不能大于±2.5℃。检验方法：将受检的温控阀放入恒温水浴中，用温度计测量水温。逐渐升高恒温水浴的温度，记录温控阀开启温度。

4. 电磁阀

电磁阀的外观、型号、材质、阀体强度应符合设计要求；阀体铸造应规矩，表面光滑，无裂纹，开关灵活，关闭严密。电磁阀应安装在便于观察的位置，阀体上箭头指向应与水流方向一致；按说明书安装接线，引线接插件必须接触良好；检查线圈与阀体间的电阻，保证其绝缘性能。安装后，用控制装置给电磁阀控制信号，检测电磁阀开关时声音是否正常。

5. 电动调节阀

电动调节阀的外观、型号、材质、阀体强度应符合设计要求；阀芯泄漏试验、驱动器行程、压力和最大关紧力应满足设计要求；阀体铸造应规矩，表面光滑，无裂纹，开关灵活，关闭严密。应安装在便于观察的位置，阀体上箭头指向应与水流方向一致。电动调节阀的输入电压、输出信号和接线方式与说明书要求一致，引线接插件必须接触良好。电动调节阀在安装前应进行模拟动作和试压试验，执行器的行程应与阀的行程大小一致，并与系统牢固连接。

6. 控制柜

控制柜的安装位置准确、部件齐全，箱体开孔与导管管径适配。控制柜的金属框架及基础必须可靠接地（PE）或接零（PEN），装有电器的开启门，门和框架的接地端子间应用裸编织铜线连接，并有标识。端子安排有序，强电、弱电端子隔离布置，接线整齐。配电板用的电气元件应牢固地安装在构架或面板上，并有放松措施，便于操作和维修。盘、柜的正面及背面各电器、端子牌等应标明编号、名称等，其标明的字迹应清晰、工整、不易褪色。

7. 系统防冻功能检验

(1) 太阳能热水系统，在0℃以下地区使用时，应具有防冻功能。以水作介质的应采取防冻措施，一般采用回流防冻、排回排空防冻和敷设电加热带防冻等；间接系统可采用防冻液作工质防冻。

检验方法：用水平仪检查水平管路的坡度；系统运行时，关闭集热系统循环泵，观察压力表读数的减少，检查回流情况，或检查水箱水位判别回流情况；进气阀根据其类型进行检验。

(2) 对于采用电加热带进行管路保温的系统，检查电加热带是否能正常工作及额定温度是否与厂家标称的相符。

检验方法：在电加热带电路中串接一块电流表，使表面温度探头与保温层中的电加热带相接触，接通电源。

(3) 太阳能热水系统为间接系统，在系统中使用防冻传热工质进行防冻时，应选用具有防锈、防腐及除垢能力的防冻液，并与橡胶密封导管相匹配；防冻液的凝固点应低于系统使用期内的最低环境温度，防冻液不得有变浊、变质、变味、发泡等现象。防冻液检查一般除系统验收进行检验外，宜每年对防冻液冰点和外观进行检查。

检验方法：观察检查，用冰点仪直接测量防冻液冰点，或用液体密度计根据密度和防冻液类型推算其冰点。

8. 系统过热保护功能检验

(1) 系统所有部件材料应确保可能发生的最高温度不超过有关材料的最高许用温度；集热器和连接管件应能补偿温度变化产生热胀冷缩，不影响系统密封性能。

检验方法：设计资料检查。

(2) 间接系统应保证膨胀罐能容纳因系统过热集热器排出工质，集热器与膨胀罐之间不应安装单向阀等阻碍工质流入膨胀罐的管件或部件，膨胀罐与系统管道之间应有一定安装距离或采用其他散热措施保护膨胀罐安全使用；采用防冻液在最高的集热器闷晒温度下不沸腾系统，应保证系统初始压力符合设计要求，管道连接宜采用焊接方式。

检验方法：观察检查，利用压力比测量系统压力。

(3) 采用释放系统热水的方法或采用启动散热系统来防止系统过热，其定温器和温度传感器的动作应符合设计要求。

检验方法：参见温度指示控制仪的检验方法。

（4）采用排回排空来防止系统过热，管路的坡度应符合回流要求，不得有反坡等妨碍集热器和室外管道中工质能回流到贮水箱或排出系统的情况，进气阀能正常打开和关闭，并且温度传感器和温控器的动作应符合设计要求。

检验方法：用水平仪检查水平管路的坡度；温控器参见温度指示控制仪的检验方法。

第 10 章　太阳能供热采暖系统的运行调节

太阳能供热采暖系统调试应选择与设计相近的负荷和天气条件进行。太阳能供热采暖系统投入使用后，应根据系统的特性和工作状况进行管理和定期的维护，保证太阳能热水系统的持续正常工作。在工程验收通过并交付使用后，首先应根据验收材料准备初次运行工作、进行太阳能供热采暖系统的运行调节，根据组成太阳能热水系统各个部件的不同功能制定维护计划，然后按照该计划进行日常的运行管理，确保太阳能供热系统的使用效果、延长使用寿命。

10.1　初次运行的检查与准备工作

检查系统安装是否符合设计图纸和相关验收标准、规范的要求。运行前先冲洗贮水箱、集热器及系统管路内部，然后向系统内充填传热工质；使用真空管太阳集热器的热水系统应在无阳光照射的条件下充填传热工质。应在系统处于工作运行的条件下，对控制部件和计量装置等进行调试，从而保证各部件在设计要求的状态下工作。

10.2　太阳能集热系统的运行管理与维护

10.2.1　集热系统的运行管路

集热系统是太阳能热水系统最重要的组成部分，对集热系统的维护是保证太阳能热水系统正常工作的前提；日常的管理与维护工作及定期检查和保养，对保持系统的高性能、高效益和长寿命具有关键的作用。

太阳能集热器是太阳能集热系统最主要的部件。太阳能集热器运行的要点是避免集热器的空晒运行，尤其是对真空管型集热器。同时，也要避免因集热工质不流动而引起的闷晒，处于闷晒条件下的集热器，由于吸热板温度过高会损坏吸热涂层，并且由于箱体温度过高而发生变形以致造成玻璃破裂，以及损坏密封材料和保温层等。造成闷晒的原因，对于自然循环的系统来说，是由于热水用得过多而使循环水箱中水位低于上循环管所致；对于强制循环系统，则是由于循环泵不能工作造成的。因此，系统运行维护人员应在日常的工作中经常监视太阳能集热系统的温度变化，采取相应措施，如在集热器上加盖遮挡物，排除故障后再移去等，应尽量避免太阳能集热系统在运行中发生空晒和闷晒现象。

太阳能集热系统运行管理的另一个重要问题是系统的防冻问题。集热系统的传热工质通常为水或者防冻液等，如果吸热板内结冰，会造成吸热板胀裂。所以，对于使用防冻液为传热工质的系统，要在每年冬季到来前检查防冻液的成分，进而确定防冻液的成分是否发生变化，是否会影响防冻功能以决定是否更换防冻液。对采用水作为传热工质的系统，可用以下方法防冻：

（1）在结冰季节到来之前，将集热器统一排空，系统不运行，这是消极的防冻方法：一则系统的年利用率较低；二则对于太阳集热器而言，其中的水时有时无，反而会加速其腐蚀速率。

（2）在太阳集热器下集管进口处设置自动控制线路的温度触点，在水温降低至 4℃时打开集热器排水阀，排空集热器中的水。

（3）采用落水式防冻，即将水箱置于集热器的下方，为开式系统。根据水箱底部和集热器顶部的水温差控制水泵的运转或停止。当水泵停止运转时，集热器中的水全部流回水箱，集热器排空。一般情况下，面积较大的太阳能热水系统常用这种方式防冻。

（4）保持太阳能集热器中的水不断流动。在这种方式的防冻系统中，不能有循环死角，否则死角处的管道或部件仍会冻裂。这种做法的缺点是为维持水的流动，需启动水泵，耗费常规能源；水在流动过程中需损失水箱中的部分热量。

（5）采用防冻介质的复合回路。太阳集热器与换热器构成一次水回路，回路中为防冻介质。贮热水箱与用户构成二次供热水回路，防冻介质通过换热器将热量传递给贮热水箱中的水。复合回路的热效率比单回路有所降低（约 5%～10%），成本也有所增加。

10.2.2 集热系统的维护

集热系统的维护包括集热器维护和管路、水箱及附件的维护两个主要方面。

1. 各类集热器的特点

集热器的类型大体分为平板型集热器和真空管型集热器两种。其中的真空管型集热器又分为全玻璃真空集热管和热管真空管集热器等类型。平板型集热器，主要由吸热板、盖板、保温层和外壳 4 个部分组成，结构简单，工作可靠，成本较低，热流密度低，工质运行温度低，运行较安全。真空管型集热器主要由真空管、联集管和反射板等组成，采用了高真空技术和优质选择性涂层，大大降低了集热器的总热损失，因而真空管型集热器可以在中、高温下运行，也能在寒冷的冬季及低日照与天气多变的地区运行。由于平板型集热器和真空管型集热器在构造上的不同，所以其运行维护管理也不同。

2. 平板型集热器的维护

保持透明盖板的清洁，经常清除积灰，保证有较高的透明度。注意保护透明盖板不受损坏。目前我国生产的透明盖板通常有阳光板和玻璃，玻璃又分为钢化玻璃和普通玻璃两种。阳光板的表面容易被划破，易老化；普通玻璃虽然不容易老化，但容易破碎。平板型集热器吸热板的吸收涂层对集热器的效率影响极大，如有脱落，应当及时补修。应保证集热器外壳的良好的密封性。因此，如果发现密封垫老化损坏，应当及时修理或更换。补修干裂用的腻子，当玻璃损坏时则要更换。

3. 真空管型集热器的运行

对于真空管型集热器，条件允许的话最好定期清扫或者冲洗集热器表面的灰尘，灰尘会附着在真空管及反光板上，日久会影响光的透射率及反光板的反射率，所以可半年至一年擦洗一次真空管，擦洗时先用肥皂水或洗衣粉水擦洗真空管，然后用清水冲刷真空管表面及反光板即可。南方多雨地区可不必擦洗。正常运行时真空管型集热器的玻璃管温度与环境温度相近，若出现管壁温度升高，则可能真空管的真空已被破坏，此时应停止系统工作，换上一根新管即可。采用全玻璃或热管真空管型集热器时，冻结一般发生在系统管道，故也要重视防冻问题，特别是在严寒地区。集热器运行期间不能有硬物冲击，多冰雹的地区更要注意天气的变化和天气预报，及时加以保护。真空管内水温较高，容易形成水垢，需要定期除垢。

10.2.3 集热系统的故障分析与解决方法

1. 自然循环系统

自然循环太阳能热水系统中可能发生几种故障，最常见的现象如下：

(1) 所有集热器的玻璃盖板或真空管表面温度过高，用手摸烫手；如果打开上循环管的阀门，可以看到蒸汽，而水箱内水温却没有升高。可能的几种原因有以下几种：

1) 集热器放在同一平面上，各排集热器间串联连接，各组上循环管有反坡，系统中的空气和水被加热后所释放出来的气体积聚在管道转弯处产生气堵。热虹吸压头克服不了此处阻力，系统中的水循环不了，集热器闷晒，严重时玻璃会炸裂。

2) 集热器到水箱间的上循环管开始是朝上坡方向倾斜，后又向下倾斜，造成隆起部分，此处积聚气体，产生气堵，集热器闷晒，严重时玻璃会炸裂。

解决方法：调节管道支架，消除反坡，或者在发生气堵处增加放气阀。

(2) 在下循环管一边的部分集热器玻璃盖板或真空管表面温度很高，用手摸烫手，可是水箱底部水温没有升高。可能有以下几种原因：

1) 若干集热器并联（或单个集热器）时，集热器本身有反坡，气体积聚在集热器上集管的最高点，这部分集热器中的水流不循环（被闷晒），最终也会将这部分玻璃炸裂。

2) 并联集热器面积过大，流量分配不均匀，部分集热器在较小的流量下运行（或闷晒），这部分玻璃盖板或真空管的温度很高（这部分集热器不一定在下循环管一边），严重时也会使玻璃盖板或真空管炸裂。

解决方法：在最高点增加放气阀，在集热器管路中增加流量平衡装置或者将管路改为同程式管路。

(3) 整个集热器上部分的真空盖板或真空管温度很高，用手摸烫手，水箱底部水温没有升高。可能的几种原因有以下几种：

1) 热水系统面积较大，循环管较细且长，水箱于集热器间的高差也较小，使系统阻力较大，循环流量较小，集热器的出口水温较高，严重时会导致上部玻璃盖板或真空管破裂。

2) 热水系统面积不大，但集热器于与水箱离得较远，循环管较细；集热器与水箱的高度差也较小，系统阻力较大，循环流量较小；集热器出口水温升高，严重时会引起集热器上部玻璃炸裂。

解决方法：更换循环管，增大循环管管径，如有可能可增加集热器与水箱之间的高差。

(4) 贮水箱内水温已经升高，但可供用水人数少于设计值。可能的原因是贮水箱上取水管位置过低，当采用顶水方法取热水时，热水管口上部水箱中热水出不来，影响了用水量。

解决方法：重新设置取水管的位置，或改变用水方式，采用落水法取水。

(5) 贮水箱内水温升高，但可供用水人数少于设计值，水箱的取热水管位置并不低。可能的原因有以下几种[23]：

1）水箱离用水点的垂直距离较大，用水点处水压较大，流量较大，每小时用热水量增大，所以总的用水人数减少。

2）水压不足（用顶水发取热水时），热水顶不出来或自来水根本上不了补水箱。

解决方法：在水箱与用水点之间增加阀门增大阻力，水压不足可以检查放气。

2. 直流式定温放水系统

直流式定温放水太阳能热水系统中可能发生以下几种故障：

（1）直流式定温放水或变流量放水系统中，贮水箱中水量达不到设计值，水温却偏高。原因可能是水压不足或系统阻力大，使进入水箱的水流量减少，所以水箱中的水温较高，但水量大大减小。即使电磁阀在集热器运行的全过程中始终开着，水量也达不到设计值，而水温却偏高，此时应检查放气装置。

（2）直流式定温放水太阳能热水装置中，若干排集热器间为串联连接，而各排集热器之间为并联连接。当电磁阀突然接通电源阀门全开时，各排集热器的某一固定位置上的集热器会开焊而漏水（承压较差的集热器），将好的集热器换上后，此现象仍然会发生。可能的原因是阀门突然全开，一股自来水突然将集热器中的热水顶出，当遇到连接管道拐弯或突然缩小而使阻力剧增时，水流不畅通而流量突然变小，一股水流便对管壁产生一个撞击力，相当于水力学中的水锤效应，过大的力量可能将焊缝顶开而漏水，一般是影响到在流量较大的某一位置上的集热器。因为并联集热器的数目、集热器的类型、整个热水装置的阻力都没有变化，所以安排中的流量分配不会变化，所以破坏集热器的位置总是在某一固定位置上，可以在容易发生水锤的地方适当增大管径或者增加防止水锤的装置。

解决方法：在管道拐弯处，将直接弯头改为圆管过渡或者增加水锤消除装置。

3. 强制循环太阳能热水系统

强制循环由于靠水泵来控制系统的水循环，产生类似上述两种系统的故障很少。但该系统的主要故障是控制器失灵或水泵有问题，导致系统不能工作，因此要经常检查和维护。

4. 集热器常见的故障分析与解决方法

集热器经常出现的故障有如下几种[23]：

（1）平板集热器透明盖板温度很高，而贮水箱中的热水很少，这通常是由于水循环不畅引起的。最大的可能是管路气阻，将通气阀打开，排出气体，即可恢复系统的正常循环。

（2）真空管集热器空晒和闷晒。若发现集热器空晒或闷晒，为防止炸管，切不可立即上冷水。只能停止运行一天，待夜间或第二天清晨上水运行。

（3）全玻璃真空管集热器出现漏水时，可转动集热器，看是否还漏。如果还漏，说明密封胶圈已老化，应在清晨或傍晚或阴雨天进行更换。

10.3 水泵的运行管理与维护

10.3.1 水泵的运行管理

在太阳能热水系统中，水泵是输送系统的核心设备，因此水泵的运行管理是非常重要的。尤其是太阳能集热系统的集热循环泵，是集热系统的关键部件，泵的正常运行是集热系统正常工作的重要保证。在天气情况好的情况下，检查泵的运行状态，如果泵正常运行，集热器出口管道的水温应正常，如果泵的运行不正常，集热系统的出口水温会升高，则需要停止系统运行，进行检修。

水泵启动时要求必须充满水，运行时又与水长期接触，由于水质的影响，水泵的工作条件比较差，其运行管理涉及的内容较多。对水泵的检查工作，根据检查的内容、所需条件及侧重点的不同，可分为启动前的检查与准备工作、启动检查工作和运行检查工作三个部分[23]。

1. 启动前的检查与准备

水泵在开机前应做好以下检查与准备工作：

(1) 水泵轴承的润滑油充足、良好。

(2) 水泵及电机的地脚螺栓与联轴器螺栓应无脱落或松动。

(3) 水泵及进水管部分应全部充满水，当从手动放气阀放出的水没有气时即可认为水泵已允满水，在充水过程中，要注意排放空气。

(4) 轴封应不漏水或为滴水状态（单位时间的滴水数符合要求），如果漏水或滴水数过多，要查明原因改进到符合要求。

2. 启动检查工作

启动检查工作是启动前停机状态检查工作的延续，因为有些问题只有在水泵工作后才能发现，例如泵轴（叶轮）的旋转方向就要通过启动电机来查看。应检查泵轴的旋转方向是否正确，泵轴的转动是否灵活。

3. 运行检查工作

运行检查工作是检查工作中不可缺少的一个重要环节。运行检查的内容就是水泵日常运行时需要运行值班人员经常实行的常规检查项目，项目如下：

(1) 电机不能有过高的温升，无异味产生。

(2) 轴承温度不得超过周围环境温度 35～40℃。

(3) 轴封处、管接头均无漏水现象。

(4) 无异常噪声和振动。

(5) 地脚螺栓和其他各连接螺栓的螺母无松动。

(6) 基础台下的减振装置受力均匀，进出水管处的软接头无明显变形。

(7) 电流在正常范围内。

(8) 压力表指示正常稳定，无剧烈抖动。

10.3.2 水泵的维护保养

为了使水泵能安全、正常地运行，除了要做好启动前、启动以及运行中的检查工作，保证水泵有良好的运行状态，发现问题及时解决，出现故障及时排除以外，还需要定期做好以下几方面的维护保养工作：

1. 加油

轴承是采用润滑油润滑时，在水泵使用期间，每天都要观察油位是否在油镜标识的正常范围内。不够时要及时加油，并且一年清洗换油一次。轴承采用润滑油（俗称黄油）润滑时，在水泵适用期间，每工作 2000h 要换油一次。

2. 更换轴封

由于填料在使用一段时间后会磨损，当发现漏水或漏水滴数超标时，就要考虑是否需要压紧或更换轴封。

3. 解体检修

一般每年应对水泵进行一次解体检修，内容包括清洗和检查。清洗主要是刮去叶轮内外表面的水垢，以及注意清洗泵壳的内表面以及轴封。在清洗同时，对叶轮、密封环、轴封、填料等部件应进行检查，以便确定是否需要修理或更换。

4. 除锈刷漆

每年应对没有进行保温处理的水泵泵体表面进行一次除锈刷漆作业。

10.4 自动控制系统的运行管理

在太阳能热水系统正常运行期间，应对自动控制系统测控的参数进行必要的检查，并进行检查记录。数据主要分为两部分：一部分是监测数据，该数据用于监控系统的运行状态，用于判断系统运行是否正常；另一部分获得的数据不但能监控系统的运行状态，还能为系统效益分析提供依据。

1. 运行参数的检查与记录

自动控制系统对于太阳能热水系统的稳定运行起着重要的作用，为了确认自动控制系统是否正常工作，需要对集热器进出口的水温、贮水箱出口水温的变化情况和其他设备的工作情况进行及时监测。通过监测可以了解集热器是否过热或者发生冰冻，并可以及时发现设备是否出现故障，以便于及时出现问题，及时排除隐患。

功能齐全的自动控制系统具有运行参数显示设备。一般为计算机显示器或模拟显示屏，管理人员可以在计算机前或者模拟屏前观察太阳能热水系统的运行情况。虽然有的自动控制系统还有监测数据自动记录功能，但是这些自动显示和自动记录功能都不能代替操作人员的巡回检查和记录。因为现场信号如果与显示仪表之间的连接出现问题或者现场传感器损害或出现零点漂移，均会造成显示误差或显示错误。因此，维护人员和检修人员定时定期进行巡回检查，发现问题及时处理，对保证太阳能热水系统的安全正常运行十分必要。巡回检查的运行参数如下：

（1）集热器进出口温度；

（2）贮热水箱出口流量；

（3）贮热水箱出口温度；

（4）水泵和电磁阀的开关状态；

（5）贮热水箱水位；

（6）辅助加热装置的开关状态。

通过对这些参数的监测，判断系统是否正常工作，可以及时发现问题并予以解决。自动控制系统的重要性决定了必须要做好运行记录。应记载系统的运行参数和实际动作情况，形成技术档案，作为了解系统状况和制定预防性保养计划的充足依据。这些资料应作为运行技术档案妥善保存，以便日后操作人员与维修技术人员了解系统的原始技术状况，为故障分析与判断提供可靠的原始依据。这对于顺利排出故障，保证整个系统的安全正常运行具有重要意义。

2. 运行数据的汇总与分析

设有数据库功能可以自动记录的自动控制系统，计算机可以存储某段时间内所采集到的系统运行数据。这些数据一般保存在计算机硬盘上，为了长期保存这些数据，应定期将数据做好备份，避免被新的数据覆盖，造成数据丢失。没有自动存储功能的自动控制系统，需要保存好人工记录的原始数据，定期将数据记录表进行汇总，装订成册，注明日期，排好顺序，准备随时调用翻查。自动控制系统运行情况的原始记录是重要的技术资料，应妥善保存，不可随意处置。

为了分析自动控制系统的工作情况，随时对运行数据进行分析是十分必要的。对数据的分析一般采用把运行数据绘制成运行曲线的方式来进行，横坐标为时间，纵坐标为运行参数，通过运行曲线图就可以直观地了解太阳能热水系统的整体运行情况。

10.5 管路、水箱和附件运行管理

10.5.1 管路的日常维护

由于太阳能热水系统管路的温度较高，管路的日常维护保养尤为重要。管路日常维护主要任务有以下几个方面[23]：

(1) 保证管道保温层和表面防潮层不能有破损或者脱落，防止热桥产生和结露滴水现象；

(2) 保证管道内没有空气，热水能够正常输送到各个配水点；

(3) 对管道进行除锈，定期冲洗整个系统，防止沉积锈垢堵塞管道。

10.5.2 水箱的维护

水箱的维护主要包括检查水箱保温的密封性，密封性是指保温层形成一个密封的整体，不应有任何缝隙和孔眼。如果发现密封性遭到破坏，应及时修补。集热系统中的热水主要是集中储存在水箱中，水箱内水温高，有些地区水质硬易结水垢，长时间使用后会影响水质和吸热效率，可根据具体情况，2～3 年清除一次。

10.5.3 附件的维护

太阳能热水系统中的主要附件是阀门和支承构件，阀门按结构形式和功能分为闸阀、蝶阀、截止阀、止回阀、平衡阀、电磁阀、电动调节阀和排气阀等。为了保证阀门启闭可靠、调节有效、不漏水，不锈蚀，日常的维护保养要做好以下几项工作：

(1) 保持阀门的清洁；

(2) 阀门螺纹部分要涂抹黄油以增加螺杆与螺母摩擦时的润滑作用，减少磨损；

(3) 不经常调节或启闭的阀门必须定期转动手轮或手柄，以防生锈咬死；

(4) 对自动动作的阀门，如止回阀和自动排气阀，要经常检查其工作是否正常，动作是否失灵，有问题及时修理和更换；

(5) 对电力驱动的阀门，如电磁阀和电动调节阀，除阀体的维护保养外，还要特别注

意对电控元器件和线路的维护保养；

（6）不能用阀门来支撑重物，严禁操作或检修时站在阀门上工作，以免损坏阀门或者影响阀门的性能。

管路系统的支撑构件包括支吊架和管箍等，它们在长期运行中会出现断裂、变形、松动、脱落和锈蚀。维护时应针对具体的原因采取相应的措施来解决——更换、补加、更新、加固、补刷油漆等。

10.5.4 供水管路系统常见故障与解决方法

供水管路系统的常见故障与解决方法如表 10－1 所示。

供水管路系统的常见故障与解决方法[23] 表 10－1

问题或故障	原因分析	解决方法
漏水	1. 丝扣连接处拧得不够紧； 2. 丝扣连接所用的填料不够； 3. 法兰连接处不严密； 4. 管道腐蚀楼市	1. 拧紧； 2. 在渗漏处涂抹憎水性密封胶或者重新加填料连接； 3. 拧紧螺栓或者更换橡胶垫； 4. 补焊或者更换新管道
保温层受潮或滴水	1. 被保温管道漏水； 2. 保温层或者防潮层受潮	1. 参见上述方法，先解决漏水问题，再更换保温层； 2. 受潮和含水部分全部更换
阀门漏水或者产生冷凝水	1. 阀杆或者螺纹、螺母磨损； 2. 无保温或者保温不完整、破损	1. 更换； 2. 进行保温或补修完整

10.5.5 阀门常见故障分析及解决方法

为方便工程应用，这里给出阀门的常见故障分析及解决方法，如表 10－2 所示。

阀门常见故障分析及解决方法 表 10－2

问题或故障	原因分析	解决方法
阀门关不严	1. 阀芯与阀座之间有杂物； 2. 阀芯与阀座密封面磨损或有伤痕	1. 清除； 2. 研磨密封面或者更换损坏部分
阀门与阀盖间有渗漏	1. 阀盖旋压不紧； 2. 阀体与阀盖间的垫片过薄或者损坏； 3. 法兰连接的螺栓松紧不一	1. 旋压紧； 2. 加厚或者更换； 3. 均匀拧紧
止回阀阀芯不能开启	1. 阀座和阀芯粘住； 2. 阀芯转轴锈住	1. 清除水垢； 2. 清除铁锈，使之活动
电磁阀通电后阀门不开启	1. 电压过低； 2. 线圈短路或烧毁； 3. 动铁芯卡住	1. 查明原因，提高至规定值； 2. 检修或更换； 3. 查明原因，恢复正常
电磁阀断电后阀门不关闭	1. 动铁芯或弹簧卡住； 2. 剩磁的力量吸住动铁芯	1. 查明原因，恢复正常； 2. 设法去磁或更换新材质的铁芯或跟换新磁阀

第 11 章　太阳能供热采暖系统节能效益分析

太阳能供热采暖系统充分利用太阳能，而节约常规能源的消耗，具有较好的经济效益和环境效益。太阳能系统的节能效益分析是系统评价的重要方面，也是太阳能供热采暖系统方案选择的重要依据。

太阳能供热采暖系统在寿命期内的消费特点具有初投资大、运行费用低的特点。初投资在常规的供热采暖系统上增加了太阳能集热系统，因此增加了初投资；与之相对应的运行费用低，是因为充分利用太阳能作为系统热源而减少常规能源的消耗。

太阳能系统的经济性分析主要包括：太阳能系统的年节能量、太阳能系统节能费用、初投资回收年限（静态回收年限和动态回收年限）及环境效益。

11.1　太阳能系统节能费用

11.1.1　太阳能系统年节能量

$$\Delta Q_{save}=AJ_{T}(1-\eta_{c})\eta_{cd} \tag{11-1}$$

式中　ΔQ_{save}——年节能量，MJ；

A——太阳能集热面积，m^2；

J_T——太阳能集热面积上年太阳能总辐射量，MJ/m^2；

η_{cd}——系统使用期的平均即热效率。

11.1.2　太阳能节能费用

太阳能年节省费用和寿命期限内所节省的费用，前者计算简单主要为方便用户对系统投资所产生的效益进行一个了解，后者一般为 10～15 年。是系统工作寿命期限内能节省的总资金，一般应用于系统的动态投资回收计算。

$$M_i=C_c\Delta Q_{save} \tag{11-2}$$

式中　M_i——太阳能系统年节省费用，元；

C_c——系统设计当年常规能源热价，元/MJ；

ΔQ_{save}——太阳能系统年节能量，MJ。

$$M_t=PI(M_i-A_dD_J)-A_d \tag{11-3}$$

式中　M_t——太阳能系统寿命期限内所节省的总费用，元；

PI——折现系数；

A_d——太阳能系统所增加的总投资，元；

D_J——每年用于太阳能系统维修费用所占的总投资百分率，一般取 1%。

$$PI=\frac{1}{d-i}\left[1-\left(\frac{1+i}{1+d}\right)^{N}\right]\ （当\ i\neq d\ 时） \tag{11-4}$$

$$PI=\frac{N}{1+i}\ （当\ i=d\ 时） \tag{11-5}$$

式中 i——燃料年上涨率，%；

d——年市场贴现折扣率，也可取银行贷款利率，%；

N——经济分析年限，该处为太阳能系统使用寿命，集热器系统寿命。

11.2 系统增加投资回收年限

太阳能系统所增加的投资可以按静态投资回收年限及动态投资回收年限法计算。

11.2.1 静态投资回收年限法

该方法只考虑太阳能系统的年节省费用与系统初投资所增加的费用，计算简便，可用于初步设计阶段了解系统投资回收年限。

$$N_j=\frac{M_s}{M_i} \tag{11-6}$$

式中 N_j——太阳能系统静态投资回收年限，年；

M_s——太阳能系统与常规热水系统所增加的投资，元；

M_i——太阳能系统年节省费用，元/年。

11.2.2 动态投资回收年限法

该方法将银行利率、系统寿命期内维修费用、燃料上涨率等综合考虑在一起。若 N 年后太阳能系统所节省的总费用为零，即式（11-2）中的 $M_i=0$，则有：

$$PI(\Delta Q_{save}C_c-A_dDJ)=A_d \tag{11-7}$$

将式（11-4）、式（11-5）代入，则此时计算出来的 N 值，即为动态回收年限。

$$N_d=\frac{\ln[1-PI(d-i)]}{\ln\left(\frac{1+i}{1+d}\right)}\quad （当\ i\neq d\ 时） \tag{11-8}$$

$$N_d=PI(1+d)\quad （当\ i=d\ 时） \tag{11-9}$$

11.3 环境效益

与常规能源相比，太阳能系统在整个寿命周期内对环境不产生污染，由于温室气体的主要成分是 CO_2，因此在环境效益的评价中也以 CO_2 的排放为参考指标。

由于目前国内能源的供应主要以煤为主，所以将太阳能系统在寿命周期内所产生的能量折算成标准煤的质量，再乘以单位标准所释放出来的 CO_2 量，即为系统寿命期内所减少的 CO_2 量，其具体按式（11-10）计算。

$$Q_{CO_2}=\frac{\Delta Q_{save}\times N}{W\times Eff}\times F_{CO_2}\times\frac{44}{12} \tag{11-10}$$

式中 Q_{CO_2}——太阳能供热系统寿命期限内 CO_2 排放量，kg；

ΔQ_{save}——太阳能系统年节能量，MJ；

N——系统寿命，取 15 年；

W——标准煤燃烧热值，29.308MJ/kg；

Eff——常规能源加热装置的效率，%；

F_{CO_2}——碳排放因子，如表 11-1 所示。

式中 44 和 12 分别是 CO_2 和碳的分子量。

碳排放因子　　表 11-1

辅助能源	煤	石油	天然气	电
碳排放因子（kg 碳/kg 标准煤）	0.726	0.543	0.404	0.866

11.4 设计案例节能效益分析

以西安市典型新农村住宅太阳能供热采暖系统为例，进行节能效益分析。

11.4.1 太阳能系统年节能量

将 $A=8m^2$，$J_T=3031.5MJ/m^2$，$y_c=20\%$，$y_{cd}=42\%$代入式（11-1），得 $\Delta Q_{save}=8148.8MJ$。即太阳能系统年节能量为 8148.8MJ。

11.4.2 太阳能供热采暖系统寿命期内节能费用

根据西安市实际情况，$i=1\%$，$d=6.08\%$，该处的 N 即为太阳能系统使用寿命和集热器寿命，取 15 年，代入式（11-4）得，$PI=10.256$。

$$M_i=C_c\Delta Q_{save} \tag{11-11}$$

式中 M_i——太阳能系统年节省费用，元；

C_c——系统设计当年常规能源热价，电价，取 0.16 元/MJ；

ΔQ_{save}——太阳能系统年节能量，取 8148.8MJ。

则 $M_i=1303.808$ 元

$$M_t=PI(M_i-A_dD_J)-A_d \tag{11-12}$$

式中 M_t——太阳能系统寿命期限内所节省的总费用，元；

PI——折现系数；

A_d——太阳能系统所增加的总投资，取 3500 元；

D_J——每年用于太阳能系统维修费用所占的总投资百分率，一般取 1%。

则 $M_t=9513$ 元。

11.4.3 系统回收年限法

将 $C_c=0.16$ 元/MJ，$\Delta Q_{save}=8148.8MJ$，$A_d=3500$ 元和 $D_J=1\%$代入式（11-7），得 $PI=2.76$，则由式（11-8）计算得出回收年限为 $N_d=3.08$ 年。

11.4.4 系统环境效益

$$Q_{CO_2}=\frac{\Delta Q_{save}\times N}{W\times Eff}\times F_{CO_2}\times\frac{44}{12} \tag{11-13}$$

式中 Q_{CO_2}——太阳能系统寿命期限内 CO_2 排放量，kg；

ΔQ_{save}——太阳能系统年节能量，MJ；

N——系统寿命，取 15 年；

W——标准煤燃烧热值，29.308MJ/kg；

Eff——常规能源加热装置的效率，%；

F_{CO_2}——碳排放因子，0.0866kg 碳/kg 标准煤，式中 44 和 12 分别是 CO_2 和碳的分子量。

则 15 年内二氧化碳的减排量为 15.3t。

11.5 村镇住宅建筑太阳能供热系统技术经济分析

11.5.1 住宅构造

综合考虑地理地形、村居人口、生活水平及居民太阳能应用条件等多项因素，对桃李坪新村建筑条件以及太阳能利用状况进行分析。桃李坪新村 2000 年由政府统一规划设计，各户房屋建筑面积为 108.5m^2，房高 4m，2 室 1 厅。房屋建筑按传统农居做法建造，其详细构造及传热系数如表 11-2 所示。由表可知，当地传统建筑外围护保温水平较低，传热系数远大于西安地区 65％节能标准要求。

桃李坪村住宅建筑构造　　表 11-2

名称	材料层	厚度 d (mm)	传热系数 [W/(m^2·K)]
外墙	白灰砂浆	20	1.9
	水泥砂浆	20	
	实心砖	240	
	白灰砂浆	20	
内墙	白灰砂浆	30	1.89
	实心砖	240	
	白灰砂浆	30	
屋顶	砖瓦面层	50	3.04
	油毡防水层	10	
	水泥砂浆找平层	20	
	白灰砂浆底面层	20	

11.5.2 太阳能供热采暖系统方案

考虑到当前西安地区的农村经济状况，提出如下三种太阳能供热采暖系统方案：方案一，太阳能提供全年生活用热水；方案二，太阳能提供冬季采暖热负荷及全年热水负荷；方案三，主、被动太阳能供热系统结合使用，即将房屋按照西安地区节能65%标准要求进行节能改造后利用太阳能担负冬季采暖及全年热水负荷。

11.5.3 各方案下的热负荷

1. 生活热水热负荷

《建筑给水排水设计规范》GB 50015－2003 提出，当住宅建筑中有集中热水供应和沐浴设备时，每人每日最高日用水定额为40～80L，农村地区用水相对较少，本设计若取最小值40L，并设每人每日洗澡用水为20L，生活用水为20L/(人·d)。按调查桃李坪新村户均人数为6人，则平均每日热水用量可按表11－3计算得到。

户均日热水用量（L） 表 11－3

月份	人数	洗澡用水	生活用水	总计	备注
1.2、3	6	20	120	140	每天1人
11、12	4	20	80	100	每天1人
4、5、9、10	4	40	80	120	每天2人
6、7、8	4	80	80	160	每天1次

一些测试研究表明，太阳集热器在产出约45℃热水时集热效率最高，作为分析条件，将本系统实际运行时太阳能热水的供应温度设定在45℃。另外，桃李坪村居民日常生活用水都取自本村井水，属于地下水，常年温度较恒定，约为15℃。由式（11－14）计算出家用生活热水逐月热负荷，列于表11－4。

$$Q=C_pM(T_2-T_1) \tag{11-14}$$

式中 Q——热量，kJ；

M——用水量，L；

C_p——水的定压比热容，4.2kJ/(kg·℃)；

T_1——水的初始温度，取15℃；

T_2——水的终止温度，取45℃。

全年各月生活用热水热负荷（MJ） 表 11－4

月份	1	2	3	4	5	6	7	8	9	10	11	12
热负荷	546.84	493.92	546.84	453.6	468.7	608.8	624.96	624.96	453.6	468.7	378	390.6

2. 采暖热负荷

依据该村镇建筑图纸计算外围护结构构造，节能改造前单户房间热负荷为10721W，建筑面积为108.5m^2，则采暖设计热指标为98.8W/m^2。按照西安地区节能65%标准，将外墙进行改造后，外墙传热系数达到0.49W/(m^2·K)，屋顶外贴80XPS板后传热系数为0.36W/(m^2·K)。此时单户房间热负荷为3591.35W，设计热指标降为33.1W/m^2。

$$q_{cp}=q\times\frac{t_n-t_{cp}}{t_n-t_w} \tag{11-15}$$

式中 q——面积平均热指标，W/m²；

t_n——室内计算温度，℃；

t_{cp}——月平均温度，℃；

t_w——采暖室外计算温度，℃。

按式（11－15）将设计热指标转化为建筑耗热量指标，并依此计算逐月供暖热负荷值，结果如表11－5所示。

建筑耗热量指标及供暖热负荷 表11－5

采暖月份	11	12	1	2	3
月平均温度（℃）	6.8	0.9	－0.5	2.2	7.9
采暖天数（d）	16	31	31	28	15
改造前					
月均面积热指标（W/m²）	43.28	71.04	77.63	64.93	38.11
供暖热负荷（MJ）	4783.1	15213.31	16632.86	12555.65	3951.24
改造后					
月均面积热指标（W/m²）	14.5	23.8	26	21.75	12.77
供暖热负荷（MJ）	1602.47	5096.77	5570.71	4205.84	1323.99

综合生活用热水热负荷及采暖热负荷得各方案下的全年热负荷，如表11－6所示。

各方案下全年热负荷（MJ） 表11－6

方案	1	2	3	4	5	6	7	8	9	10	11	12
一	546.8	493.9	546.8	453.6	468.7	604.8	624.9	624.9	453.6	468.7	378	390.6
二	17179.7	13050	4498.1	453.6	468.7	604.8	624.9	624.9	453.6	468.7	5161.1	15603.9
三	6117.6	4699.8	1870.8	453.6	468.7	604.8	624.9	624.9	453.6	468.7	1980.5	5487.4

11.5.4 太阳能供热采暖系统技术经济分析

1. 太阳能供热采暖系统选择

典型的村镇太阳能供热采暖系统一般由“太阳集热—贮热—热利用”三大部分组成，太阳能集热部分主要指各种类型的太阳集热器，贮热一般由蓄热水箱提供，而热量使用部分则指热水或采暖用各种末端设施。另外，考虑到太阳辐照的间歇性和不稳定性，一般的供热系统还应有辅助热源、水泵及减压阀等零部件。该村太阳能联合供热系统主要由以下部分组成：

（1）选用全玻璃真空管太阳集热器。

（2）为提高系统效率、减小系统投资，采用直接式强制循环系统。

（3）为防止冬季冻管现象，系统设置排空防冻。集热器放置于水箱上方，并在系统最高点装通大气的电磁阀，当集热器出口水温大于水箱底部水温达8℃时，太阳能集热循环泵启动，不断将水箱内的水加热；当 T_1 与 T_2 间的差值小于2℃时，太阳能集热循环泵停止运行，集热器中的水因重力作用回流至水箱，排空集热器，由此确保系统冬季安全。

（4）当水箱内的温度达不到预定出水温度45℃时，系统开启辅助热源，以确保太阳能联合系统能照常使用。

2. 三种方案技术经济性分析

太阳能热水系统初始投资可分为太阳集热器、温度控制器及管道、贮热水箱、水泵、地暖 PEX 盘管、安装费用及维修费用等几部分（方案一刨除地暖盘管一项），其各自的投资分析如表 11－7 所示。

太阳能热水系统投资分析 **表 11－7**

序号	名称	投资（元/m²）
1	全玻璃真空管集热器＋自控＋管路	1200
2	水箱＋水泵	200
3	地热 PEX 盘管	30
4	安装费用	100
5	维修费用	50

对于太阳能热水系统，如果集热器面积增大，则在给定太阳辐照度的情况下，系统集热量增多，由辅助热源提供的热量就变少，年运行费用变小，同时，全年的太阳能保证率也会随着集热器面积的增大而增大，反之类似。必有一个最佳的集热器面积使得年计算费用最小。下面假定电为辅助热源且其热利用效率为 100%（该村目前电费 0.49 元/kWh），分别对三种方案进行技术经济性分析[50]。

方案一：由太阳能提供全年的生活用热水

方案一仅由太阳能提供全年的生活用热水需求，假定系统水箱及管路的热损为 20%，全玻璃真空管集热器寿命为 15a，依据表 11－5、表 11－6 以及西安地区太阳辐照度及全玻璃真空管各月集热效率等数据，当集热器面积由 1m² 增至 5m² 时的年计算费用及太阳能保证率如图 11－1 所示。随着集热器面积由 1m² 增至 5m²，年计算费用先减小后增大，在 3m² 时取得最小值 453.84 元，此时太阳能保证率可达 92.04%。详细的逐月太阳能保证率参见图 11－2。由图 11－2 可知 4、11 月份系统的太阳能保证率都达到了 100%，1 月份最低，为 59.89%。

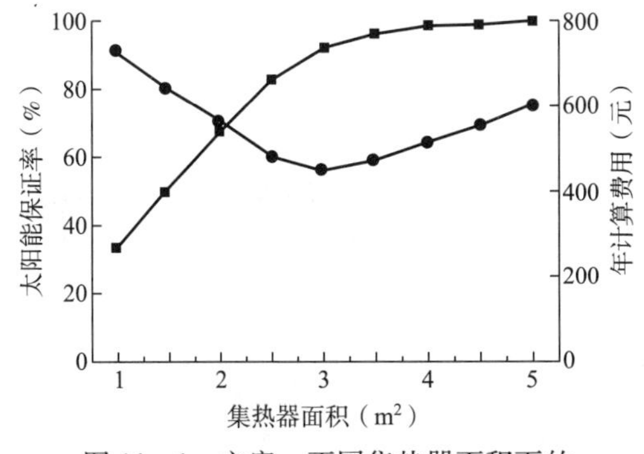

图 11－1 方案一不同集热器面积下的年计算费用及太阳能保证率

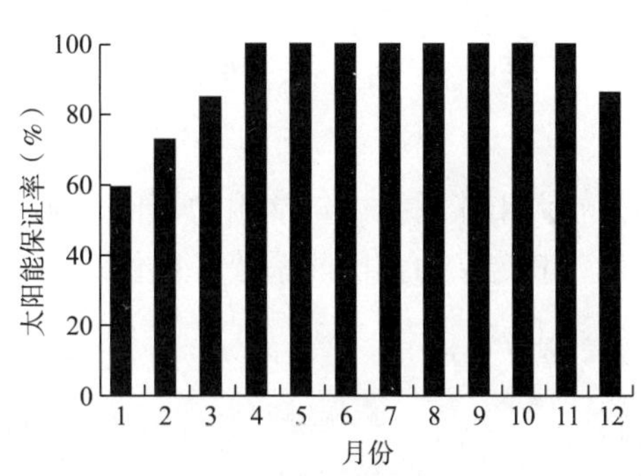

图 11－2 3m² 集热器面积下的逐月太阳能保证率

方案二：太阳能提供冬季采暖热负荷及全年热水负荷

方案二未对房屋进行节能改造前，冬季采暖热负荷因外围护结构传热系数较大而较大，致使方案二的采暖热负荷远大于生活用热负荷。为便于对比分析，仍假定系统水箱及管路热损为20%，西安、拉萨、北京3个地区的年计算费用及太阳能保证率随集热器面积变化的情况如图11-3所示。为进一步对比分析，表11-8给出了3个地区的逐月太阳辐射值。由图11-3可知，西安地区的年计算费用最小值仍出现在3m^{2}处，为7889.38元，此时太阳能保证率仅为9.44%。

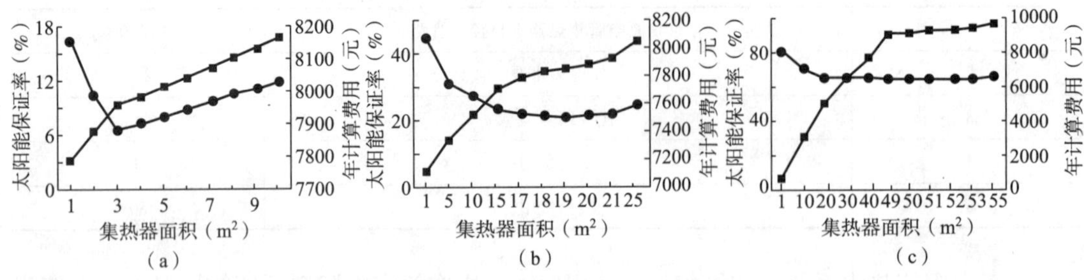

图11-3 方案二不同集热器面积下的太阳能保证率及年计算费用

(a) 西安地区；(b) 北京地区；(c) 拉萨地区

方案三：主、被动太阳能供热系统结合使用，且住宅按照西安地区节能65%标准要求进行节能改造

方案三对房屋建筑采取了节能外保温，降低了外围护结构的传热系数，大大减小了采暖热负荷（见表11-5），此时西安、北京、拉萨三个地区的年计算费用及太阳能保证率随集热器面积的变化如图11-4所示。

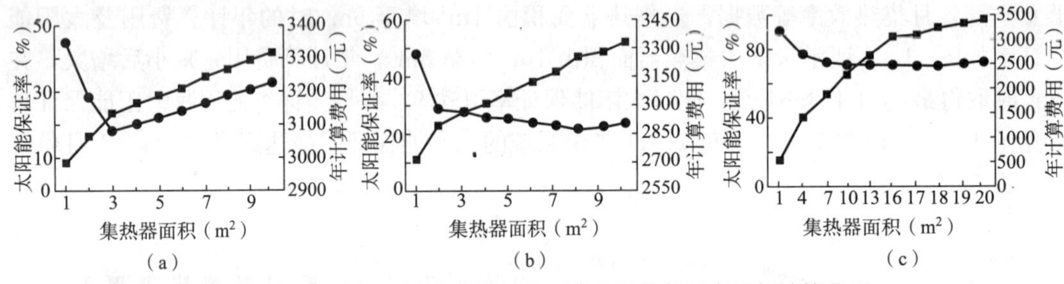

图11-4 方案三不同集热器面积下的太阳能保证率及年计算费用

(a) 西安地区；(b) 北京地区；(c) 拉萨地区

在太阳能系统中，常用的评价指标之一是太阳能保证率，是评价极热系统性能的重要指标，其定义为太阳能系统中提供的能量占有系统总负荷的百分率，太阳能保证率的计算公式如下：

$$f=\frac{Q_W}{L} \tag{11-16}$$

式中 f——太阳能保证率；

Q_W——系统来自太阳的有效得热，W；

L——系统所需热负荷，W。

由图 11-4 可知，即便进行了节能改造，在西安地区的太阳辐照度条件下，年计算费用最小值仍出现在 3m^2 处（为 3079.71 元），根据式（11-16）计算发现，全年的太阳能保证率较方案二增加到 23.41%；而拉萨地区的最优集热器面积为 18m^2，年计算费用最小值出现在 18m^2（为 2451.54 元），由式（11-16）计算，全年太阳能保证率可达 92.1%，冬季太阳能采暖率为 89.41%，与方案二相差无几。

事实上，经过计算发现，按西安地区的太阳辐照度，当采用面积为 3m^2 的集热器时，采暖季除 11 月份外，其余各月的生活用热水负荷都不足以满足需求，采暖季太阳能采暖率为 0%。所以，针对西安地区村镇住宅利用太阳能来提供冬季采暖及全年生活用热水，系统经济效果最优时太阳能保证率过低，系统热性能差，而在保证系统热性能时经济效益又不显著。

比较方案二和方案三，当对传统村镇住宅进行简单的外保温，使之达到建筑节能 65% 节能要求后，系统年计算费用剧降。这也说明，对住宅进行节能改造是十分必要的。

11.5.5 太阳能供热采暖系统的经济环境效益分析

方案一的太阳能热水系统当采用 3m^2 的集热器时，系统年计算费用仅为 453.84 元，而太阳能保证率高达 92.04%。将其与电热水器、燃气热水器比较，并假定燃气热水器热效率为 85%，燃气热值为 41.86MJ/kg，西安地区燃气价格目前为 5.33 元/kg（结果见表 11-8），可知，同等条件下电热水器每年需花费 931.03 元，是太阳能热水系统的 2.05 倍；燃气热水器花费 996.12 元，是太阳能热水系统的 2.19 倍。太阳能热水系统经济效益显著[51]。

同时，在西安地区利用太阳能热水系统代替常规系统也可获得显著的环境效益和社会效益，以 3m^2 集热器为例，每年可节约标准煤 288.7kg，减排 CO_2 200.94kg、SO_2 6.35kg、NO 3.18kg。

各种热水供应方式经济性比较　　表 11-8

经济性指标	太阳能热水系统	电热水器	燃气热水器
初投资（元）	3800	1200	1000
年运行费用（元）	133.44	824.23	907.12
年计算费用（元）	453.84	931.03	996.124

参考文献

[1] 骆中钊，王学军，周彦编著．新农村住宅设计与营造［M］．北京：中国林业出版社，2008.

[2] 民用建筑热工设计规范［S］．GB 50176－1993.

[3] 李斌，杨继富．我国农村人居水环境现状及对策［J］．中国农村水利水电，2009（6）．

[4]［美］R. H. 蒙哥马利著．家庭太阳能利用指南．方铎荣译．北京：新时代出版社，1987.

[5] 葛新石，龚堡，陆维德等．太阳能工程一原理和应用［M］．北京：学术期刊出版社，1988.

[6] 张小明．美国的太阳能住宅［J］．中国房地信息，2005，4：20－21.

[7] 美国可再生能源和节能产业考察组．美国可再生能源和节能产业考察报告［J］．电源世界，2006，12：68.

[8] 方荣生，项立成等编．太阳能实用技术［M］．北京：中国农业机械出版社，1985.

[9] 何季明．日本的新阳光计划简介．华北电力技术［J］，2002（1）：52－54.

[10]［美］W. A. 贝克曼，S. A. 克莱因、J. A. 达菲．太阳能供热设计 f-图法［M］．北京：中国建筑出版社，1982.

[11] 郑瑞澄．太阳能供热采暖工程应用推广［J］．太阳能，2007，(2)：37－40.

[12] 田中俊六著．太阳能供冷与供暖［M］．林毅，王荣光，程慧中译．北京：中国建筑工业出版社，1982.

[13] 刘利．日本的太阳能住宅［J］．苏南科技开发，2003，(10)：41.

[14] 陈士芹．我国太阳能采暖和供水系统经济性研究与开发［J］．科学决策，2008（11）：62.

[15] 徐伟，郑瑞澄，路宾．中国太阳能建筑应用发展研究报告［M］．北京：中国建筑工业出版社，2009.

[16] 中共中央关于制定国民经济和社会发展第十一个五年规划的建议．http：//news. xinhuanet. com/politics/200510/18/content3640318. htm.

[17] 国家中长期科学和技术发展规划纲要（2006－2020 年）．http：//www. gov. cn/jrzg/2006－02/09/content _ 183787. htm.

[18] 代彦军，熊安华．拉萨地区某住宅太阳能热水采暖系统实验与分析［J］．建设科技，2008，123(10)：49－54.

[19] 熊安华．太阳能低温热水采暖系统在拉萨地区的应用研究［D］．上海：上海交通大学，2008.

[20] 郑瑞澄．太阳能建筑应用发展方向和对策［J］．建设科技，2006，3.

[21] 北京市新能源与可再生能源协会．北京地区太阳能采暖工程现状及分析［J］．科学研究，2009.

[22] 周若祁等编著．绿色建筑体系与黄土高原基本集居模式［M］．北京：中国建筑工业出版社

[23] 郑瑞澄．民用建筑太阳能热水系统工程技术手册［M］．北京：化学工业出版社，2005.

[24] 陶文铨．传热学［M］．西安：西北工业大学出版社，2006.

[25] 傅坚强，农村供水而定现状与发展方向的探索．

[26] 李延忠．农村供水工程的水源保护［J］．中国农村水利水电，2001（4）．

[27] 张统，王守中，刘弦．我国农村供水排水现状分析［J］．中国给水排水，2007，8.

[28] 郝今．浅谈农村供水管网的合理设计［J］．农田水利，2011，2.

[29] 张明君，王玉太，赵玉庆，孙福华，田增刚．农村供水城市化城乡供水一体化［J］．农村水利．

[30] 唐植孝．根据建筑物层数确定用户最小服务水头方法的探讨［J］．四川建材，2007（1）．

[31] 王华，蒋吉发．新时期农村饮水工程基本内涵与发展模式研究［J］．中国农村水利水电，2007（6）．

[32] 本书编委会．室外给水设计规范 GB 50013－2006. 北京：中国计划出版社，2006.

[33] 本书编委会．建筑给水排水设计规范 GB 50015－2003. 北京：中国计划出版社，2006.

[34] 夏冬青．农村集镇排水体制的选择［J］．环境科学导刊，2009，28（4），49－50.

[35] 杨培君，解勇．宁夏农村供水工程管理体制模式研究［J］．饮水安全，2007（13）．

[36] 民用建筑电气设计规范 JGJT 16－2008. 北京：中国建筑工业出版社，2008.

[37] 智能建筑设计标准 GB 50314. 北京：中国计划出版社，2006.

[38] 等电位联结安装 02D 501－2. 北京：中国计划出版社，2006.

[39] 建筑设计防火规范 GB 50016－2006. 北京：中国计划出版社，2006.

[40] 张晴原，Joe Huang 编著．中国建筑用标准气象数据库．北京：机械工业出版社，2004.

[41] 何梓年，朱敦智．太阳能供热采暖应用技术手册［M］．北京：化学工业出版社，2009.

[42] 陆耀庆．实用供热空调设计手册．第二版［M］．北京：中国建筑工业出版社，2008.

[43] 苑金生．国外节能建筑对太阳能的利用［J］．中国科技产业，1995，78（12）：52－53.

[44] 本书编委会．采暖通风与空气调节设计规范 GB 50019. 北京：中国建筑工业出版社，2003.

[45] 本书编委会．太阳能供热采暖工程技术规范 GB 50495－2009. 北京：中国建筑工业出版社，2009.

[46] 本书编委会．民用建筑太阳能热水系统应用技术规范 GB 50364－2005. 北京：中国建筑工业出版社，2006.

[47] 本书编委会．太阳能供热采暖工程技术规范 GB 50495－2009. 北京：中国建筑工业出版社，2009.

[48] 本书编委会．太阳热水系统设计、安装及施工验收技术规范 GB/T 18713－2002.

[49] 李安桂，石金凤．村镇住宅建筑太阳能供热系统技术经济分析［J］．太阳能学报．2010，12（31）：1615－1621.

[50] lrgiriou A，Klimikas N，Balaras C A，et al. Active solar space heating of residential buildings in northem hellas-a case study［J］. Energy and Buildings，1997，26（2）：215－221.

[51] Kalogirou S A. Environmental benefit of domestic solar energy systems［J］. Energy Conversion and Management，2004，45（18－19）：3075－3092.